高校经典教材同步辅导丛书

常微分方程

（第三版）

同步辅导及习题全解

主　编　冯君淑

中国水利水电出版社
www.waterpub.com.cn

内容提要

本书共有六章，包括绪论、一阶微分方程的初等解法、一阶微分方程的解的存在定理、高阶微分方程、线性微分方程组、非线性微分方程、一阶线性偏微分方程。本书按教材内容安排结构，各章均包括学习指南、知识回顾、典型例题与解题技巧、考研真题精解、课后习题全解五部分内容。全书按教材内容，针对各章节习题给出详细解答，思路清晰，逻辑性强，循序渐进地帮助读者分析并解决问题，内容详尽，简明易懂。

本书可作为高等院校学生学习“常微分方程”课程的辅导教材，也可作为考研人员复习备考的辅导教材，同时可作为教师备课命题的参考资料。

图书在版编目（CIP）数据

常微分方程（第三版）同步辅导及习题全解 / 冯君淑主编. -- 北京 : 中国水利水电出版社, 2012.10
（高校经典教材同步辅导丛书）
ISBN 978-7-5170-0206-2

Ⅰ. ①常… Ⅱ. ①冯… Ⅲ. ①常微分方程－高等学校－教学参考资料 Ⅳ. ①O175.1

中国版本图书馆CIP数据核字(2012)第228380号

策划编辑：杨庆川　责任编辑：杨元泓　加工编辑：郭　赏　封面设计：李　佳

书　名	高校经典教材同步辅导丛书 常微分方程（第三版）同步辅导及习题全解
作　者	主　编　冯君淑
出版发行	中国水利水电出版社 （北京市海淀区玉渊潭南路 1 号 D 座　100038） 网址：www.waterpub.com.cn E-mail：mchannel@263.net（万水） sales@waterpub.com.cn 电话：（010）68367658（发行部）、82562819（万水）
经　售	北京科水图书销售中心（零售） 电话：（010）88383994、63202643、68545874 全国各地新华书店和相关出版物销售网点
排　版	北京万水电子信息有限公司
印　刷	北京蓝空印刷厂
规　格	170mm×227mm　16 开本　15 印张　371 千字
版　次	2012 年 10 月第 1 版　2012 年 10 月第 1 次印刷
印　数	0001—6000 册
定　价	18.80 元

前言

王高雄等编写的《常微分方程(第三版)》以体系完整、结构严谨、层次清晰、深入浅出的特点成为这门课程的经典教材,被全国许多院校采用。为了帮助读者更好地学习这门课程,掌握更多的知识,我们根据多年的教学经验编写了这本与此教材配套的《常微分方程(第三版)同步辅导及习题全解》。本书旨在使广大读者理解基本概念,掌握基本知识,学会基本解题方法与解题技巧,进而提高应试能力。

本书作为一种辅助性的教材,具有较强的针对性、启发性、指导性和补充性。考虑"常微分方程"这门课程的特点,我们在内容上作了以下安排:

1. 学习指南。简单扼要地说明本章的学习目标,明确学习任务。

2. 知识回顾。对每章知识点进行简练概括,梳理各知识点之间的脉络联系,突出各章主要定理及重要公式,使读者在各章学习过程中目标明确,有的放矢。

3. 典型例题与解题技巧。该部分选取一些启发性或综合性较强的经典例题,对所给例题先进行分析,再给出详细解答,意在抛砖引玉。

4. 考研真题精解。精选历年研究生入学考试中具有代表性的试题进行详细的解答,以开拓广大同学的解题思路,使其能更好地掌握该课程的基本内容和解题方法。

5. 课后习题全解。教材中课后习题丰富、层次多样,许多基础性问题从多个角度帮助学生理解基本概念和基本理论,促其掌握基本解题方法。我们对教材的课后习题给出详细的解答。

由于时间较仓促,编者水平有限,难免书中有疏漏之处,敬请各位同行和读者给予批评、指正。

编　者

2012 年 8 月

目录
contents

目录
contents

第一章 绪论

学习指南

1. 理解**微分方程的概念**，了解几种常微分方程模型和其建立方法；

2. 深刻理解**常微分方程和偏微分方程、线性和非线性、解和隐式解、通解和特解**、方程和方程组、驻定和非驻定、动力系统，以及积分曲线和轨线、方向场、等倾斜线等基本概念；

3. 了解雅克比矩阵和函数相关性的定义和应用.

知识回顾

1. 常微分方程，偏微分方程

微分方程就是联系自变量、未知函数及其导数的关系式. 如果在微分方程中自变量的个数只有一个，我们称这种微分方程为常微分方程；自变量的个数为两个或两个以上的微分方程为偏微分方程.

2. 线性与非线性

如果微分方程 $F\left(x,y,\frac{\mathrm{d}y}{\mathrm{d}x},\cdots,\frac{\mathrm{d}^n y}{\mathrm{d}x^n}\right)=0$ 的左端是关于 y 及 $\frac{\mathrm{d}y}{\mathrm{d}x},\cdots,\frac{\mathrm{d}^n y}{\mathrm{d}x^n}$ 的一次有理整式，则称为 n 阶线性微分方程，不是线性方程的方程称为非线性微分方程.

3. 解和隐式解

如果函数 $y=\varphi(x)$ 代入方程 $F\left(x,y,\frac{\mathrm{d}x}{\mathrm{d}y},\cdots,\frac{\mathrm{d}^n y}{\mathrm{d}x^n}\right)=0$ 后，能使它变为恒等式，此称函数 $y=\varphi(x)$ 为

该方程的解. 如果关系式 $\Phi(x,y)=0$ 决定的函数 $y=\varphi(x)$ 是方程的解，我们称 $\Phi(x,y)=0$ 为此方程的隐式解.

4. 通解和特解

我们把含有 n 个独立的任意常数 $c_1,c_2,\cdots,c_n$ 的解 $y=\varphi(x,c_1,c_2,\cdots,c_n)$ 称为 n 阶方程 $F\left(x,y,\frac{\mathrm{d}y}{\mathrm{d}x},\cdots,\frac{\mathrm{d}^n y}{\mathrm{d}x^n}\right)=0$的通解.

为了确定微分方程一个特定的解，我们通常给出这个解所必需的条件，这就是所谓的定解条件. 常见的定解条件是初值条件和边值条件. 求微分方程满足定解条件的解，就是所谓定解问题. 当定解条件为初值条件时，相应的定解问题就称为初值问题.

5. 积分曲线和方向场

一阶微分方程$\frac{\mathrm{d}y}{\mathrm{d}x}=f(x,y)$的解 $y=\varphi(x)$表示 Oxy 平面上的一条曲线，称为微分方程的积分曲线，而通解 $y=\varphi(x,c)$表示平面上的一簇曲线，特解 $\varphi(x_0)=y_0$ 则为过点(x_0,y_0)的一条积分曲线，积分曲线上过每一点的切线斜率$\frac{\mathrm{d}y}{\mathrm{d}x}$为方程右端 $f(x,y)$在该点处的值；反之，如有一条曲线，其上每一点的切线斜率为 $f(x,y)$则此曲线为积分曲线.

可以用 $f(x,y)$在 Oxy 平面某区域 D 上定义过各点的小线段的斜率方向，这样的区域 D 称为方程$\frac{\mathrm{d}y}{\mathrm{d}x}=f(x,y)$所定义的方向场，又称向量场.

方向场中方向相同的曲线 $f(x,y)=k$ 称为等倾斜线或等斜线.

6. 微分方程组

用两个及两个以上的关系式表示的微分方程称为微分方程组.

7. 驻定与非驻定，动力系统

如果方程组右端不含自变量 t：

$$\frac{\mathrm{d}y}{\mathrm{d}x}=f(y),\qquad y\in D\subseteq \mathrm{R}^n,$$

则称驻定(自治)的；右端含 t 的微分方程组

$$\frac{\mathrm{d}y}{\mathrm{d}t}=f(t;y),\qquad y\in D\subseteq \mathrm{R}^n,$$

称为非驻定的.

驻定微分方程组的过 y 的解 $\varphi(t;y)$可以视 t 为参数，有非常好的性质：可看成为 D 到 D 的单参数变换群，也就是，如记 $\Phi_t(y)=\varphi(t;y)$，令 $\Phi_t(y)$为参数 t 的 $y\in D$ 的映射(变换)，则映射在 D 上满足恒等性$\Phi_0(y)=y$ 和可加性$\Phi_{t_1+t_2}(y)=\Phi_{t_1}(\Phi_{t_2}(y))=\Phi_{t_2}(\Phi_{t_1}(y))$，满足上述性质的映射称为动力系统. 动力系统有连续和离散两种类型，因此驻定微分方程组可称为连续动力系统

$\{\Phi_t|t\in R\}$，或称连续动力系统$\{\Phi_t|t\in R\}$为由常数微分方程定义的动力系统. 也可以定义离散动力系统$\{\Phi_n|n\in z\}$，这里 z 为整数集，例如驻定差分方程组 $y_{n+1}=f(y_n)$或驻定微分方程组$\frac{\mathrm{d}y}{\mathrm{d}t}=f(y)$，$y\in D\subseteq \mathrm{R}^n$ 的解 $\Phi_n(y)=\varphi(n;y)$便构成离散动力系统.

8. 相空间、奇点的轨线

不含自变量，仅由未知函数组成的空间称为相空间. 积分曲线在相空间中的投影称为轨线. 对于驻定微分方程组$\frac{\mathrm{d}x}{\mathrm{d}t}=f(y)$，方程组 $f(y)=0$ 的解 $y=y^*$ 表示相空间中的点，它满足微分方程组，故称为平衡解(驻定解或常数解)，又称为奇点(平衡点).

9. 雅克比矩阵和雅克比行列式

对 n 个变元的 m 个函数，$y_i=f_i(x_1,x_2,\cdots,x_n)$，$i=1,2,\cdots,m$，定义雅克比矩阵为

$$\frac{D(y_1,y_2,\cdots,y_m)}{D(x_1,x_2,\cdots,x_n)}=\begin{pmatrix}\frac{\partial y_1}{\partial x_1} & \cdots & \frac{\partial y_1}{\partial x_n}\\ \vdots & \vdots & \vdots\\ \frac{\partial y_m}{\partial x_1} & \cdots & \frac{\partial y_m}{\partial x_m}\end{pmatrix}_{m\times n}$$

当 $n=m$ 时，称雅克比矩阵对应的行列式为雅克比行列式，记$\frac{\partial(y_1,y_2,\cdots,y_n)}{\partial(x_1,x_2,\cdots,x_n)}$.

10. 函数相关性及其判定

设函数 $y_i=f_i(x_1,x_2,\cdots,x_n)(i=1,2,\cdots,m)$及其一阶偏导数在某开集 $D\subset R^n$ 上连续，如果在 D 内 $f_1,f_2,\cdots,f_m$ 中的一个函数能表示成其余函数的函数，则称它们在 D 内函数相关；如果它们在 D 内的任何点的领域内皆非函数相关，则称它们在 D 内函数无关，或称它们彼此独立.

如果雅克比矩阵$\frac{D(f_1,f,2\cdots,f_m)}{D(x_1,x_2,\cdots,x_n)}$在 D 内的任何点上的秩皆小于 m，则 $f_1,f_2,\cdots,f_m$ 函数相关；如果秩皆为 m，则 $f_1,f_2,\cdots,f_m$ 函数无关，彼此独立.

当 $n=m$ 时，若雅克比行列式不为零，则函数无关，彼此独立；若雅克比行列式为零，则函数相关.

典型例题与解题技巧

■ 基本题型Ⅰ：指出给定微分方程的阶数与是否线性

思路点拨 **微分方程的阶数**是指方程中出现的未知函数最高阶导数的阶数。**非线性微分方程**是指方程中除了包含未知函数和未知函数的各阶导数的一次有理整式之外，还包含其他项，

一般具有如下形式

$$\frac{\mathrm{d}^n y}{\mathrm{d}x^n}+a_1(x)\frac{\mathrm{d}^{n-1} y}{\mathrm{d}x^{n-1}}+\cdots+a_{n-1}(x)\frac{\mathrm{d}y}{\mathrm{d}x}+a_n(x)y=f(x)$$

这里 $a_1(x),\cdots,a_n(x),f(x)$ 是 x 的已知函数。若上述 $f(x)=0$，即方程中只包含未知函数和未知函数的各阶导数的一次有理整式，那么方程就是**线性微分方程**.

例 1 指定下列微分方程的阶数，并回答方程是否线性的：

(1) $\frac{\mathrm{d}y}{\mathrm{d}x}=3xy^2+x^5$；　　(2) $\frac{\mathrm{d}^4 y}{\mathrm{d}x^4}-2x^2\frac{\mathrm{d}^3 y}{\mathrm{d}x^3}+x\frac{\mathrm{d}^2 y}{\mathrm{d}x^2}=0$.

解题过程 (1)一阶、非线性；　　(2)四阶、线性.

基本题型Ⅱ：验证或求取某方程的通解、特解

思路点拨 ①验证所给函数是某方程的解，只需将所给函数代入到微分方程中，证明两边恒等即可.

②求解简单的微分方程，一般直接对方程两边进行积分即可得到方程的通解；根据题给条件，找到通解对应曲线经过的某一个特定点，将这个点的坐标代入通解，即可得到特解.

例 2 验证给出的函数是相应微分方程的解.

(1) $\frac{\mathrm{d}y}{\mathrm{d}x}=3x^2+5x,y=\frac{x^3}{5}+\frac{x^2}{2}+c$；($c$ 为任意常数)

(2) $(x+y)\mathrm{d}x+x\mathrm{d}y=0,y=\frac{1-x^2}{2x}$.

解题过程 (1) $\because y=\frac{x^3}{5}+\frac{x^2}{5}+c,\therefore \frac{\mathrm{d}y}{\mathrm{d}x}=\frac{3}{5}x^2+x$,

$\therefore$ 左边 $=5\frac{\mathrm{d}y}{\mathrm{d}x}=5\left(\frac{3}{5}x^2+x\right)=3x^2+5x=$ 右边，

即证 $y=\frac{x^3}{5}+\frac{x^2}{2}+c$ 是方程 $5\frac{\mathrm{d}y}{\mathrm{d}x}=3x^2+5x$ 的解.

(2) $\because y=\frac{1-x^2}{2x},\therefore \mathrm{d}y=\left(\frac{1-x^2}{2x}\right)'\mathrm{d}x=-\frac{x^2+1}{2x^2}\mathrm{d}x$,

$$\therefore \text{左边}=(x+y)\mathrm{d}x+x\mathrm{d}y=\left(x+\frac{1-x^2}{2x}\right)\mathrm{d}x+x\left(-\frac{x^2+1}{2x^2}\right)\mathrm{d}x$$

$$=\left(\frac{x^2+1}{2x}-\frac{x^2+1}{2x}\right)\mathrm{d}x=0=\text{右边},$$

即证 $y=\frac{1-x^2}{2x}$ 是方程 $(x+y)\mathrm{d}x+x\mathrm{d}y=0$ 的解.

例 3 求微分方程 $\frac{\mathrm{d}y}{\mathrm{d}x}=3x^2$ 的通解，并求与直线 $y=2x$ 相切的特解.

解题过程 在方程 $\frac{\mathrm{d}y}{\mathrm{d}x}=3x^2$ 两边求积分，得到方程的通解为 $y=x^3+c$，其中 c 为任意常数.

与直线 $y=2x$ 相切的解满足在切点处斜率相同，即 $3x^2=2\Rightarrow x=\pm\frac{\sqrt{2}}{\sqrt{3}}$，所以切点坐标为 $\left(\frac{\sqrt{2}}{\sqrt{3}},\frac{2\sqrt{2}}{\sqrt{3}}\right)$ 和 $\left(-\frac{\sqrt{2}}{\sqrt{3}},-\frac{2\sqrt{2}}{\sqrt{3}}\right)$.

将这两点分别代入 $y=x^3+c$ 得 $c=\frac{4\sqrt{2}}{3\sqrt{3}}$ 和 $c=-\frac{4\sqrt{2}}{3\sqrt{3}}$.

故与直线 $y=x$ 相切的解为 $y=x^3+\frac{4\sqrt{2}}{3\sqrt{3}}$ 和 $y=x^3-\frac{4\sqrt{2}}{3\sqrt{3}}$.

■ 基本题型Ⅲ：求满足某些条件(与微分方程有关)的曲线或曲线族

思路点拨 首先设出所求曲线或曲线族，然后依据题给条件列出曲线应满足的微分方程.

例 4 求与抛物线族 $y=\frac{1}{2}cx^2$ 正交的曲线族.

解题过程 因为抛物族 $y=\frac{1}{2}cx^2$ 满足的微分方程为 $y'=cx$，

再由 $\begin{cases} y'=cx \\ y=cx^2 \end{cases}$ 消去 c 得 $y'=\frac{y}{x}$，

所以与 $y=cx^2$ 正交的曲线族满足的微分方程为 $-\frac{1}{y'}=\frac{y}{x}$，

即 $yy'=-x$，解之得 $y^2=-x+c$，这就是所求的曲线族方程.

■ 基本题型Ⅳ：建立实际问题的微分方程模型

思路点拨 根据实际问题所涉及的基本定律与定理建立微分方程模型.

例 5 一个质量为 m 的质点在水中由静止开始下沉，设下沉时水的阻力与速度成正比，试求质点运动规律所满足的微分方程及初始条件.

解题过程 设质点的运动规律为 $x=x(t)$，其中 t 表示时间，x 表示下沉的距离. 质点在水中受到重力 mg 及水的阻力 $-k\frac{\mathrm{d}x}{\mathrm{d}t}$（$k>0$ 是比例常数）作用，则可由牛顿第二定律得

$$mg-k\frac{\mathrm{d}x}{\mathrm{d}t}=m\frac{\mathrm{d}^2x}{\mathrm{d}t^2}$$

$t=0$ 时，下沉距离 $x=0$，下沉速度为 0，因而 $x=x(t)$ 满足下列微分方程及初值问题：

$$\begin{cases} \frac{\mathrm{d}^2x}{\mathrm{d}t^2}+\frac{k}{m}\frac{\mathrm{d}x}{\mathrm{d}t}=g, \\ x(0)=0, \\ x'(0)=0. \end{cases}$$

考研真题精解

(2010 年数学二)设 y_1,y_2 是一阶线性非齐次微分方程 $y'+p(x)y=q(x)$ 的两个特解,若常数 λ,μ 使 $\lambda y_1+\mu y_2$ 是该方程的解,$\lambda y_1+\mu y_2$ 是该方程对应的齐次方程的解,则

A. $\lambda=\frac{1}{2},\mu=\frac{1}{2}$　　B. $\lambda=-\frac{1}{2},\mu=-\frac{1}{2}$

C. $\lambda=\frac{2}{3},\mu=\frac{1}{3}$　　D. $\lambda=\frac{2}{3},\mu=\frac{2}{3}$

解题过程　答案为 A. 将四个选项分别代入验证即可.

课后习题全解

习题 1.2

1　指出下面微分方程的阶数,并回答方程是否线性的:

(1)$\frac{\mathrm{d}y}{\mathrm{d}x}=4x^2-y$;　(2)$\frac{\mathrm{d}^2y}{\mathrm{d}x^2}-\left(\frac{\mathrm{d}y}{\mathrm{d}x}\right)^2+12xy=0$;

(3)$\left(\frac{\mathrm{d}y}{\mathrm{d}x}\right)^2+x\frac{\mathrm{d}y}{\mathrm{d}x}-3y^2=0$;　(4)$x\frac{\mathrm{d}^2y}{\mathrm{d}x^2}-5\frac{\mathrm{d}y}{\mathrm{d}x}+3xy=\sin x$;

(5)$\frac{\mathrm{d}y}{\mathrm{d}x}+\cos y+2x=0$;　(6)$\sin\left(\frac{\mathrm{d}^2y}{\mathrm{d}x^2}\right)+\mathrm{e}^y=x$.

解题过程　(1)一阶,线性;　(2)二阶,非线性;　(3)一阶,非线性;
(4)二阶,线性;　(5)一阶,非线性;　(6)二阶,非线性.

2　试验证下面函数均为方程$\frac{\mathrm{d}^2y}{\mathrm{d}x^2}+\omega^2y=0$ 的解,这里 $\omega>0$ 是常数:

(1)$y=\cos\omega x$;　(2)$y=c_1\cos\omega x$(c_1 是任意常数);

(3)$y=\sin\omega x$;　(4)$y=c_2\sin\omega x$(c_2 是任意常数);

(5)$y=c_1\cos\omega x+c_2\sin\omega x$($c_1,c_2$ 是任意常数);

(6)$y=A\sin(\omega x+B)$(A,B 是任意常数).

解题过程　(1)因为 $y=\cos\omega x,\frac{\mathrm{d}y}{\mathrm{d}x}=-\omega\sin\omega x,\frac{\mathrm{d}^2y}{\mathrm{d}x^2}=\frac{\mathrm{d}(\mathrm{d}y-\mathrm{d}x)}{\mathrm{d}x}=-\omega^2\cos\omega x$,

所以　$\frac{\mathrm{d}^2y}{\mathrm{d}x^2}+\omega^2y=-\omega^2\cos\omega x+\omega^2\cos\omega x=0$,

因此，$y=\cos\omega x$ 是方程$\frac{d^2y}{dx^2}+\omega^2y=0$ 的解.

(2)因为 $y=c_1\cos\omega x,\frac{dy}{dx}=-c_1\omega\sin\omega x,\frac{d^2y}{dx^2}=\frac{d\left(\frac{dy}{dx}\right)}{dx}=-c_1\omega^2\cos\omega x$,

所以 $\frac{d^2y}{dx^2}+\omega^2y=-c_1\omega^2\cos\omega x+\omega^2c_1\cos\omega x=0$,

因此，$y=c_1\cos\omega x$ 是方程$\frac{d^2y}{dx^2}+\omega^2y=0$ 的解.

(3)因为 $y=\sin\omega x,\frac{dy}{dx}=\omega\cos\omega x,\frac{d^2y}{dx^2}=\frac{d\left(\frac{dy}{dx}\right)}{dx}=-\omega^2\sin\omega x$,

所以 $\frac{d^2y}{dx^2}+\omega^2y=-\omega^2\sin\omega x+\omega^2\sin\omega x=0$,

因此，$y=\sin\omega x$ 是方程$\frac{d^2y}{dx^2}+\omega^2y=0$ 的解.

(4)因为 $y=c_2\sin\omega x,\frac{dy}{dx}=c_2\omega\cos\omega x,\frac{d^2y}{dx^2}=\frac{d\left(\frac{dy}{dx}\right)}{dx}=-c_2\omega^2\sin\omega x$,

所以 $\frac{d^2y}{dx^2}+\omega^2y=-c_2\omega^2\sin\omega x+\omega^2c_2\sin\omega x=0$,

因此，$y=c_2\sin\omega x$ 是方程$\frac{d^2y}{dx^2}+\omega^2y=0$ 的解.

(5)因为 $y=c_1\cos\omega x+c_2\sin\omega x,\frac{dy}{dx}=-c_1\omega\sin\omega x+c_2\omega\cos\omega x$,

$$\frac{d^2y}{dx^2}=\frac{d\left(\frac{dy}{dx}\right)}{dx}=-c_1\omega^2\cos\omega x-c_2\omega^2\sin\omega x,$$

所以 $\frac{d^2y}{dx^2}+\omega^2y=-c_1\omega^2\cos\omega x-c_2\omega^2\sin\omega x+\omega^2(c_1\cos\omega x+c_2\sin\omega x)=0$,

因此，$y=c_1\cos\omega x+c_2\sin\omega x$ 是方程$\frac{d^2y}{dx^2}+\omega^2y=0$ 的解.

(6)因为 $y=A\sin(\omega x+B),\frac{dy}{dx}=\omega A\cos(\omega x+B)$,

$$\frac{d^2y}{dx^2}=\frac{d\left(\frac{dy}{dx}\right)}{dx}=-\omega^2A\sin(\omega x+B),$$

所以 $\frac{d^2y}{dx^2}+\omega^2y=-\omega^2A\sin(\omega x+B)+\omega^2A\sin(\omega x+B)=0$,

因此，$y=A\sin(\omega x+B)$是方程$\frac{d^2y}{dx^2}+\omega^2y=0$ 的解.

3 验证下列各函数是相应微分方程的解：

(1) $y=\frac{\sin x}{x},xy'+y=\cos x$;

(2)$y=2+c\sqrt{1-x^2}$，$(1-x^2)y'+xy=2x$（c 是任意常数）；

(3)$y=ce^x$，$y''-2y'+y=0$（c 是任意常数）；

(4)$y=e^x$，$y'e^{-x}+y^2-2ye^x=1-e^{2x}$；

(5)$y=\sin x$，$y'+y^2-2y\sin x+\sin^2 x-\cos x=0$；

(6)$y=-\dfrac{1}{x}$，$x^2y'=x^2y^2+xy+1$；

(7)$y=x^2+1$，$y'=y^2-(x^2+1)y+2x$；

(8)$y=-\dfrac{g(x)}{f(x)}$，$y'=\dfrac{f'(x)}{g(x)}y^2-\dfrac{g'(x)}{f(x)}$.

解题过程 (1)因为 $y=\dfrac{\sin x}{x}$，$y'=\dfrac{x\cos x-\sin x}{x^2}$，所以 $xy'+y=\dfrac{x\cos x-\sin x}{x}+\dfrac{\sin x}{x}=\cos x$.

因此，$y=\dfrac{\sin x}{x}$ 是方程 $xy'+y=\cos x$ 的解.

(2)因为 $y=2+c\sqrt{1-x^2}$，$y'=\dfrac{-cx}{\sqrt{1-x^2}}$，

所以
$$(1-x^2)y'+xy=(1-x^2)\frac{-cx}{\sqrt{1-x^2}}+x(2+c\sqrt{1-x^2})$$
$$=-cx\sqrt{1-x^2}+2x+cx\sqrt{1-x^2}=2x.$$

因此，$y=2+c\sqrt{1-x^2}$ 是方程 $(1-x^2)y'+xy=2x$ 的解.

(3)因为 $y=ce^x$，$y'=ce^x$，$y''=ce^x$，

所以 $y''-2y'+y=ce^x-2ce^x+ce^x=0$.

因此，$y=ce^x$ 是方程 $y''-2y'+y=0$ 的解.

(4)因为 $y=e^x$，$y'=e^x$，

所以 $y'e^{-x}+y^2-2ye^x=e^xe^{-x}+e^{2x}-2e^xe^x=1-e^{2x}$，

因此，$y=e^x$ 是方程 $y'e^{-x}+y^2-2ye^x=1-e^{2x}$ 的解.

(5)因为 $y=\sin x$，$y'=\cos x$，

所以
$$y'+y^2-2y\sin x+\sin^2 x-\cos x$$
$$=\cos x+\sin^2 x-2\sin x\sin x+\sin^2 x-\cos x$$
$$=0.$$

因此，$y=\sin x$ 是方程 $y'+y^2-2y\sin x+\sin^2 x-\cos x=0$ 的解.

(6)因为 $y=-\dfrac{1}{x}$，$y'=\dfrac{1}{x^2}$.

所以 $x^2y'=x^2\cdot\dfrac{1}{x^2}=1$，又 $x^2y^2+xy+1=x^2\left(-\dfrac{1}{x}\right)^2+x\left(\dfrac{1}{x}\right)+1=1$，

所以，$y=-\dfrac{1}{x}$ 是方程 $x^2y'=x^2y^2+xy+1$ 的解.

(7)因为 $y=x^2+1$，$y'=2x$，

所以 $y^2-(x^2+1)y+2x=(x^2+1)^2-(x^2+1)(x^2+1)+2x=2x=y'$，

因此，$y=x^2+1$ 是方程 $y'=y^2-(x^2+1)y+2x$ 的解.

(8)因为 $y=-\dfrac{g(x)}{f(x)}$，所以 $y'=-\dfrac{g'(x)f(x)-g(x)f'(x)}{f^2(x)}=\dfrac{g(x)f'(x)}{f^2(x)}-\dfrac{g'(x)}{f(x)}$，

又
$$\frac{f'(x)}{g(x)}y^2-\frac{g'(x)}{f(x)}=\frac{f'(x)}{g(x)}\left(-\frac{g(x)}{f(x)}\right)^2-\frac{g'(x)}{f(x)},$$
$$=\frac{g(x)f'(x)}{f^2(x)}-\frac{g'(x)}{f(x)}=y',$$

所以，$y=-\dfrac{g(x)}{f(x)}$是方程 $y'=\dfrac{f'(x)}{g(x)}y^2-\dfrac{g'(x)}{f(x)}$的解.

4 给定一阶微分方程$\dfrac{dy}{dx}=2x$，

(1)求出它的通解；

(2)求出通过点(1,4)的特解；

(3)求出与直线 $y=2x+3$ 相切的解；

(4)求出满足条件$\int_0^1 y dx=2$的解；

(5)绘出(2)、(3)、(4)中的解的图形.

解题过程 (1)由$\dfrac{dy}{dx}=2x$，得
$$dy=2xdx,$$
方程两边积分，即得 $y=x^2+c$，其中 c 为任意常数.

所以，方程$\dfrac{dy}{dx}=2x$ 的通解为 $y=x^2+c$，c 为任意常数.

(2)把 $x=1$，$y=4$ 代入 $y=x^2+c$ 得$c=3$.

则过点(1,4)的特解为 $y=x^2+3$.

(3)因为与直线相切，所以方程组
$$\begin{cases}y=x^2+c\\y=2x+3\end{cases}$$
有且只有唯一解，即 $x^2+c=2x+3$ 有唯一解，故 $c=4$. 因此，与直线 $y=2x+3$ 相切的解是 $y=x^2+4$.

(4)因为
$$\int_0^1 y dx=\int_0^1 (x^2+c)dx=\left[\frac{x^3}{3}+cx\right]_0^1$$
$$=\frac{1}{3}+c=2,$$

所以，$c=\dfrac{5}{3}$因此满足条件$\int_0^1 y dx=2$的解为 $y=x^2+\dfrac{5}{3}$.

(5)在(2)、(3)、(4)中的解的图形分别如图 1-1 所示.

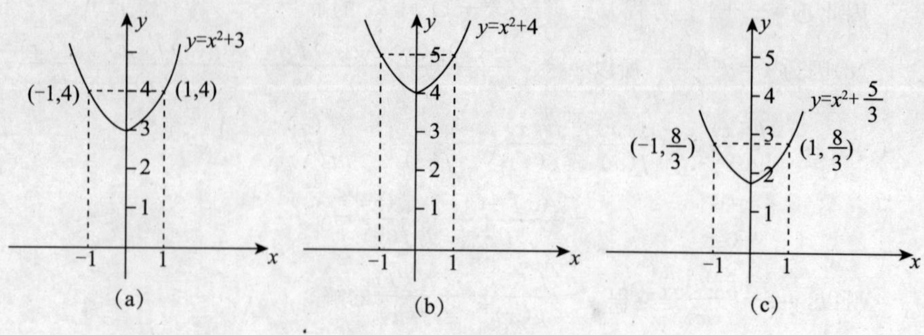

图 1-1

5 求下列两个微分方程的公共解：

$y'=y^2+2x-x^4, y'=2x+x^2+x^4-y-y^2$.

解题过程 方程 $y'=y^2+2x-x^4$ 与方程 $y'=2x+x^2+x^4-y-y^2$ 的公共解满足

$$y^2+2x-x^4=2x+x^2+x^4-y-y^2,$$

化简上式，得$(y-x^2)[2(y+x^2)-1]=0$.

所以，$y=x^2$ 和 $y=\frac{1}{2}-x^2$ 可能是两个方程的公共解，进一步，分别代入两个方程验证可以证明 $y=x^2$ 是两个方程的公共解，而 $y=\frac{1}{2}-x^2$ 不是两个方程的公共解.

因此，两个方程的公共解是 $y=x^2$.

6 求微分方程 $y'+xy'^2-y=0$ 的直线积分曲线.

解题过程 设方程 $y'+xy'^2-y=0$ 的直线积分曲线为 $y=kx+b$，

则 $y'=k$，代入原方程，得 $k+xk^2-kx-b=0$，

所以 $\begin{cases}k=b\\k^2=k\end{cases}$ 即 $\begin{cases}k=0\\b=0\end{cases}$，$\begin{cases}k=1\\b=1\end{cases}$.

那么，方程 $y'+xy'^2-y=0$ 的直线积分曲线为 $y=0$ 或 $y=x+1$.

7 微分方程 $4x^2y'^2=xy^3$，证明：与其积分曲线关于坐标原点(0,0)成中心对称的曲线，也是此微分方程的积分曲线.

证　明 设微分方程的积分曲线为 $y=f(x)$，代入原微分方程有 $4x^2f'^2(x)=f^2(x)=xf^3(x)$.

再设与积分曲线 $y=f(x)$ 成中心对称的曲线为 $y=g(x)$，且有 $f(-x)=-g(x)$，则 $f'(-x)=g'(x)$.

在方程 $4x^2f'^2-f^2(x)=xf^3(x)$中用$-x$代替x得

$$4(-x)^2f'^2(-x)-f^2(-x)=-xf^3(-x),$$

即 $$4x^2[f'(-x)]^2-[-f(-x)]^2=x[-f(-x)]^3,$$

则有 $$4x^2g'^2(x)-g^2(x)=xg^3(x),$$

这就证明了与微分方程的积分曲线关于原点成中心对称的曲线也是微分方程的积分曲线.

8 试建立分别具有下列性质的曲线所满足的微分方程：

(1)曲线上任一点的切线与该点的径向夹角为 α；

(2)曲线上任一点的切线介于两坐标轴之间的部分等于定长 l；

(3)曲线上任一点的切线与两坐标轴所围成的三角形的面积都等于常数 α^2；

(4)曲线上任一点的切线介于两坐标轴间的部分被切点等分；

(5)曲线上任一点的切线的纵截距等于切点横坐标的平方；

(6)曲线上任一点的切线的纵截距是切点的横坐标和纵坐标的等差中项；

(7)曲线上任一点的切线的斜率与切点的横坐标成正比.

解题过程 (1)设曲线 $y=f(x)$，任一点 (x,y) 处曲线的切线斜率为 $k=y'=f'(x)$，该点处径向斜率为 $k_1=\dfrac{y}{x}$. 当该点的切线与该点的径向夹角为 α 时有关系式 $\tan\alpha=\dfrac{k-k_1}{1+kk_1}$，代入得所求的微分方程为 $\tan\alpha=\dfrac{y'-\dfrac{y}{x}}{1+y'\cdot\dfrac{y}{x}}$，即 $xy'-y=(x+yy')\tan\alpha$ 或 $y'=\dfrac{y+x\tan\alpha}{x-y\tan\alpha}$.

(2)设曲线 $y=f(x)$，任一点 (x,y) 处曲线斜率为 $k=y'$，

则切线方程为 $Y-y=y'(X-x)$，其中 (X,Y) 为切线上的动点坐标.

切线在 x,y 坐标轴上截距分别为

$$\overline{X}=x-\frac{y}{y'}\text{，和 }\overline{Y}=y-xy'.$$

由题意知，$\overline{x}^2+\overline{Y}^2=l^2$，即得所求微分方程 $\left(x-\dfrac{y}{y'}\right)^2+(y-xy')^2=l^2$.

(3)设曲线 $y=f(x)$，任一点 (x,y) 处曲线斜率为 $k=y'$，

则切线方程为 $Y-y=y'(X-x)$，其中 (X,Y) 为切线上的动点坐标.

切线在 x,y 坐标轴上截距分别为 $\overline{X}=x-\dfrac{y}{y'}$，和 $\overline{Y}=y-xy'$.

由题意知，$\dfrac{1}{2}|\overline{x}\cdot\overline{Y}|=a^2$，即 $(y-xy')^2=2a^2|y'|$.

因此，所求的微分方程为 $\left|(y-xy')\left(x-\dfrac{y}{y'}\right)\right|=2a^2$.

(4)设曲线 $y=f(x)$ 任一点 (x,y) 处曲线斜率为 $k=y'$，

则切线方程为 $Y-y=y'(X-x)$，其中 (X,Y) 为切线上的动点坐标.

切线与 x 轴，y 轴的交点分别为 $\left(x-\dfrac{y}{y'},0\right)$ 和 $(0,y-xy')$.

由题意知，$\dfrac{1}{2}\left(x-\dfrac{y}{y'}\right)=x$，$\dfrac{1}{2}(y-xy')=y$，

整理得所求的微分方程 $xy'+y=0$.

(5)设曲线 $y=f(x)$，任一点 (x,y) 处曲线斜率为 $k=y'$，

则切线方程为 $Y-y=y'(X-x)$，其中 (X,Y) 为切线上的动点坐标.

切线的纵截距 $\bar{Y}=y-xy'$，由题意知所求微分方程为 $y-xy'=x^2$.

(6)由(5)知，$\bar{Y}=\frac{1}{2}(x+y)$，从而有 $2xy'=y-x$.

因此，所求的微分方程为 $y=xy'=\frac{x+y}{2}$.

(7)设曲线 $y=f(x)$，任一点 (x,y) 处曲线的切线斜率为 $k=y'$，

由题意得所求微分方程为 $y'=kx$（$k>0$ 为比例常数）.

第二章

一阶微分方程的初等解法

学习指南

1. 熟悉一阶方程的各种类型，熟练掌握如何判断一个给定的方程属于何种类型；

2. 掌握**各种类型方程的解法**，能够熟练按照所介绍的方法进行求解；

3. 深刻理解分离变量法、常数变易法、凑微分法、积分因子法、参数法等一阶微分方程的解法，能够熟练应用；

4. 能够求取微分方程在某一初值条件下的解。

知识回顾

1. 变量分离方程与分离变量法

形如$\frac{dy}{dx}=f(x)\varphi(y)$的方程，称为变量分离方程，其中 $f(x)$，$\varphi(y)$分别是 x，y 的连续函数.

当 $\varphi(y)\neq 0$ 时，$\frac{dy}{\varphi(y)}=f(x)dx$ 两边积分，得到

$$\int\frac{dy}{\varphi(y)}=\int f(x)dx+c.$$

当 $\varphi(y)=0$ 时，若存在 y_0 使 $\varphi(y_0)=0$，则 $y=y_0$ 也是方程的解，当 $y=y_0$ 不包含在上述通解中时，必须补上特解 $y=y_0$.

2. 齐次微分方程

形如$\frac{dy}{dx}=g\left(\frac{y}{x}\right)$的方程，称为齐次微分方程，简称齐次方程，其中 $g(u)$是 u 的连续函数.

作变量变换 $u=\frac{y}{x}$，$\frac{dy}{dx}=x\frac{du}{dx}+u$，方程化为变量分离方程$\frac{du}{dx}=\frac{g(u)-u}{x}$，求解后代回原变量得到齐次方程的解.

3. 分式线性方程

形如$\frac{dy}{dx}=\frac{a_1x+b_1y+c_1}{a_2x+b_2y+c_2}$的方程称为分式线性方程，还有更一般的方程$\frac{dy}{dx}=f\left(\frac{a_1x+b_1y+c_1}{a_2x+b_2y+c_2}\right)$.

(i)$c_1=c_2=0$ 情形：$\frac{a_1+b_1\frac{y}{x}}{a_2+b_2\frac{y}{x}}=g\left(\frac{y}{x}\right)$为齐次方程.

(ii)$\frac{a_1}{a_2}=\frac{b_1}{b_2}=k$ 情形：令 $u=a_2x+b_2y$，方程化为$\frac{dy}{dx}=\frac{k(a_2x+b_2y)+c_1}{(a_2x+b_2y)+c_2}=f(u)$，则$\frac{du}{dx}=a_2+b_2f(u)$为变量分离方程.

(iii)$\frac{a_1}{a_2}\neq\frac{b_1}{b_2}$情形：先解方程组$\begin{cases}a_1x+b_1y+c_1=0\\a_2x+b_2y+c_2=0\end{cases}$解得$\begin{cases}x=\alpha\\y=\beta,\end{cases}$作代换$\begin{cases}X=x-\alpha\\Y=y-\beta,\end{cases}$则将原方程化为齐次方程$\frac{dY}{dX}=\frac{a_1X+b_1Y}{a_2X+b_2Y}=g\left(\frac{Y}{X}\right)$.

4. 一阶齐次线性方程

一阶线性方程$\frac{dy}{dx}=P(x)y$，其中 $P(x)$是 x 的连续函数，称为一阶齐次线性方程，用变量分离方法可得通解 $y=ce^{\int P(x)dx}$，c 为任意常数.

5. 一阶非齐次线性方程与常数变异法

一阶线性方程$\frac{dy}{dx}=P(x)y+Q(x)$，其中 $P(x)$、$Q(x)$是 x 的连续函数且$Q(x)\neq0$，称为一阶非齐次线性方程.

常数变易法：假设有形式解 $y=c(x)e^{\int P(x)dx}$，代入方程化简得 $c(x)=\int Q(x)e^{-\int P(x)dx}dx+\tilde{c}$，所以原方程的通解为 $y=e^{\int P(x)dx}(\int Q(x)e^{-\int P(x)dx}dx+\tilde{c})$，其中 $\tilde{c}$ 为任意常数.

6. 伯努利方程

形如$\frac{dy}{dx}=P(x)y+Q(x)y^n$ 的方程称为伯努利方程，这里 $P(x)$，$Q(x)$为 x 的连续函数 $n\neq0,1$.

引入变量变换 $z=y^{1-n}$，化为线性方程 $\frac{\mathrm{d}z}{\mathrm{d}x}=(1-n)P(x)z+(1-n)Q(x)$，先求解，然后代回原变量，便得到伯努利方程的通解，此外，当 $n>0$ 时，方程还有解 $y=0$.

7. 恰当微分方程与凑微法(全公式法)

将一个微分方程写成对称形式 $M(x,y)\mathrm{d}x+N(x,y)\mathrm{d}y=0$，这里假设 $M(x,y)$，$N(x,y)$ 在某矩形域内是 x,y 连续函数，且具有连续的一阶偏导数，若方程的左端恰好是某个二元函数 $u(x,y)$ 的全微分，即 $M(x,y)\mathrm{d}x+N(x,y)\mathrm{d}y=\frac{\partial u}{\partial x}\mathrm{d}x+\frac{\partial u}{\partial y}\mathrm{d}y$，则称方程为恰当微分方程.

恰当方程的通解为 $u(x,y)=c$，c 为任意常数.

方程为恰当方程 $\Leftrightarrow\frac{\partial M}{\partial y}=\frac{\partial N}{\partial x}$，此时方程的通解为

$$u(x,y)=\int M(x,y)\mathrm{d}x+\int\left[N(x,y)-\frac{\partial}{\partial y}\int M(x,y)\mathrm{d}x\right]\mathrm{d}y=c.$$

8. 分项组合全微分法

将恰当方程的各项分项组合成全微分形式. 此法要求熟记一些简单二元函数的全微分，如：

$$y\mathrm{d}x+x\mathrm{d}y=\mathrm{d}(xy);\qquad \frac{y\mathrm{d}y-x\mathrm{d}y}{y^2}=\mathrm{d}\left(\frac{x}{y}\right);$$

$$\frac{-y\mathrm{d}x+x\mathrm{d}y}{x^2}=\mathrm{d}\left(\frac{x}{y}\right);\qquad \frac{y\mathrm{d}x-x\mathrm{d}y}{xy}=\mathrm{d}\left(\ln\left|\frac{x}{y}\right|\right);$$

$$\frac{y\mathrm{d}x-x\mathrm{d}y}{x^2+y^2}=\mathrm{d}\left(\arctan\frac{x}{y}\right);\qquad \frac{y\mathrm{d}x-x\mathrm{d}y}{x^2-y^2}=\frac{1}{2}\mathrm{d}\left(\ln\left|\frac{x-y}{x+y}\right|\right).$$

9. 积分因子

若对于非恰当方程 $M(x,y)\mathrm{d}x+N(x,y)\mathrm{d}y=0$，存在连续可微的函数 $\mu=\mu(x,y)\neq0$，使得 $\mu M\mathrm{d}x+\mu N\mathrm{d}y=\mathrm{d}u$，则称 $\mu(x,y)$ 为方程 $M\mathrm{d}x+N\mathrm{d}y=0$ 的一个积分因子. 同一方程可以有不同的积分因子.

μ 为积分因子 $\Leftrightarrow\frac{\partial(\mu M)}{\partial y}=\frac{\partial(\mu N)}{\partial x}$，即 $N\frac{\partial\mu}{\partial x}-M\frac{\partial\mu}{\partial y}=\left(\frac{\partial M}{\partial y}-\frac{\partial N}{\partial x}\right)\mu$.

$$\Leftrightarrow\frac{\frac{\partial M}{\partial y}-\frac{\partial N}{\partial x}}{M}=\varphi(x)\text{，此时 }\mu(x)=\mathrm{e}^{\int\varphi(x)\mathrm{d}x}.$$

方程 $M\mathrm{d}x-N\mathrm{d}y=0$ 有且只与 y 有关的积分因子 $\mu(y)$

$$\Leftrightarrow\frac{\frac{\partial M}{\partial y}-\frac{\partial N}{\partial x}}{M}=\varphi(y)\text{，此时，}\mu(y)=\mathrm{e}^{\int\varphi(y)\mathrm{d}x}.$$

10. 一阶隐式方程

形如 $F(x,y,y')=0$ 的方程，称为一阶隐式方程.

这里主要介绍以下四种类型:

(1)$y=f(x,y')$; (2)$x=f(y,y')$;

(3)$F(x,y')=0$; (4)$F(y,y')=0$.

11. 可以就 y 解出的隐式方程 $y=f(x,y')$

令 $y'=p$,对 $x=f(x,p')$两边关于 x 求导得 $p=\frac{\partial f}{\partial x}+\frac{\partial f}{\partial p}\frac{\mathrm{d}p}{\mathrm{d}x}$,视为 x,p 的一阶微分主程解之.解为 $p=\varphi(x,c)$时,原方程的通解为 $y=f(x,\varphi(x,c))$;解为 $x=\varphi(p,c)$时,原方程的通解为 $\begin{cases}x=\varphi(p,c),\\y=f(\varphi(p,c),p),\end{cases}$其中 p 为参数,c 为任意常数.

12. 可以就 x 解出的隐式方程 $x=f(y,y')$

令 $y'=p$,对 $x=f(y,y')$两边关于 y 求导得$\frac{1}{p}=\frac{\partial f}{\partial x}+\frac{\partial f}{\partial p}\frac{\mathrm{d}p}{\mathrm{d}y}$,视为 y,p 的一阶微分方程解之.解为 $p=\varphi(y,c)$时,原方程的通解为 $x=f(y,\varphi(y,c))$;解为 $y=\varphi(p,c)$时,原方程的通解为 $\begin{cases}x=f(\varphi(p,c),p),\\y=\varphi(p,c),\end{cases}$其中 p 为参数,c 为任意常数.

13. 不能就 y 解出的形如 $F(x,y')=0$ 的隐式方程

令 $y'=p$ 方程化为 $F(x,p)=0$,代表 Oxp 平面上的一条曲线,引入适当的变换曲线表为参数形式$\begin{cases}x=\varphi(t),\\p=\varphi(t),\end{cases}$则原方程的通解为$\begin{cases}x=\varphi(t),\\y=\int\varphi(t)\varphi'(t)\mathrm{d}t+c,\end{cases}$ c 为任意常数,t 为策动参数.

14. 不能就 x 解出的形如 $F(y,y')=0$ 的隐式方程

令 $y'=p$ 引入参数 t,将方程 $F(y,p)=0$ 表示为适当的参数形式$\begin{cases}y=\varphi(t),\\p=\varphi(t),\end{cases}$则原方程的通解为 $\begin{cases}x=\frac{\varphi'(t)}{\varphi(t)}\mathrm{d}t+c,\\y=\varphi(t),\end{cases}$其中 t 为参数,c 为任意常数.

典型例题与解题技巧

基本题型Ⅰ:求显式微分方程的通解

思路点拨 以下是一阶方程最基本的五个类型,其他方程均可借助变量代换或积分因子化为这几个基本类型方程求解.

①**变量分离方程**:$\frac{dy}{dx}=f(x)\varphi(y)$

解法:将方程化为$\frac{dy}{\varphi(y)}=f(x)dx$ ($\varphi(y)\neq0$)形式,两边积分得

$$\int\frac{dy}{\varphi(y)}=\int f(x)dx+c$$

特别当$\varphi(y)=0$时,若存在y_0使$\varphi(y_0)=0$,需要考虑$y=y_0$.

②**齐次微分方程**:$\frac{dy}{dx}=g\left(\frac{y}{x}\right)$

解法:作变量代换$u=\frac{y}{x}$,则$\frac{dy}{dx}=x\frac{du}{dx}+u$,即可化为变量分离方程$\frac{du}{dx}=\frac{g(u)-u}{x}$,求解后代回原变量.

③**线性微分方程**:$\frac{dy}{dx}=P(x)y+Q(x)$

解法:使用常数变异法求解,将方程代入形式解$y=c(x)e^{\int P(x)dx}$,化简得$c(x)=\int Q(x)e^{-\int P(x)dx}dx+\tilde{c}$,所以原方程的通解为

$$y=e^{\int P(x)dx}\left(\int Q(x)e^{-\int P(x)dx}dx+\tilde{c}\right),\tilde{c}\text{为常任意常数}$$

④**伯努利微分方程**:$\frac{dy}{dx}=P(x)y+Q(x)y^n,n\neq0,1$

解法:作变量替换$z=y^{1-n}$,化原程为线性方程$\frac{dz}{dx}=(1-n)P(x)z+(1-n)Q(x)$来求解,然后回代变量。特别当$n>0$时,$y=0$也是方程的解.

⑤**恰当微分方程**:$M(x,y)dx+N(x,y)dy=0,\frac{\partial M}{\partial y}=\frac{\partial N}{\partial x}$

解法:其通解为

$$\int M(x,y)dx+\int\left[N-\frac{\partial}{\partial y}\int M(x,y)dx\right]dy=c,c\text{为任意常数}$$

例1 求解变量分离方程$\frac{dy}{dx}=y\ln x$.

解题过程 将方程变量分离,得到 $\frac{dy}{y}=\ln x dx$ ($y\neq0$).

两边积分得 $\ln|y|=x\ln x-x+c_1$,

这里c_1是任意常数,解出y可得显式通解为

$$y=ce^{x\ln x-x},$$

这里c是一个任意常数,另外,$y=0$也是方程的解,它可以被包含在通解中(取$c=0$).

例2 求解齐次微分方程$y^2+x^2\frac{dy}{dx}=xy\frac{dy}{dx}$.

解题过程 将方程改写为 $$\frac{\mathrm{d}y}{\mathrm{d}x}=\frac{\left(\frac{y}{x}\right)^2}{\frac{y}{x}-1}.$$

作变换 $u=\frac{y}{x}$，则 $\frac{\mathrm{d}y}{\mathrm{d}x}=u+x\frac{\mathrm{d}u}{\mathrm{d}x}$，把它们代入方程得

$$u+x=\frac{u^2}{u-1},$$

将变量分离，得 $$\frac{u-1}{u}\mathrm{d}u=\frac{\mathrm{d}u}{\mathrm{d}x}(u\neq 0).$$

两边积分得 $$u-\ln|u|=\ln|c_1x|,$$

代回原变量，整理得通解 $$y=\frac{1}{c_1}\mathrm{e}^{\frac{y}{x}}$$

此外，$y=0$ 也是方程的解.

例 3 求解方程 $(2x^2+3y^2-7)x\mathrm{d}x-(3x^2+2y^2-8)y\mathrm{d}y=0$.

解题过程 将方程改写为 $$\frac{2y\mathrm{d}y}{2x\mathrm{d}x}=\frac{2x^2+3y^2-7}{3x^2+2y^2-8},$$

即 $$\frac{\mathrm{d}y^2}{\mathrm{d}x^2}=\frac{2x^2+3y^2-7}{3x^2+2y^2-8},$$

作变量代换 $x^2=u,y^2=v$，代入方程得

$$\frac{\mathrm{d}v}{\mathrm{d}u}=\frac{2u+3v-7}{3u+2v-8},$$

得到一个可化为齐次的方程，解方程组

$$\begin{cases}2\alpha+3\beta-7=0,\\3\alpha+2\beta=0,\end{cases}$$

得 $\alpha=2,\beta=1$，令 $$u=\xi+2,\quad v=\eta+1,$$

代入方程得 $$\frac{\mathrm{d}\eta}{\mathrm{d}\xi}=\frac{2\xi+3\eta}{3\xi+2\eta},$$

得到一个齐次方程，作变换 $t=\frac{\eta}{\xi}$，则方程可进一步化为

$$\frac{3+2t}{2(1-t^2)}\mathrm{d}t=\frac{\mathrm{d}\xi}{\xi}(t\neq\pm 1).$$

两边积分得 $$\frac{1+t}{(1-t)^5}=c\xi^4,$$

代回原变量，得原方程通解为

$$x^2+y^2-3=c(x^2-y^2-1)^5.$$

此外 $t=\pm 1$ 也是方程的解，如 $y^2=x^2-1,y^2=-x^2+3$ 都是方程的解，其中，$y^2=x^2-1$ 不包含在通解中，$y^2=-x^2+3$ 包含在上述通解中.

例 4 求解线性微分方程 $\frac{\mathrm{d}y}{\mathrm{d}x}=-2xy+4x$.

解题过程 首先求线性齐次方程 $\frac{\mathrm{d}y}{\mathrm{d}x}+2xy=0$ 的通解，分离变量得 $\frac{\mathrm{d}y}{y}=-2x\mathrm{d}x\quad(y\neq 0)$.

两边积分得 $$y=c\mathrm{e}^{-x^2}.$$

再应用常数变易法求线性非齐次方程的通解，为此在上式中把常数 c 变易成待定函数 $c(x)$，即令

$$y=c(x)e^{-x^2}.$$

代入原方程得 $c'(x)e^{-x^2}-2xc(x)e^{-x^2}=-2xc(x)e^{-x^2}+4x$，

化简得 $c'(x)=4xe^{x^2}$，

上式两边积分得 $c(x)=2e^{x^2}+c$，

于是原方程的通解为 $y=2+ce^{-x^2}$

例 5 求解方程 $y'=\dfrac{y}{2y\ln y+y-x}$.

解题过程 对调 x 与 y 的地位，即可把原方程化为

$$\frac{dx}{dy}=\frac{x}{y}+1+2\ln y.$$

得到以 x 为未知函数的一阶线性方程，先求它对应的齐次方程

$$\frac{dx}{dy}=-\frac{x}{y}$$

的通解，分离变量得 $\dfrac{dx}{x}=-\dfrac{dy}{y}$.

两边积分得 $x=-\dfrac{c}{y}$.

令 $x=\dfrac{c(x)}{y}$，代入原方程得 $c'(y)=y+2y\ln y$，

两边积分得 $c(y)=c+y^2\ln y$.

所求通解为 $x=\dfrac{c}{y}+y\ln y$.

例 6 求解伯努利微分方程 $\dfrac{dy}{dx}+2xy+xy^4=0$.

解题过程 这是 $n=4$ 的伯努利方程，故作变换

$$z=y^{-3},$$

代入原方程，得到 $\dfrac{dz}{dx}=6xz+3x$.

这是以 z 为未知函数的线性方程，它的通解为

$$z=e^{\int 6xdx}[\int 3xe^{-\int 6xdx}dx],$$

整理得 $z=ce^{3x^2}-\dfrac{1}{2}$，

代回原变量，得到原方程的通解为

$$y=\left(\frac{1}{-\frac{1}{2}ce^{3x^2}}\right)^{\frac{1}{3}}.$$

另外，还有特解 $y=0$.

例 7 求解恰当微分方程 $\frac{y}{x}\mathrm{d}x+(y^3+\ln x)\mathrm{d}y=0$.

解题过程 这里 $M(x,y)=\frac{y}{x}$，$N(x,y)=y^3+\ln x$，于是

$$\frac{\partial M(x,y)}{\partial y}=\frac{1}{x}=\frac{\partial N(x,y)}{\partial x}$$

因此这是一个全微分方程.将方程重新分项组合，得到

$$\left(\frac{y}{x}\mathrm{d}x+\ln x\mathrm{d}y\right)+y^3\mathrm{d}y=0,$$

即
$$\mathrm{d}(y\ln x)+\mathrm{d}\frac{y^4}{4}=0.$$

所以，方程的通解为 $y\ln x+\frac{y^4}{4}=c$.

■ 基本题型Ⅱ：利用引进参数隐式微分方程

思路点拨 在教材的“本章学习要点”中已知对隐式方程进行了总结，本书就不累述.

例 8 求解方程 $y'\mathrm{e}^{y'}-\mathrm{e}^{y'}-y=0$.

解题过程 这是一个形如 $y=f(x,y')$ 的隐式方程，使用参数法求解.令 $\frac{\mathrm{d}y}{\mathrm{d}x}=p$，原方程写为 $y=(p-1)\mathrm{e}^p$.

两边关于 x 求异，得到 $p=\frac{\mathrm{d}p}{\mathrm{d}x}\mathrm{e}^p+(p-1)\mathrm{e}^p\frac{\mathrm{d}p}{\mathrm{d}x}$，

即 $p\left(\mathrm{e}^p\frac{\mathrm{d}p}{\mathrm{d}x}-1\right)=0$，由此得到 $p=0$ 或 $\mathrm{e}^p\frac{\mathrm{d}p}{\mathrm{d}x}=1$.

由方程 $\mathrm{e}^p\frac{\mathrm{d}p}{\mathrm{d}x}=1$，解得 $\mathrm{e}^p=x+c$，代入得到原方程的通解

$$\begin{cases}x=\mathrm{e}^p-c,\\ y=(p-1)\mathrm{e}^p,\end{cases}$$ 其中 p 为参数，c 为任意常数.

把 $p=0$ 代入 y 的表达式，得到原方程的一个特解为 $y=-1$.

例 9 求解方程 $y'(x-\ln y')=1$.

解题过程 这是一个形如 $F(x,y')=0$ 的隐式方程

解法一 使用参数法求解令 $y'=p$ 则有 $\begin{cases}x=\frac{1}{p}+\ln p,\\ y'=p.\end{cases}$ 由 $\frac{\mathrm{d}y}{\mathrm{d}x}=y'$，有

$$\mathrm{d}y=y'\mathrm{d}x=p\left(-\frac{1}{p^2}+\frac{1}{p}\right)\mathrm{d}p,$$

即
$$\mathrm{d}y=\left(-\frac{1}{p}+1\right)\mathrm{d}p，积分得\ y=p-\ln|p|+c=p-\ln p+c.$$

原方程的参数形式解是$\begin{cases} x=\ln p+\dfrac{1}{p}, \\ y=p-\ln p+c, \end{cases}$ 其中 c 为任意常数.

解法二 同样使用参数法,使用不同的参数设定令 $y'=e^t$ 则有$\begin{cases} x=t+e^{-t} \\ y'=e^t. \end{cases}$ 由$\dfrac{dy}{dx}=y'$,有

$dy=y'dx=e^t(1-e^{-t})dt$,即 $dy=(e^t-1)dt$,

积分得 $y'=e^t-t+c$,所以,原方程的参数形式解为

$$\begin{cases} x=t+e^{-t} \\ y=e^t-t+c, \end{cases}$$ 其中 c 为任意常数.

■ 基本题型Ⅲ:求解微分方程的初值问题

思路点拨 在求出微分方程通解后,将初值条件代入通解求取任意常数,得到初值问题的解.

例 10 求解方程 $(x^2-1)y'+2xy^2=0$ 满足初值条件 $y(0)=2$ 的解.

解题过程 将方程改写为 $$-\frac{1}{y^2}dy=\frac{2x}{x^2-1}dx.$$

两边积分得 $$\frac{1}{y}=\ln|x^2-1|+c.$$

将 $x=0,y=2$ 代入上式,即可解得 $c=\dfrac{1}{2}$.

因而所求的特解为 $y=\dfrac{-2}{1+2\ln|x^2-1|}$.

■ 基本题型Ⅳ:求取满足某一给定关系式的函数表达式

思路点拨 一般将给定关系式首先化为微分方程的初值问题,进而求解.

例 11 求满足关系式 $y(x)=1+x^2+2\int_0^x y(t)dt$ 的函数 $y(x)$.

解题过程 对方程两边关于 x 求导得 $y'(x)=2x+2y(x)$,

则将解积分方程 $y(x)=1+x^2+2\int_0^x y(t)dt$ 转化为求解的初值问题

$$\begin{cases} y'=2y+2x \\ y(0)=1. \end{cases}$$

解此微分方程得通解为 $y=e^{2x}\left[c+2\int xe^{-2x}dx\right]$ 即 $y=ce^{2x}-x-\dfrac{1}{2}$,

所以满足初始条件 $y(0)=1$ 的解为 $y=\dfrac{3}{2}e^{2x}-x-\dfrac{1}{2}$.

■ 基本题型Ⅴ：有关一阶线性方程解的函数性质的证明题

思路点拨 该类证明一般首先写出方程的通解的表达式，再利用函数的性质进行证明.

例 12 设 $f(x)$ 在$[0,+\infty]$上连续，且 $\lim\limits_{x\to\infty}f(x)=b$，又 $a>0$，证明方程方程$\frac{dy}{dx}+ay=f(x)$的一切解 $y(x)$，均有 $\lim\limits_{x\to+\infty}y(x)=\frac{b}{a}$.

解题过程 设 $y=y(x)$是方程的任一解且满足 $y(x_0)=y_0$，当 $a>0$ 时，该解可表示为

$$y(x)=y_0\mathrm{e}^{-a(x-x_0)}+\mathrm{e}^{-a(x-x_0)}\int_{x_0}^{x}f(s)\mathrm{e}^{a(s-x_0)}\mathrm{d}s.$$

则洛必达法则和已知条件有

$$\lim_{y\to+\infty}y(x)=\lim_{x\to+\infty}\frac{y_0}{\mathrm{e}^{a}(x-x_0)}+\lim_{x\to+\infty}\frac{\int_{x_0}^{x}f(s)\mathrm{e}^{a}(s-x_0)\mathrm{d}s}{\mathrm{e}^{a(x-x_0)}}$$

$$=0+\lim_{x\to\infty}\frac{f(x)\mathrm{e}^{a(x-x_0)}}{a\mathrm{e}^{a(x-x_0)}}=\lim_{x\to\infty}\frac{f(x)}{a}=\frac{b}{a}.$$

例 13 当$-\infty<x<+\infty$时，$f(x)$连续且$|f(x)|\leqslant M$. 证明：方程 $y'+y=f(x)$在区间$-\infty<x<+\infty$上存在一个有界解，求出这个解，并证明：若函数 $f(x)$是以 ω 为周期的周期函数，则这个解也是以 ω 为周期函数.

解题过程 方程 $y'+y=f(x)$的通解为

$$y=\mathrm{e}^{-x}\left[c+\int_{-\infty}^{x}f(t)\mathrm{e}^{t}\mathrm{d}t\right],$$

(1)取 $c=\int_{-\infty}^{0}\mathrm{e}^{t}f(t)\mathrm{d}t$（由题给假设知，此广义积分收敛），得解

$$y(x)=\mathrm{e}^{-x}\int_{-\infty}^{x}f(t)\mathrm{e}^{t}\mathrm{d}t,$$

则由 $x\in(-\infty,+\infty)$，$|f(x)|\leqslant M$ 易证

$$|y(x)|\leqslant M,x\in(-\infty,+\infty).$$

此即为方程 $y'+y=f(x)$的一个界解.

(2)若 $f(x)=f(x+\omega)$，对上面求出的方程的解，有

$$y(x+\omega)=\mathrm{e}^{-(x+\omega)}\int_{-\infty}^{x+\omega}f(t)\mathrm{e}^{t}\mathrm{d}t.$$

令 $t=z+\omega$，则上式右端为

$$\mathrm{e}^{-(x+\omega)}\int_{-\infty}^{x}f(z)\mathrm{e}^{z+\omega}\mathrm{d}z=\mathrm{e}^{-x}\mathrm{e}^{-\omega}\int_{-\infty}^{x}\mathrm{e}^{z+\omega}f(z+\omega)\mathrm{d}z$$

$$=\mathrm{e}^{-x}\int_{-\infty}^{x}f(z)\mathrm{e}^{z}\mathrm{d}z$$

$$=\mathrm{e}^{-x}\int_{-\infty}^{x}f(z)\mathrm{e}^{z}\mathrm{d}z=y(x)$$

则 $y(x)$ 也是以 ω 为周期的周期函数得证.

■ 基本题型Ⅵ:有关对称微分方程的积分因子的证明题

例 14 证明方程 $M(x,y)\mathrm{d}x+N(x,y)\mathrm{d}y=0$ 具有形如 $\mu=\mu[\varphi(x,y)]$ 的积分因子的充要条件为

$$\left(\frac{\partial M}{\partial y}-\frac{\partial N}{\partial x}\right)\left(N\frac{\partial\varphi}{\partial y}\right)^{-1}=f[\varphi(x,y)],$$

并求出这个积分因子.

解题过程 方程有积分因子 $\mu(x,y)$ 的充要条件是

$$N\frac{\partial\mu}{\partial x}-M\frac{\partial\mu}{\partial y}=\left(\frac{\partial M}{\partial y}-\frac{\partial N}{\partial x}\right)\mu.$$

令 $\mu=\mu[\varphi(x,y)]$,则有

$$N\frac{\mathrm{d}\mu}{\mathrm{d}\varphi}\cdot\frac{\partial M}{\partial y}-M\frac{\mathrm{d}\mu}{\mathrm{d}\varphi}\cdot\frac{\partial\varphi}{\partial y}=\left(\frac{\partial M}{\partial y}\right)\mu[\varphi(x,y)],$$

即 $\mu=\mu[\varphi(x,y)]$ 满足下列微分方程

$$\frac{\mathrm{d}\mu}{\mathrm{d}\varphi}=\left(\frac{\partial M}{\partial y}-\frac{\partial N}{\partial x}\right)\left(N\frac{\partial\varphi}{\partial x}-M\frac{\partial\varphi}{\partial y}\right)^{-1}\mu[\varphi(x,y)].\qquad ①$$

上式右端为 $\varphi(x,y)$ 的函数,这就是证明了 $\mu=\mu[\varphi(x,y)]$ 为方程的积分因子的充要条件为

$$\left(\frac{\partial M}{\partial y}-\frac{\partial N}{\partial x}\right)\left(N\frac{\partial\varphi}{\partial x}-M\frac{\partial\varphi}{\partial y}\right)^{-1}=f[\varphi(x,y)].$$

求解①式得到

$$\mu[\varphi(x,y)]=\mathrm{e}^{\int[\varphi(x,y)]\mathrm{d}\varphi}.$$

考研真题精解

(2012 年数学二)微分方程 $y\mathrm{d}x(x-3y^2)\mathrm{d}y=0$ 满足初始条件 $y\big|_{x=1}=1$ 的解为________.

解题过程 $y\mathrm{d}x+(x-3y^2)\mathrm{d}y=0\Rightarrow\frac{\mathrm{d}x}{\mathrm{d}y}=3y-\frac{1}{y}x\Rightarrow\frac{\mathrm{d}x}{\mathrm{d}y}+\frac{1}{y}x=3y$,则得到一个一阶线性微分方程,所以

$$x=\mathrm{e}^{-\int\frac{1}{y}\mathrm{d}y}\left[\int 3y\cdot\mathrm{e}^{\int\frac{1}{y}\mathrm{d}y}\mathrm{d}y+C\right]=\frac{1}{y}\left[\int 3y^2\mathrm{d}y+C\right]=\frac{1}{y}(y^3+C)$$

又当 $y=1$ 时 $x=1$,解得 $C=0$,故答案是 $x=y^2$.

课后习题全解

习题 2.1

1　求下列方程的解：

(1)$\frac{dy}{dx}=2xy$，并求满足初值条件 $x=0,y=1$ 的特解；

(2)$y^2dx+(x+1)dy=0$，并求满足初值条件 $x=0,y=1$ 的特解；

(3)$\frac{dy}{dx}=\frac{1+y^2}{xy+x^3y}$；　　(4)$(1+x)ydx+(1-y)xdy=0$；

(5)$(y+x)dy+(x-y)dx=0$；　　(6)$x\frac{dy}{dx}-y+\sqrt{x^2-y^2}=0$；

(7)$\tan ydy-\cot xdy=0$；　　(8)$\frac{dy}{dx}+\frac{e^{y^2+3x}}{y}=0$；

(9)$x(\ln x-\ln y)dy-ydx=0$；　　(10)$\frac{dy}{dx}=e^{x-y}$.

解题过程　(1)分离变量，得　$\frac{dy}{y}=2xdx$.

两边积分，得通解 $\ln|y|=x^2+c_1$ 这里 c_1 为任意常数.

即　$y=ce^{x^2}$，

这是　$c=e^{c_1}$

把 $x=0,y=1$ 代入通解，得满足条件的特解为 $y=e^{x^2}$.

(2)分离变量，得到　$-\frac{dy}{y^2}=\frac{dx}{x+1}$.

两边积分，当 $y\neq0$ 时，即得方程的解为

$$\frac{1}{y}\ln|x+1|+c,$$

即

$$y=\frac{1}{\ln|x+1|+c},$$

这里 c 为任意常数，将 $y=0$ 代入方程，可知 $y=0$ 也是方程的解.

将初值条件 $x=0,y=1$ 代入上式，得 $c=1$，故满足初值条件 $x=0,y=1$ 的特解为$y=\frac{1}{\ln|x+1|+1}$.

(3)分离变量，得到　$\frac{y}{1+y^2}dy=\frac{dx}{x(1+x^2)}$，

两边积分，即得方程通解为

$$\int\frac{y\mathrm{d}y}{1+y^2}=\int\frac{-\frac{1}{2}\mathrm{d}\left(\frac{1}{x^2}\right)^2}{\frac{1}{x^2}+1}.$$

或 $\quad\frac{1}{2}\ln|1+y^2|=-\frac{1}{2}\ln\left|1+\frac{1}{x^2}\right|+c_1$，$c_1$ 为任意常数.

即$(1+y^2)(1+x^2)=cx^2$，这里 $c=\mathrm{e}^{2c_1}$ 是任意正常数.

(4)分离变量，得到$-\frac{(1-y)\mathrm{d}y}{y}=\frac{(1+x)\mathrm{d}x}{x}$，$\quad(x\neq0,y\neq0$ 时)

两边积分，即得方程的解为 $y=\ln|y|=x+\ln(x)+c_1$，c_1 为任意常数.

即 $x-y+\ln|xy|=c$，这里 $c=-c_1$ 为任意常数.

另外，容易验证 $y=0$ 也是方程的解.

所以方程的解为 $y=0$ 也是方程的解.

(5)变形原方程为 $\quad y\mathrm{d}y+x\mathrm{d}x+x\mathrm{d}y-y\mathrm{d}x=0$，

进一步，可以变形为 $\frac{1}{2}\mathrm{d}(x^2+y^2)+(x^2+y^2)\cdot\frac{x\mathrm{d}y-y\mathrm{d}x}{x^2+y^2}=0.$

两边同除以 x^2+y^2，即为

$$\frac{\mathrm{d}(x^2+y^2)}{2(x^2+y^2)}\frac{\mathrm{d}\left(\frac{y}{x}\right)}{1+\left(\frac{y}{x}\right)^2}=0,$$

两边积分，得到方程的通解为

$$\ln|\sqrt{x^2+y^2}|+\arctan\frac{y}{x}=c,$$

这里 c 是任意常数.

(6)变形原方程为 $\quad x\mathrm{d}x-y\mathrm{d}x+\sqrt{x^2-y^2}\,\mathrm{d}x=0.$

当 $y^2\neq x^2$ 时，容易验证 $y^2=x^2$ 也是方程的解.

$$\frac{x\mathrm{d}y-y\mathrm{d}x}{\sqrt{x^2-y^2}}+\mathrm{d}x=0,$$

即$\frac{\mathrm{d}\left(\frac{y}{x}\right)}{\sqrt{1-\left(\frac{y}{x}\right)^2}}+\frac{1}{x}\mathrm{d}x=0$，两边积分得方程的解为 $\arcsin\frac{y}{x}+\ln|x|=c$，

这里 c 为任意常数.

另外当 $y^2=x^2$ 时，容易验证 $y^2=x^2$ 也是方程的解.

所以原方程的解为 $y^2=x^2$ 或 $\arcsin\frac{y}{x}+\ln|x|=c$.

(7)当 $\tan\neq0$ 时，即 $y\neq k\pi,k=0,\pm1,\pm2,\cdots$时分离变量得

$$\cot y\mathrm{d}y=\tan x\mathrm{d}x.$$

两边同时积分，即得方程解为

$$\ln|\sin|=-\ln|\cos x|+c_1,$$ 这里 c_1 为任意常数.

即
$$\sin y\cos x=c,$$
这里 $c=e^{c_1}$ 为任意正常数.

另外，当 $y=k\pi,k=0,\pm1,\pm2,\cdots$ 时，也容易验证是方程的解. 所以，原方程的解为 $\sin y\cos x=c$ 或 $y=k\pi,k=0,\pm1,\cdots$.

(8)原方程可以变形为
$$e^{-y^2}\cdot y\mathrm{d}y+e^{3x}\mathrm{d}x=0.$$

两边积分即得方程的通解为 $\frac{1}{3}e^{3x}-\frac{1}{2}e^{-y^2}=c_1$，$c_1$ 为任意常数.

这里 $c=6c_1$，是任意常数.

(9)方程可变形为
$$\frac{\mathrm{d}y}{\mathrm{d}x}=\frac{\mathrm{d}}{\frac{x}{y}\ln\frac{x}{y}}=0,$$

令 $u=\frac{x}{y}$，即 $x=yu$，则原方程变为
$$u+y\cdot\frac{\mathrm{d}u}{\mathrm{d}y}=u\ln u,$$
即
$$\frac{\mathrm{d}u}{u(\ln u-1)}=\frac{\mathrm{d}y}{y},$$
两边积分，得到方程的解为 $\ln u-1=cy$，

$\ln\frac{y}{x}+1=cy$，其中 c 是任意常数.

(10)原方程可变形为 $e^y\mathrm{d}y=e^x\mathrm{d}x$，

两边积分即得方程的通解
$$e^y=e^x+c,$$
这里 c 为任意常数.

2 作适当的变量变换求解下列方程：

(1) $\frac{\mathrm{d}y}{\mathrm{d}x}=(x+y)^2$； (2) $\frac{\mathrm{d}y}{\mathrm{d}x}=\frac{1}{(x+y)^2}$；

(3) $\frac{\mathrm{d}y}{\mathrm{d}x}=\frac{2x-y+1}{x-2y+1}$； (4) $\frac{\mathrm{d}y}{\mathrm{d}x}=\frac{x-y+5}{x-y-2}$；

(5) $\frac{\mathrm{d}y}{\mathrm{d}x}=(x+1)^2+(4y+1)^2+8xy+1$； (6) $\frac{\mathrm{d}y}{\mathrm{d}x}=\frac{y^6-2x^2}{2xy^6+x^2y^2}$；

(7) $\frac{\mathrm{d}y}{\mathrm{d}x}=\frac{2x^3+3xy+x}{3x^2+2y^3-y}$.

解题过程 (1)令 $u=x+y$，则原方程变为
$$\frac{\mathrm{d}u}{\mathrm{d}x}=u^2+1,$$

分离变量得到 $\dfrac{du}{u_2+1}=dx$，

两边同时积分，得方程的通解

$$\arctan u = x+c,$$

这里 c 为任意数.

所以，原方程的解为 $y=\tan(x+c)-x$.

(2)令 $u=x+y$，则原方程变为

$$\frac{u^2 du}{u^2+1} = dx,$$

两边同时积分，即得方程的通解

$$u-\arctan u = x+c,$$

这里 c 为任意常数，

所以，原方程的解为 $y=\arctan(x+y)+c$.

(3)由方程组 $\begin{cases}2x-y+1=0,\\ x-2y+1=0,\end{cases}$ 的解 $\begin{cases}x=-\dfrac{1}{3},\\ y=\dfrac{1}{3},\end{cases}$ 作变量代换

$$\begin{cases}x=z-\dfrac{1}{3},\\ y=\bar{y}+\dfrac{1}{3},\end{cases}$$

代入原方程，则有 $d\bar{y}=uz$，则得

$$\frac{(1-2u)du}{2(1-u+u^2)} = \frac{dz}{z}$$

两边同时积分，得方程的解

$$\ln(u^2-u+1)+\ln z^2 = c,$$

即 $\ln(\bar{y}^2-z\bar{y}+z^2)=c$.

所以，原方程的解为 $\ln\left[\left(y-\dfrac{1}{3}\right)^2-\left(x+\dfrac{1}{3}\right)\left(y-\dfrac{1}{3}\right)+\left(x+\dfrac{1}{3}\right)^2\right]=c_1$，

即 $x^2+y^2-xy+x-y=c$.

这里 $c=e^{c_1}-\dfrac{1}{3}$，c_1 是任意常数.

(4)令 $u=x-y$，即 $x=u+y$，则原方程为

$$\frac{du}{dy}=\frac{-7}{u+5}$$

分离变量，并且两边积分得方程的解

$$u^2+10u+14y=c,$$

这里 c 为任意常数，原方程的解为

$$(x-y)^2+10(x-y)+14y=c,$$

即 $x^2+y^2-2xy+10x+4y=c$.

(5)令 $u=4y+1$,则原方程变为

$$\frac{\frac{1}{4}\mathrm{d}u}{\mathrm{d}x}=(x+1)^2+u^2+2x(u-1)+1,$$

即 $$\frac{\mathrm{d}u}{\mathrm{d}x}=4(u+x)^2+8,$$

令 $v=u+x$,则上面的方程化为

$$\frac{\mathrm{d}(v-x)}{\mathrm{d}x}=4v^2+8$$

即 $$\frac{\mathrm{d}v}{\mathrm{d}x}=4v^2+9,$$

分离变量并两边积分,得方程的解

$$\arctan\left(\frac{2}{3}v\right)=6x+c,$$

这里 c 是任意常数.

所以原方程的解为 $\tan(6x+c)=\frac{2}{3}(x+4y+1).$

(6)令 $u=y^3$,则方程可变为

$$\frac{\mathrm{d}u}{\mathrm{d}x}=\frac{3u^2-6x^2}{2xu+x^2},$$

令 $v=\frac{u}{x}$,即 $u=vx$,则上面方程化为

$$x\frac{\mathrm{d}v}{\mathrm{d}x}+v=\frac{3v^2-6}{2v+1}$$

即 $$\frac{7}{5}\left(\frac{dv}{v-3}\right)\frac{+3}{5}\left(\frac{\mathrm{d}v}{v+2}\right)\frac{=\mathrm{d}x}{x},$$

两边同时积分,得方程的解

$$(v-3)^7(v+2)^3=cx^5,$$

这里 c 为任意正常数.

因此原方程的解为 $(y^3-3x)^7(y^3+2x)=cx^{15}.$

(7)原方程变形为 $$\frac{y\mathrm{d}y}{x\mathrm{d}x}=\frac{2x^2+3y^2+1}{3x^2+2y^2-1},$$

即 $$\frac{\mathrm{d}y^2}{\mathrm{d}x^2}=2x^2+3y.$$

令 $u=x^2-1,v=y^2+1$,则上面的方程为

$$\frac{\mathrm{d}v}{\mathrm{d}u}+\omega=\frac{2+3\omega}{3+2\omega},$$

分离变量并且两边积分,得方程的解

$$c(1+\omega)=u^4(1-\omega)^5,$$

因此,原方程解为 $c(x^2+y^2)=y^2-x^2+2,$

这里 c 是任意常数.

3 证明方程$\frac{x}{y}\frac{\mathrm{d}y}{\mathrm{d}x}=f(xy)$经变换 $xy=u$ 可化为变量的分离方程，并且求解下列方程：

(1)$y(1-x^2y^2)\mathrm{d}x=x\mathrm{d}y$；　　(2)$\frac{x}{y}\frac{\mathrm{d}y}{\mathrm{d}x}=\frac{2+x^2y^2}{2-x^2y^2}$.

解题过程 先证明方程$\frac{x}{y}\frac{\mathrm{d}y}{\mathrm{d}x}=f(xy)$经变换 $xy=u$ 可化为变量分离方程.

令 $u=xy$，即 $y=\frac{u}{x}$，则原方程变为

$$\frac{x^2}{u}\frac{x\frac{\mathrm{d}u}{\mathrm{d}x}-u}{x^2}=f(u),$$

即

$$\frac{\mathrm{d}u}{u(f(u)+1)}=\frac{\mathrm{d}x}{x},$$

易见原方程可以化为变量分离方程. 然后利用这一方法求解下述两个方程：

(1)方程 $y(1+x^2y^2)\mathrm{d}x=x\mathrm{d}y$ 可以变形为

$$\frac{x\mathrm{d}y}{y\mathrm{d}x}=1+(xy)^2.$$

其中 $f(xy)=1+(xy)^2$，即 $f(u)=1+u^2$.

故，令 $u=xy$ 时，所求方程变为

$$\frac{\mathrm{d}u}{u(u^2+2)}=\frac{\mathrm{d}x}{x},$$

两边积分，整理得原方程的解

$$x^4+\frac{2x^2}{y^2}=c,$$

即

$$y=cx\sqrt{x^2y^2+2},$$

这里 c 为任意正常数.

(2)方程相应的 $f(x,y)=\frac{2+x^2y^2}{2-x^2y^2}$，则令 $u=xy$，时，所求方程变为

$$\frac{\mathrm{d}u}{u\left(\frac{2+u^2}{2-u^2}+1\right)}=\frac{\mathrm{d}x}{x},$$

整理，并且两边积分，得方程的解

$$\ln\left[\frac{y}{x^2}\right]=\frac{u^2}{4}+c,$$

这里 c 为任意常数.

因此，原方程的解为 $\ln\left|\frac{y}{x}\right|=\frac{1}{4}x^2y^2+c$.

4 已知 $f(x)\int_0^x f(t)\mathrm{d}t=1(x\neq 0)$，试求函数 $f(x)$的一般表达式.

解题过程 对方程 $f(x)\int_0^x f(t)\mathrm{d}t=1$ 两边 x 求导，得

$$f'(x)\int_0^x f(t)\mathrm{d}t + f^2(x) = 0,$$

所以，可得 $$f'(x)\frac{1}{f(x)}+f^2(x)=0,$$

即 $$\frac{\mathrm{d}f(x)}{\mathrm{d}x}=-f^3(x)$$

分离变量，对两边积分得方程的通解为

$$f^2(x)=\frac{1}{2(x+c)},$$

这里 c 为常数，且 $x+c>0$，a 从而

$$f(x)=\pm\frac{1}{\sqrt{2(x+c)}}.$$

注意到，令 $x=1$，已知条件变为

$$\pm\frac{1}{\sqrt{2(1+c)}}\int_0^1 \pm\frac{1}{\sqrt{2(t+c)}}\mathrm{d}t = 1,$$

即 $$c=0.$$

所以，函数 $f(x)$ 的一般表达式为 $f(x)=\pm\frac{1}{\sqrt{2x}}$.

5 求具有性质

$$x(t+s) = \frac{x(t)+x(s)}{1-x(t)x(s)}$$

的函数 $x(t)$，已知 $x'(0)$ 存在.

解题过程 令 $s=0$，则有 $$x(t)=\frac{x(t)+x(0)}{1-x(t)x(0)},$$

即 $$x(0)(1+x^2(t))=0,$$

所以 $$x(0)=0.$$

另外，由函数导数的定义，可得

$$x'(t)=\lim_{\Delta t\to 0}\frac{x(t+\Delta t)-x(t)}{\Delta t},$$

又因为 $$x(t+\Delta t)=\frac{x(t)+x(\Delta t)}{1-x(t)x(\Delta t)},$$

所以
$$\begin{aligned}x'(t)&=\lim_{\Delta t\to 0}\frac{x(\Delta t)(1+x^2(t))}{\Delta t(1-x(t)x(\Delta t))}\\&=\lim_{\Delta t\to 0}\frac{x(\Delta t)-x(0)}{\Delta t}\times\frac{1+x^2(t)}{1-x(t)x(\Delta t)}\\&=\lim_{\Delta t\to 0}\frac{x(\Delta t)-x(0)}{\Delta t}\times\lim_{\Delta t\to 0}\frac{1+x^2(t)}{1-x(t)x(\Delta t)}\\&=x'(0)(1+x^2(t))\end{aligned}$$

即 $$\frac{\mathrm{d}x(t)}{1+x^2(t)}=x'(0)\mathrm{d}t$$

两边积分得 $$\arctan x(t)=x'(0)t+c,$$

这里 c 为任意常数.

且当 $t=0$ 时,有 $\arctan x(0)=\arctan 0=c$ 即得 $c=0$.

所以满足条件的函数为 $x(t)=\tan 8[x'(0)t]$.

6 求一曲线,使它的切线介于坐标轴间的部分被切点分成相等的两段.

解题过程 由习题 1.2 第 8 题第(4)小题可知题中曲线的方程满足以下微分方程

$$x\frac{\mathrm{d}y}{\mathrm{d}x}+y=0,$$

即 $$\mathrm{d}(xy)=0.$$

两边积分,可得方程的解

$$xy=c,$$

这里 c 为任意常数.

所以,满足条件的曲线 为 $xy=c$.

7 在图 2-1 所示的 RC 电路中,设 $E=10\mathrm{V}$,$R=100\Omega$,$C=0.01\mathrm{F}$,而开始时电容 C 上没有电荷,问

(1)当开关 K 合上"1"后,经过多长时间电容 C 上的电压 $u_C=5\mathrm{V}$?

(2)当开关 K 合上"1"后,经过相当长的时间(如 1 分钟后)开关 K 从"1"突然转至"2",试求 u_C 的变化规律,并问经过多长时间 $u_C=5\mathrm{V}$?

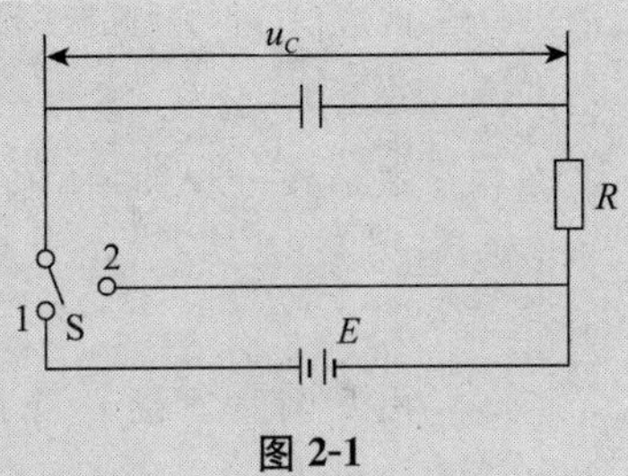

图 2-1

解题过程 教材 2.1.3 中例 8 给出充电过程中电容 C 两端的电压变化规律满足方程

$$u_C=E(1-\mathrm{e}^{-\frac{1}{RC}t}).$$

把 $E=10\mathrm{V}$,$R=100\Omega$,$C=0.01\mathrm{F}$,$u_C=5\mathrm{V}$ 代入上面表达式,得 $\mathrm{e}^t=2$,即 $t=\ln 2$. 所以,经过 $\ln 2$ 的时间电容 C 上的电压 $u_C=5\mathrm{V}$.

(2)对于放电过程,则闭合回路的基尔霍夫第二定律,有

$$u_C=RI,$$

对于电容器放电时,电容器上的电量 Q 逐渐减少,由初始电量 $Q=Cu_C=CE$,以后电量减少,则电流 I 满足 $I=\frac{\mathrm{d}Q}{\mathrm{d}t}=\frac{\mathrm{d}(Cu_C)}{\mathrm{d}t}=-C\frac{\mathrm{d}u_C}{\mathrm{d}t}$,代入 $u_C=RI$,得到 u_C 满足的微分方程

$$RC\frac{\mathrm{d}u_C}{\mathrm{d}t}+u_C=0,$$

且刚开始放电时,电容器两端的电压为 E,即初始值为 $t=0$,$u_C(0)=E$.

对上面的方程,分离变量并且两边积分得到

$$u_C=c_1\mathrm{e}^{-\frac{1}{RC}t}$$

这里 C_1 是待定常数,代入初始值 $u_C(0)=E$,得 $c_1=E$.

因此在放电过程中,u_C 的变化规律为

$$u_C=c_1\mathrm{e}^{-\frac{1}{RC}t}$$

把 $E=10\mathrm{V}, R=100\Omega, C=0.01\mathrm{F}, u_C=5\mathrm{V}$ 代入上面表达式得 $\mathrm{e}^t=2$，

即 $t=\ln 2$，所以，经过时间 $\ln 2$ 时，有 $u_C=5\mathrm{V}$.

8 求出习题 1.2 第 8 题(1)所确定的曲线其中 $\alpha=\frac{\pi}{4}$.

解题过程 曲线上任一点的切线与该点的径向夹角为 α 的曲线满足微分方程

$$\frac{\mathrm{d}y}{\mathrm{d}x}=\frac{y+x\tan\alpha}{y\tan\alpha}$$

将 $\alpha=\frac{\pi}{4}$ 代入方程得 $\frac{\mathrm{d}y}{\mathrm{d}x}=\frac{y+x}{x-y}$.

令 $u=\frac{y}{x}$，即 $y=ux$，则上面方程化为

$$x\frac{\mathrm{d}u}{\mathrm{d}x}+u=\frac{u+1}{1-u},$$

即

$$\frac{1-u}{1+u^2}\mathrm{d}u=\frac{\mathrm{d}x}{x},$$

两边积分得方程的解 $\arctan u-\frac{1}{2}\ln(1+u^2)=\ln|x|+c$，

这里 c 为任意常数.

把 $u=\frac{y}{x}$ 代入上面的通解，得

$$\arctan\frac{y}{x}=\ln\sqrt{x^2+y^2}+c.$$

用极坐标表示通解，则有 $x=r\cos\theta, y=r\sin\theta, \theta=\arctan\frac{y}{x}, r^2=x^2+y^2$，代入得极坐标形式的通解为 $r=c\mathrm{e}^{\theta}$，c 为正常数.

9 证明满足习题 1.2 第 8 题(7)所给条件的曲线是抛物线族.

解题过程 分离变量并且两边积分，得方程的解

$$y=\frac{k}{2}x^2+c,$$

这里 c 是任意常数.

易见满足条件的曲线是抛物线族.

习题 2.2

1 求下列方程的解：

(1) $\frac{\mathrm{d}y}{\mathrm{d}x}=y+\sin x$；

(2) $\frac{\mathrm{d}x}{\mathrm{d}t}+3x=\mathrm{e}^{2t}$；

(3) $\frac{\mathrm{d}s}{\mathrm{d}t}=-s\cos t+\frac{1}{2}\sin 2t$；

(4) $\frac{\mathrm{d}y}{\mathrm{d}x}-\frac{n}{x}y=\mathrm{e}^x x^n$（$n$ 为常数）；

(5) $\frac{\mathrm{d}y}{\mathrm{d}x}+\frac{1-2x}{x^2}y-1=0$；

(6) $\frac{\mathrm{d}y}{\mathrm{d}x}=\frac{x^4+y^3}{xy^2}$；

(7) $\frac{dy}{dx}-\frac{2y}{x+1}=(x+1)^3$；

(8) $\frac{dy}{dx}=\frac{y}{x+y^3}$；

(9) $\frac{dy}{dx}=\frac{ay}{x}+\frac{x+1}{x}$（$a$ 为常数）；

(10) $x\frac{dy}{dx}+y=x^3$；

(11) $\frac{dy}{dx}+xy=x^3y^3$；

(12) $(y\ln x-2)ydx=xdx$；

(13) $2xydy=(2y^2-x)dx$；

(14) $\frac{dy}{dx}=\frac{e^y+3x}{x^2}$；

(15) $\frac{dy}{dx}=\frac{1}{xy+x^3y^3}$；

(16) $y=e^x+\int_0^x y(t)dt$.

解题过程 (1)使用常数变易法根据教材中公式(2.31)可得

$$y=e^x(\int\sin x\cdot e^{-x}dx+c)=ce^x-\frac{1}{2}(\sin x+\cos x).$$

(2)对应于教材中公式(2.31)，有 $P(t)=-3,Q(t)=e^{2t}$，所以，可得

$$y=e^{\int-3dt}(\int e^{2t}e^{-\int-3dt}dt+c)=e^{-3t}\left(\frac{1}{5}e^{5t}+c\right)$$

$$=ce^{-3t}+\frac{1}{5}e^{2t}.$$

(3)对应于教材中公式(2.31)有 $P(t)=-\cos t,Q(t)=\frac{1}{2}\sin 2t$，所以可得

$$y=e^{\int-\cos tdt}\left(\int\frac{1}{2}\sin 2te^{\int\cos tdt}dt+c\right)$$

$$=e^{-\sin t}\left(\int\sin t\cos te^{\sin t}dt+c_1\right).$$

注意到 $$\int\sin t\cos te^{\sin t}dt=\int\sin t\ e^{\sin t}d\sin t=\int\sin t\ de^{\sin t}$$

$$=\sin t\ e^{\sin t}-\int e^{\sin t}d\sin t=\sin t\ e^{\sin t}-\int de^{\sin t}$$

$$=(\sin t-1)e^{\sin t}+c_2,$$

则有 $$y=ce^{-\sin t}+\sin t-1.$$

(4)对应于教材中公式(2.31)，有 $P(x)=\frac{n}{x},Q(x)=e^x\cdot x^n$，所以可得

$$y=e^{\int\frac{n}{x}dx}\left(\int e^x x^n e^{-\int\frac{n}{x}dx}dx+c\right)$$

$$=x^n\left(\int e^x x^n x^{-n}dx+c\right)$$

$$=(e^x+c)x^n$$

(5)相当于教材中公式(2.31)，有 $P(x)=\frac{2x-1}{x^2},Q(x)=1$，所以，可得

$$y=e^{\int\frac{2x-1}{x^2}dx}\left(\int 1\cdot e^{-\int\frac{2x-1}{x^2}dx}dx+c\right)$$

$$=x^2e^{\frac{1}{x}}\left(\int\frac{1}{x^2}e^{-\frac{1}{x}}dx+c\right)$$

$$= cx^2 e^{\frac{1}{x}} + x^2 = x^2(1 + ce^{\frac{1}{x}})$$

(6)先将原方程可以变形为

$$\frac{y^2 dy}{dx} = \frac{x^4 + y^3}{x},$$

令 $y^3 = u$,则上面方程化为

$$\frac{du}{dx} = \frac{3(x^4 + u)}{x},$$

这里一个一阶线性微分方程,可以使用常数变易法. 对应于教材中公式(2. 31),有 $P(x) = \frac{3}{x}$,$Q(x) = 3x^3$,所以,可得

$$\begin{aligned} u &= e^{\int \frac{3}{x} dx} \left(\int 3x^3 \, e^{-\int \frac{3}{x} dx} dx + c \right) \\ &= x^3 \left(\int 3x^3 \, x^{-3} \, dx + c \right) \\ &= x^3 (3x + c). \end{aligned}$$

把 $u = y^3$ 代入,原方程的解为

$$y^3 = x^3(3x + c).$$

(7)原方程可以变形为

$$\frac{dy}{d(x+1)} = \frac{2y}{x+1} + (x+1)^3.$$

令 $u = x + 1$,原上面方程化为

$$\frac{dy}{du} = \frac{2}{u} y + u^3,$$

则得到一个一阶线性微分方程,对应于教材中公式(2. 31),有 $P(u) = \frac{2}{u}$,$Q(u) = u^3$,故可得

$$\begin{aligned} y &= e^{\int \frac{2}{u} du} \left(\int u^3 \, e^{-\int \frac{2}{u} du} du + c \right) \\ &= u^2 \left(\int u^3 \, u^{-2} du + c \right) \\ &= u^2 \left(\frac{1}{2} u^2 + c \right). \end{aligned}$$

把 $u = x + 1$ 代入,得原方程的解为

$$2y = (x+1)^4 + c(x+1)^2.$$

(8)当 $y \neq 0$ 时,原方程可以改写为

$$\frac{dx}{dy} = \frac{1}{y} x + y^2.$$

当把 y 看作自变量,x 看作因变量 $x(y)$ 时,这是一个一阶线性微分方程,对应于教材中公式(2. 31),有 $P(y) = \frac{1}{y}$,$Q(y) = y^2$.

所以，可得
$$x=\left(\int y^2 e^{\int -\frac{1}{y}dy}dy+c\right)e^{\int \frac{1}{y}dy}$$
$$=y\left(\int y^2\, y^{-1}\,dy+c\right)$$
$$=y\left(\frac{1}{2}y^2+c\right)$$
另外，当 $y=0$ 时，容易验证它是方程的解.

所以，原方程的解为 $2x=cy+y^3$ 或者 $y=0$.

(9)对应于教材中公式(2.31)，有 $P(x)=\frac{a}{x}$，$Q(x)=\frac{x+1}{x}$，所以，可得
$$y=e^{\int \frac{a}{x}dx}\left(\int \frac{x+1}{x}e^{-\int \frac{a}{x}dx}dx+c\right)$$
$$=x^a\left(\int \frac{x+1}{x}x^{-a}\,dx+c\right)$$
$$=x^a\left(\int (x^{-a}+x^{-a-1})dx+c\right).$$
当 $a=0$ 时，$y=x^0\left(\int\left(1+\frac{1}{x}\right)dx+c\right)$，即有
$$y=x+\ln|x|+c.$$
当 $a=1$ 时，$y=x\left(\int\left(1+\frac{1}{x}\right)dx+c\right)$，即有
$$y=cx+x\ln|x|-1.$$
当 $a\neq 0$，且 $a\neq 1$ 时
$$y=x^a\left(\frac{x^{1-a}}{1-a}+\frac{x-a}{-a}+c\right)$$
$$=cx^a+\frac{x}{1-a}-\frac{1}{a}.$$
综上所述，原方程的解为
$$\begin{cases}x+\ln|x|+c, & a=0,\\ cx+x\ln|x|-1, & a=1,\\ cx^a+\frac{x}{1-a}-\frac{1}{a}, & a\neq 0, a\neq 1.\end{cases}$$
(10)原方程可以化为
$$\frac{dy}{dx}=-\frac{1}{x}y+x^2.$$
这里一个一阶线性常微分方程.对应于教材中公式(2.31)，有
$$P(x)=-\frac{1}{x},Q(x)=x^2.$$
所以，可得
$$y=e^{\int -\frac{1}{x}dx}\left(\int x^2 e^{\int \frac{1}{x}dx}dx+c\right)$$

$$=\frac{1}{x}\left(\int x^3\mathrm{d}x+c\right)=\frac{c}{x}+\frac{1}{4}x^3.$$

所以,原方程的解为 $y=\frac{c}{x}+\frac{1}{4}x^3$.

(11)这是 $n=3$ 的伯努利微分方程.则令

$$z=y^{-2},$$

得 $$\frac{\mathrm{d}z}{\mathrm{d}x}=-2y^{-3}\cdot\frac{\mathrm{d}y}{\mathrm{d}x}.$$

代入原方程得到 $$\frac{\mathrm{d}z}{\mathrm{d}x}=2xz-2x^3,$$

这是线性微分方程,它的通解为

$$z=ce^{x^2}+x^2+1.$$

代回原来的变量 y,得到

$$\frac{1}{y^2}=ce^{x^2}+x^2+1,$$

或者 $$y^2(x^2+1+ce^{x^2})=1.$$

(12)原方程可以化为 $\frac{\mathrm{d}y}{\mathrm{d}x}=\frac{\ln}{x}y^2-\frac{2}{x}y$,

这里 $n=2$ 时的伯努利微分方程.令则

$$z=y^{-1},$$

得 $$\frac{\mathrm{d}z}{\mathrm{d}x}=-y^{-2}\frac{\mathrm{d}y}{\mathrm{d}x},$$

代入原方程得到 $$\frac{\mathrm{d}z}{\mathrm{d}x}=\frac{2}{x}z-\frac{\ln x}{x},$$

这是一阶线性微分方程,它的通解为

$$z=e^{\int\frac{2}{x}\mathrm{d}x}\left(\int-\frac{\ln x}{x}e^{-\int\frac{2}{x}\mathrm{d}x}\mathrm{d}x+c\right).$$

即 $$z=\frac{1}{4}(cx^2+2\ln x+1),$$

代回原来的变更 y,得到原方程的通解

$$\frac{1}{y}=\frac{1}{4}(cx^2+2\ln x+1),$$

或者 $$y(cx^2+2\ln x+1)=4.$$

另外,方程还有解 $y=0$.

(13)原方程可以为 $$\frac{\mathrm{d}y}{\mathrm{d}x}=\frac{y}{x}-\frac{1}{2y},$$

这是 $n=-1$ 时的伯努利微分方程.则令

$$z=y^2,$$

得 $$\frac{\mathrm{d}z}{\mathrm{d}x}=2\frac{y\mathrm{d}y}{\mathrm{d}x}.$$

代入原方程得到 $\quad \frac{\mathrm{d}z}{\mathrm{d}x}=\frac{2}{x}z-1.$

这是一阶线性微分方程. 由教材中公式(2.31)可得此方程通解为

$$z=\mathrm{e}^{\int\frac{2}{x}\mathrm{d}x}\left(\int(-1)\mathrm{e}^{\int-\frac{2}{x}\mathrm{d}x}\ \mathrm{d}x+c\right),$$

即 $$z=cx^2+x.$$

代回原来的变量 y,得到原方程的通解

$$y^2=cx^2+x.$$

(14)令 $u=\mathrm{e}^y$,则 $\quad \frac{\mathrm{d}u}{\mathrm{d}x}=\mathrm{e}^y\cdot\frac{\mathrm{d}y}{\mathrm{d}x},$

代入原方程,得 $\quad \frac{\mathrm{d}u}{\mathrm{d}x}=\frac{u^2+3xu}{x^2},$

这是一个 $n=2$ 时的伯努利微分方程. 则令

$$z=u^{-1},$$

得 $$\frac{\mathrm{d}z}{\mathrm{d}x}=-u^{-2}\frac{\mathrm{d}u}{\mathrm{d}x}.$$

代入上面方程,得 $\quad \frac{\mathrm{d}z}{\mathrm{d}x}=-\frac{3}{x}z-\frac{1}{x^2}.$

这是一个阶线性微分方程,由教材中公式(2.31)可得该方程通解为

$$z=\mathrm{e}^{\int\left(-\frac{3}{x}\right)\mathrm{d}x}\left(\int-\frac{1}{x^2}\mathrm{e}^{\int\frac{3}{x}\mathrm{d}x}\mathrm{d}x+c\right),$$

即 $$z=cx^{-3}-\frac{1}{2x}.$$

把 $z=u^{-1}=\mathrm{e}^{-y}$ 代入,得原方程的通解

$$\frac{1}{2}x^2+x^3\mathrm{e}^{-y}=c.$$

(15)令 $u=y^2$,则原方程化为

$$\frac{\mathrm{d}u}{\mathrm{d}x}=\frac{2}{x+x^3u}.$$

当把 u 看作自变量,x 看作 $x(u)$ 因变量时,上面方程变为

$$\frac{\mathrm{d}x}{\mathrm{d}u}=\frac{x}{2}+\frac{u}{2}x^3,$$

这是 $n=3$ 时的伯努力利方程,则令

$$z=x^{-2}$$

得 $$\frac{\mathrm{d}z}{\mathrm{d}u}=-2\cdot x^{-3}\cdot\frac{\mathrm{d}x}{\mathrm{d}u},$$

代入 $\frac{\mathrm{d}x}{\mathrm{d}u}$ 的表达式,得到

$$\frac{\mathrm{d}z}{\mathrm{d}u}=-z-u.$$

这是一阶线性微分方程,由教材中公式(2.31)可得它的通解为

$$z=e^{\int -1du}\left(\int(-u)e^{\int 1\cdot du}du+c\right)$$

即 $$z=ce^{-u}-u+1.$$

把 $z=x^{-2}$，$u=y^2$ 代入得原方程的通解

$$\frac{1}{x^2}=ce^{-u}-y^2+1$$

或 $$(1-x^2+x^2-y^2)\alpha^{y^2}=cx^2.$$

(16) 对方程 $y=e^x+\int_0^x y(t)dt$ 两端关于变量 x 求导得

$$\frac{dy}{dx}=e^x+y.$$

这是一阶线性微分方程，由教材中公式(2.31)可得其通解为

$$y=e^x\left(\int e^x e^{-x}dx+c\right),$$

即 $$y=e^x(x+c).$$

注意到，当 $x=0$ 时，代入原方程可得

$$y=e^0+\int_0^0 y(t)dt=1,$$

则可以求出 $c=1$.

因此，原方程的解为 $y=e^x(x+1)$.

2 设函数 $\varphi(t)$ 于 $-\infty<t<+\infty$ 上连续，$\varphi'(0)$ 存在且满足关系式

$$\varphi(t+s)=\varphi(t)\varphi(s),$$

试求此函数.

解题过程 令 $s=0$，则 $$\varphi(t)=\varphi(t+0)=\varphi(t)\varphi(0).$$

因为上式对任意 $-\infty<t<+\infty$ 都成立，所以 $\varphi(0)=1$.

由函数导数的定义，可知

$$\begin{aligned}\varphi'(t)&=\lim_{\Delta t\to 0}\frac{\varphi(t+\Delta t)-\varphi(t)}{\Delta t}=\lim_{\Delta t\to 0}\frac{\varphi(t)\varphi(\Delta t)-\varphi(t)}{\Delta t}\\&=\lim_{\Delta t\to 0}\frac{\varphi(\Delta t)-1}{\Delta t}\cdot\varphi(t)=\lim_{\Delta t\to 0}\frac{\varphi(\Delta t)-\varphi(0)}{\Delta t}\cdot\varphi(t)\\&=\varphi'(0)\cdot\varphi(t),\end{aligned}$$

即 $\varphi(t)$ 满足微分方程

$$\frac{d\varphi(t)}{dt}=\varphi'(0)\varphi(t).$$

直接解得 $$\varphi(t)=ce^{\varphi'(0)t}$$

注意到 $\varphi(0)=1$，得出 $c=1$，所以，所求函数为

$$\varphi(t)=e^{\varphi'(0)}$$

3 如图 2-2 所示的 RL 电路，试求：

(1)当开关 S_1 合上 10s 后，电感 L 上的电流；

(2)S_1 合上 10s 再将 S_2 合上 20s 后，电感 L 上的电流.

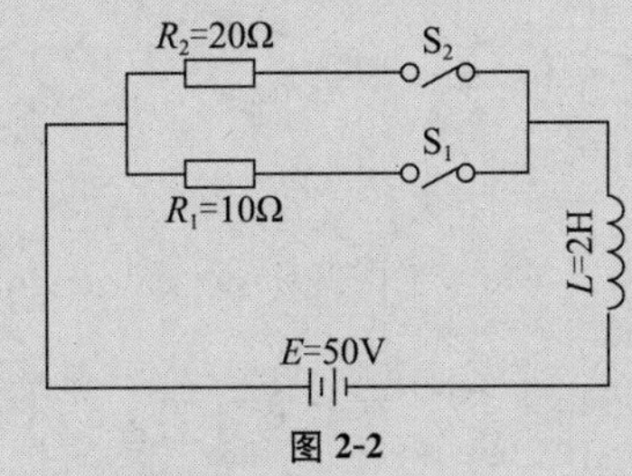

图 2-2

解题过程 (1)电流 I 关于时间 t 的微分方程为

$$\frac{\mathrm{d}I}{\mathrm{d}t}+\frac{R_1}{L}I=\frac{E}{L},$$

代入数值得$\frac{\mathrm{d}I}{\mathrm{d}t}=5I+25$，直接解得

$$I=5-ce^{-5t}$$

其中 c 为常数，

当 $t=0$ 时，$I=0$，所以 $c=5$，因此，所求电流为

$$I=(5-5e^{-50})\mathrm{A}\approx 5\mathrm{A}.$$

(2)当 S_1 与 S_2 均合上时，该电路的电阴 R

$$R=\left(\frac{1}{R_1}+\frac{1}{R_2}\right)^{-1}=\frac{20}{3}\Omega,$$

电流 I 关于时间 t 的微分方程为

$$\frac{\mathrm{d}I}{\mathrm{d}t}+\frac{R}{L}I=\frac{E}{L},$$

即
$$\frac{\mathrm{d}I}{\mathrm{d}t}=\frac{10}{3}I+25.$$

直接求解得
$$I=7.5+ce^{-\frac{10}{3}t}$$

其中 c 为常数. 将初值 $I(0)=5$ 代入，解出 $c=-2.5$.

因此，当 $t=20s$ 时，电感 L 上的电流为

$$I=(7.5-2.5e^{-\frac{200}{3}})\mathrm{A}\approx 7.5\mathrm{A}.$$

4 试求如图 2-3 所示的 RL 电路电感 L 上的电流 $I(t)$的变化规律，并解释其物理意义，设 $t=0$ 时，$I=0$.

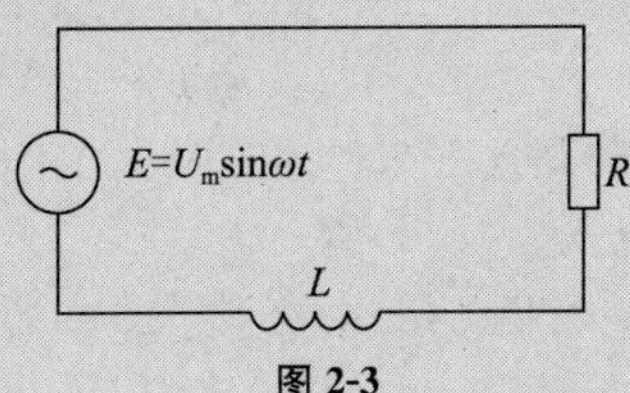

图 2-3

解题过程 此 RL 电路电感上电流 $I(t)$ 满足的微分方程为

$$\frac{\mathrm{d}I}{\mathrm{d}t}+\frac{R}{L}I=\frac{E}{L}.$$

将数据代入上式，即得

$$\frac{\mathrm{d}I}{\mathrm{d}t}=\frac{R}{L}I+\frac{U_{\mathrm{m}}}{L}\sin\omega t,$$

该方程的通解为

$$\begin{aligned}I&=\mathrm{e}^{-\frac{R}{L}t}\left[\int\frac{U_{\mathrm{m}}}{L}\mathrm{sim}\omega\, t\ \mathrm{e}^{\frac{R}{L}t}\mathrm{d}t+c\right]\\&=\mathrm{e}^{-\frac{R}{L}t}\left[\frac{U_{\mathrm{m}}}{L}\cdot\frac{R^2}{R^2+L^2\omega^2}\mathrm{e}^{\frac{R}{L}t}\left(\frac{L}{R}\sin\omega\, t-\frac{L^2\omega}{R^2}-\cos\omega\, t\right)+c\right]\end{aligned}$$

其中 $\sin\varphi=\dfrac{-L\omega}{\sqrt{R^2+L^2\omega^2}},\cos\varphi=\dfrac{R}{\sqrt{R^2+L^2\omega^2}}.$

将初值 $I(0)=0$ 代入，解出 $c=-\dfrac{U_{\mathrm{m}}}{\sqrt{R^2+L^2\omega^2}}\sin\varphi$ 故 I 的表达式为

$$I(t)=\frac{U_{\mathrm{m}}}{\sqrt{R_2+L^2\omega^2}}\left[\sin(\omega t+\varphi)-\mathrm{e}^{-\frac{R}{L}t}\sin\varphi\right],$$

其中 $\sin\varphi=\dfrac{-L\omega}{\sqrt{R^2+L^2\omega^2}},\cos\varphi=\dfrac{R}{\sqrt{R^2+L^2\omega^2}}.$

5 试证：

(1)一阶非齐次线性微分方程(2.28)的任两解之差必为相应的齐次性微分方程(2.3)之解；

(2)若 $y=y(x)$ 是(2.3)的非零解，而 $y=\bar{y}(x)$ 是(2.28)的解，则方程(2.28)的通解可表示为 $y=cy(x)+\bar{y}(x)$，其中 c 为任意常数；

(3)方程(2.3)任一解的常数倍或任两解之和(或差)仍是方程(2.3)的解.

解题过程 (1)设 $y=f(x)$ 和 $y=g(x)$ 是微分方程(2.28)的任意两个解。则有

$$f'(x)=P(x)f(x)+Q(x),$$
$$g'(x)=P(x)g(x)+Q(x)$$

两式相减，得到

$$(f(x)-g(x))'=P(x)(f(x)-g(x)),$$

即得 $f(x)-g(x)$ 是微分方程(2.3)的解.

(2)设 $y=f(x)j$ (2.28)的任意一个解. 由本题(1)的结论，$f(x)-\bar{y}(x)$ 是微分方程(2.3)的解. 又因为已知 $y=y(x)$ 是(2.3)的非零解. 也因此

$$f(x)=\bar{y}(x)+c\,y(x),$$

c 是任意常数.

(3)设 $y=f(x),y=g(x)$ 是方程(2.3)的任意两个解，则有

$$f'(x)=P(x)f(x),$$
$$g'(x)=P(x)g(x)$$

显然我们能得到$(kf((x)'=P(x)\ \ (kf(x))'=P(x)[kf(x)]$，$k$ 是常数，

$$[f(x)\pm g(x)]=P(x)[f(x)\pm g(x)]$$

易见 $kf(x)$ 和 $f(x)\pm g(x)$ 也是方程(2.3)的解. 命题得证.

6 求解习题 1.2 第 8 题(5)和(6).

解题过程 首先求解第(5)题的微分方程;

变形此方程可得 $\dfrac{dy}{dx}=\dfrac{1}{x}y-x$,

这是一个阶线性微分方程,由教材中公式(2.31)可得通解为

$$y=e^{\int\frac{1}{x}dx}\left(\int -x\,e^{-\int\frac{1}{x}dx}dx+c\right),$$

即 $$y=cx-x^2.$$

其次,求解第 16 题的微分方程:$y-xy'=\dfrac{x+y}{2}$.

变形此方程可得 $\dfrac{dy}{dx}=\dfrac{1}{2x}y-\dfrac{1}{2}$,

这是一个阶线性微分方程,由教材中公式(2.31)可得其通解为

$$y=e^{\int\frac{1}{2x}dx}\left(\int -\frac{1}{2}e^{-\int\frac{1}{2x}dx}dx\right),$$

即 $$y=c\sqrt{2}-x.$$

7 求下列方程:

(1) $(x^2-1)y'-xy+1=0$; (2) $x(x^2-1)y'-(2x^2-1)y+x^3=0$;

(3) $y'\sin x\cdot\cos x-y-\sin^3 x=0$.

解题过程 (1)方程可为变形为

$$\frac{dy}{dx}=\frac{x}{x^2-1}y-\frac{1}{x^2-1}(x\neq 1)$$

由教材中式(2.31)可得其通解为

$$y=e^{\int\frac{x}{x^2-1}dx}\left(\int -\frac{1}{x^2-1}e^{-\int\frac{x}{x^2-1}dx}dx+c\right),$$

即 $$y=\sqrt{|x^2-1|}\left(\int -\frac{1}{x^2-1}|x^2-1|^{-\frac{1}{2}}dx+c\right).$$

当 $x^2-1>0$ 时,有 $$y=\sqrt{x^2-1}\left(\int -(x^2-1)^{-\frac{3}{2}}dx+c\right)$$

令 $x=\sec t$ 可得 $$\int(x^2-1)^{-\frac{3}{2}}dx=\int(\tan t)^{-3}\sec t\tan t dt$$

$$=\int\frac{\cos t}{\sin^2 t}dt=-\frac{1}{\sin t}-\frac{x}{\sqrt{x^2-1}},$$

所以 $$y=\sqrt{x^2-1}\left(\frac{x}{\sqrt{x^2-1}}+c\right)=c\sqrt{x^2-1}+x.$$

当 $x^2-1<0$ 时,则 $$y=\sqrt{1-x^2}\left(\int -\frac{1}{x^2-1}(1-x^2)^{-\frac{1}{2}}dx+c\right)$$

$$= \sqrt{1-x^2}\left(\int (1-x^2)^{-\frac{3}{2}}\mathrm{d}x + c\right),$$

令 $x=\sin$ 可得

$$\int (1-x^2)^{-\frac{3}{2}}\mathrm{d}x = \int (\cos t)^{-3}\cdot \cos t \cdot \mathrm{d}t$$

$$= \int \sec^2 t\mathrm{d}t = \tan t = \frac{x}{\sqrt{1-x^2}},$$

所以 $$y = \sqrt{1-x^2}\left(\frac{x}{\sqrt{1-x^2}} + c\right) = c\sqrt{1-x^2} + x.$$

当 $x^2-1=0$ 时，原方程变为 $xy=1$ 解曲线退化为点 $(\pm 1, \pm 1)$.

综上所述，得到原方程的解为

$$y = c\sqrt{|1-x^2|} + x.$$

(2)方程可以变形为

$$\frac{\mathrm{d}y}{\mathrm{d}x} = \frac{2x^2-1}{x(x^2-1)}y + \frac{x^2}{1-x^2}(x \neq 0, \pm 1)$$

由教材中式(2.31)可得其通解为

$$y = \mathrm{e}^{\int \frac{2x^2-1}{x(x^2-1)}\mathrm{d}x}\left(\int \frac{x^2}{1-x^2}\mathrm{e}^{-\int \frac{2x^2-1}{x(x^2-1)}\mathrm{d}x}\,\mathrm{d}x + c\right),$$

即 $$y = |x^2(x^2-1)|^{\frac{1}{2}}\left(\int \frac{x^2}{1-x^2}\cdot |x^2(x^2-1)|^{-\frac{1}{2}}\mathrm{d}x + c\right).$$

当 $x^2-1>0$，且 $x>0$ 时，有

$$y = x\sqrt{x^2-1}\left(\int -x(x^2-1)^{-\frac{3}{2}}\mathrm{d}x + c\right).$$

即 $$y = x(1+c\sqrt{x^2-1}).$$

当 $x^2-1<0$，且 $x>0$ 时，有

$$y = x\sqrt{1-x^2}\left(\int x(x^2-1)^{-\frac{3}{2}}\mathrm{d}x + c\right).$$

即 $$y = x(1+c\sqrt{1-X^2}).$$

当 $x^2-1>0$，且 $x<0$ 时，有

$$y = -x\sqrt{x^2-1}\left(\int -x(1-x^2)^{-\frac{3}{2}}\mathrm{d}x + c\right).$$

即 $$y = x(1-c\sqrt{1-x^2}).$$

当 $x^2-1<0$，且 $x<0$ 时，有

$$y = -x\sqrt{1-x^2}\left(\int -x(1-x^2)^{-\frac{3}{2}}\mathrm{d}x + c\right).$$

即 $$y = x(1-c\sqrt{1-x^2})$$

当 $x^2-1=0$ 时，原方程化为 $y=x^3$，即曲线退化成两点(1,1)和(−1,−1).

当 $x=0$ 时，原方程化为 $y=0$，即曲线退化成坐标原点(0,0).

综上所述，得到原方程的解为

$$y = x(1 + c\sqrt{|1 - x^2|}).$$

(3)方程可以变形为

$$\frac{\mathrm{d}y}{\mathrm{d}x} = \frac{y}{\sin x \cos x} + \frac{\sin x^2}{\cos x}(\sin x \neq 0, \cos x \neq 0)$$

由教材中式(2.31)可得其通解为

$$y = \mathrm{e}^{\int \frac{1}{\sin x \cos x}\mathrm{d}x}\left(\int \frac{\sin^2 x}{\cos x}\mathrm{e}^{-\int \frac{1}{\sin x \cos x}\mathrm{d}x}\mathrm{d}x + c\right),$$

即 $$y = \tan x\left(\int \frac{\sin^2 x}{\cos x}\cot x\mathrm{d}x + c\right)$$

即 $$y = \tan x(-\cos x + c),$$

或者 $$y = c\tan x - \sin x,$$

当 $\sin x = 0$ 时,原方程化为 $y = 0$.

当 $\cos x = 0$ 时,原方程化为 $y = -\sin^3 x = \pm 1$,即曲线退化成点 $\left(2k\pi + \frac{\pi}{2}, -1\right)$ 和 $\left(2k\pi - \frac{\pi}{2}, 1\right), k = 0, \pm 1, \pm 2, \cdots$.

综上所述,原方程的解为

$$y = c\tan x - \sin x, \left(x \neq k\pi \pm \frac{\pi}{2}\right)$$

或者点 $$-\left(k\pi + \frac{\pi}{2}, c - 1^{k+1}\right), k = 0, \pm 1, \pm 2\cdots.$$

习题 2.3

1 验证下列方程是恰当微分方程,并求出方程的解:

(1) $(x^2 + y)\mathrm{d}x + (x - 2y)\mathrm{d}y = 0$;

(2) $(y - 3x^3)\mathrm{d}x - (4y - x)\mathrm{d}y = 0$;

(3) $\left[\frac{y^2}{(x-y)^2} - \frac{1}{x}\right]\mathrm{d}x + \left[\frac{1}{y} - \frac{x^2}{(x-y)^2}\right]\mathrm{d}y = 0$;

(4) $2(3xy + 2x^3)\mathrm{d}x + 3(2x^2 y + y^2)\mathrm{d}y = 0$;

(5) $\left(\frac{y}{1}\sin\frac{x}{y} - \frac{y}{x^2}\cos\frac{y}{x} + 1\right)\mathrm{d}x + \left(\frac{1}{x} + 1\right)\mathrm{d}x\left(\frac{1}{x}\cos\frac{y}{x} - \frac{x}{y^2}\sin\frac{x}{y} + \frac{1}{y^2}\right)\mathrm{d}y = 0$.

解题过程 (1)这里 $M = x^2 + y, N = x - 2y$,则

$$\frac{\partial M}{\partial y} = 1, \frac{\partial N}{\partial x} = 1,$$

因此方程是恰当微分方程,现在求 u,使它同时满足如下两个方程:

$$\frac{\partial u}{\partial x} = x^2 + y, \quad \frac{\partial u}{\partial y} = x - 2y.$$

第一个方程对 x 积分,得到

$$u=\frac{1}{3}x^3+xy+\varphi(y),$$

对上式两端 y 求导，得

$$\frac{\partial u}{\partial y}=x+\varphi'(y),$$

与$\frac{\partial u}{\partial y}=x-2y$ 相比较可得

$$\varphi'(y)=-2y,$$

两边积分得到 $\quad\varphi(y)=-y^2,$

所以 $\quad u=\frac{1}{3}x^3+xy-y^2.$

即得到原方程的通解为

$$x^3+3xy-3y^2=c,$$

这里 c 是任意常数.

(2)这里 $M=y-3x^2$，$N=x-4y$，则

$$\frac{\partial M}{\partial y}=1,\frac{\partial N}{\partial x}=1,$$

因此方程是恰当微分方程.

现在求 u，使它同时满足如下两个方程：

$$\frac{\partial u}{\partial x}=y-3x^2, \qquad ①$$

$$\frac{\partial u}{\partial y}=x-4y. \qquad ②$$

对①式关于 x 积分，得到

$$u=xy-x^3+\varphi(y). \qquad ③$$

为了确定 $\varphi(y)$将③式对 y 求导数，并使它满足②即得

$$\frac{\partial u}{\partial y}=x+\varphi'(y)=x-4y,$$

于是 $\quad\varphi'(y)=-4y,$

积分后得到 $\quad\varphi(y)=-2y^2,$

将 $\varphi(y)$代入③式，得到

$$u=xy-x^3-2y^2.$$

因此，方程的通解为 $\quad x^3-xy+2y^2=c,$

这里 c 是任意常数.

(3)这里 $M=\frac{y^2}{(x-y)^2}-\frac{1}{x}$，$N=\frac{1}{y}-\frac{x^2}{(x-y)^2}$，则

$$\frac{\partial M}{\partial y}=\frac{2y(x-y)^2+y^2\cdot 2(x-y)}{(x-y)^4}=\frac{2xy}{(x-y)^3},$$

$$\frac{\partial N}{\partial x}=-\frac{2x(x-y)^2-x^2\cdot 2(x-y)}{(x-y)^4}=\frac{2xy}{(x-y)^3},$$

因此方程是恰当微分方程.

现在求 u,使它同时满足如下两个方程:

$$\frac{\partial u}{\partial x}=\frac{y^2}{(x-y)^2}-\frac{1}{x},$$

$$\frac{\partial u}{\partial y}=\frac{1}{y}-\frac{x^2}{(x-y)^2}.$$

由①式对 x 积分,得到

$$u=-\ln|x|-\frac{y^2}{x-y}+\varphi(y).$$

为了确定 $\varphi(y)$,将③式对 y 求导,并使它满足②即得

$$\frac{\partial u}{\partial y}=\frac{y^2-2xy}{(x-y)^2}+\varphi'(y)\frac{1}{y}-\frac{x^2}{(x-y)^2},$$

于是 $\qquad \varphi'(y)=\frac{1}{y}-1,$

积分后可得 $\qquad \varphi(y)=\ln|y|-y,$

将 $\varphi(y)$ 代入③式,得到

$$u=\left|\frac{y}{x}\right|-y-\frac{y^2}{x-y},$$

因此,方程的通解为 $\ln\left|\frac{y}{x}\right|-\frac{xy}{x-y}=c,$

这里 c 是任意常数.

(4)因为 $\frac{\partial M}{\partial y}=12xy,\frac{\partial M}{\partial x}=12xy$,故方程恰当微分方程,把方程重新"分项组合",得到

$$(6xy^2+6x^2y\mathrm{d}y)+4x^3\mathrm{d}x+3y^2\mathrm{d}y=0$$

即 $\qquad \mathrm{d}(3x^2y^2+x^4+y^3)=0,$

于是,方程的通解为 $3x^2y^2+x^4+y^3=c,$

这里 c 是任意常数.

(5) 因为 $\frac{\partial M}{\partial y}=-\frac{1}{y^2}\sin\frac{x}{y}+\frac{1}{y}\cos\frac{x}{y}\cdot\frac{-x}{y^2}-\frac{1}{x^2}\cos\frac{x}{y}+\frac{y}{x^2}\cdot\frac{1}{x}\sin\frac{y}{x},$

$$\frac{\partial N}{\partial x}=\frac{-1}{x^2}\cos\frac{y}{x}+\frac{1}{x}\cdot\frac{y}{x^2}\sin\frac{y}{x}-\frac{1}{y^2}\sin\frac{x}{y}-\frac{1}{y}\cdot\frac{x}{y^2}\cos\frac{x}{y},$$

故方程是恰当方程,把方程重新"分项组合"得到

$$\left(\frac{1}{y}\sin\frac{x}{y}\mathrm{d}x-\frac{x}{y^2}\sin\frac{x}{y}\mathrm{d}y\right)+\left(-\frac{y}{x^2}\cos\frac{y}{x}\mathrm{d}x+\frac{1}{x}\cos\frac{y}{x}\mathrm{d}y\right)+\mathrm{d}x+\frac{1}{y^2}\mathrm{d}y=0,$$

即 $\qquad \mathrm{d}\left(-\cos\frac{x}{y}+\sin\frac{y}{x}+x-\frac{1}{y}\right)=0.$

于是,方程的通解为 $\sin\frac{y}{x}-\cos\frac{x}{y}+x-\frac{1}{y}=c,$

这里 c 是任意常数.

2 求下列方程的解：

(1) $2x(ye^{x^2}-1)dx+e^{x^2}dy=0$； (2) $(e^x+3y^2)dx+2xydy=0$；

(3) $2xydx+(x^2+1)dy=0$； (4) $ydx-xdy=(x^2+y^2)dx$；

(5) $ydx-(x+y^3)dy=0$； (6) $(y-1-xy)dx+xdy=0$；

(7) $(y-x^2)dx-xdy=0$； (8) $(x+2y)dx+xdy=0$；

(9) $[x\cos(x+y)+\sin(x+y)]dx+x\cos(x+y)dy=0$；

(10) $(y\cos x-x\sin x)dx+(y\sin x+x\cos x)dy=0$；

(11) $x(4ydx+2xdy)+y^3(3ydx+5xdy)=0$.

解题过程 (1)重新分项组合得到

$$(2xye^{x^2}dx+e^{x^2}dy)-2xdx=0,$$

即 $$d(e^{x^2}y-x^2)=0.$$

于是，方程的通解为

$$ye^{x^2}-x^2=c.$$

(2)方程两边同时乘以 x^2 得

$$x^2e^xdx+3x^2y^2dx+2x^3ydy=0.$$

即 $$d(e^x(x^2-2x+2)+x^3y^2=c.$$

(3)原方程分项重新组合，得

$$(2xydx+x^2dy)+dy=0,$$

即 $$d(x^2+y)=0,$$

于是方程的通解为

$$y(x^2+1)=c.$$

(4)方程两边除以 (x^2+y^2)，得

$$\frac{ydx-xdy}{x^2+y^2}=1\cdot dx,$$

即 $$d(\arctan\frac{x}{y}-x)=0,$$

于是方程的通解为 $\arctan\frac{x}{y}=x+c.$

(5)方程两边同时乘以 $\frac{1}{y^2}$，并且重新分项组合得

$$\left(\frac{1}{y}dx-\frac{x}{y^2}dy\right)-ydy=0,$$

即 $$d\left(\frac{x}{y}-\frac{y^2}{2}\right)=0,y\neq0,$$

于是方程的通解为 $2x=y(y^2+c).$

易证，$y=0$ 也是方程的解.

(6)这里 $M=y-1-xy, N=x, \frac{\partial M}{\partial y}=1-x, \frac{\partial M}{\partial y}=1-x, \frac{\partial N}{\partial x}=1$,方程不是恰当的.

因为$\frac{\frac{\partial M}{\partial y}-\frac{\partial N}{\partial x}}{N}=-1$,所以方程有积分因子

$$u=\mathrm{e}\int -1\mathrm{d}x=\mathrm{e}^{-x}.$$

以 $u=\mathrm{e}^{-x}$ 乘以方程两边,得到

$$(y\mathrm{e}^{-x}-xy\mathrm{e}^{-x})\mathrm{d}x+x\cdot \mathrm{e}^{-x}\mathrm{d}y-\mathrm{e}^{-x}\mathrm{d}x=0.$$

即 $$\mathrm{d}(xy\mathrm{e}^{-x}+\mathrm{e}^{-x})=0,$$

因而,通解为 $$xy+1=c\mathrm{e}^{x}.$$

这里 c 为任意常数.

(7)这里 $M=y-x^2, N=-x, \frac{\partial M}{\partial y}=1, \frac{\partial N}{\partial x}=-1$,方程不是恰当的.

因为$\frac{\frac{\partial M}{\partial y}-\frac{\partial N}{\partial x}}{N}=\frac{2}{x}$,所以,方程有积分因子

$$\mu=\mathrm{e}^{-\int\frac{2}{x}\mathrm{d}x}=x^{-2}.$$

以 $\mu=x^{-2}$ 乘以方程两边得到

$$\frac{y}{x^2}\mathrm{d}x-\frac{1}{x}\mathrm{d}y-1\cdot\mathrm{d}x=0,$$

即 $$\mathrm{d}\left(-\frac{y}{x}-x\right)=0,$$

因而方程的通解为 $$y=x(c-x).$$

(8)这里 $M=x+2y, N=x, \frac{\partial M}{\partial y}=2, \frac{\partial N}{\partial x}=1$,方程不是恰当的. $\frac{\frac{\partial M}{\partial y}-\frac{\partial N}{\partial x}}{N}=\frac{1}{x}$,所以方程有积分因子

$$\mu=\mathrm{e}^{\int\frac{1}{x}\mathrm{d}x}=x.$$

以 $\mu=x$ 乘以方程两边得到

$$2xy\mathrm{d}x+x^2\mathrm{d}y+x^2\mathrm{d}x=0,$$

即 $$\mathrm{d}\left(x^2y+\frac{1}{3}x^3\right)=0,$$

于是,方程的通解为 $$x^3+3x^2y=c.$$

(9)这里 $M=x\cos(x+y)+\sin(x+y), N=x\cos(x+y)$,

$$\frac{\partial M}{\partial y}=-x\sin(x+y)+\cos(x+y),$$

$$\frac{\partial N}{\partial x}=\cos(x+y)-x\sin(x+y),$$

方程是恰当的,并且方程可以写成

$$d(x\sin(x+y))=0,$$

于是方程的通解为 $x\sin(x+y)=c.$

(10)这里 $M=y\cos x-x\sin x$，$N=y\sin x+x\cos x$，$\frac{\partial M}{\partial y}=\cos x$，$\frac{\partial N}{\partial x}=y\cos x+\cos x-x\sin x$，方程不是恰当的.

因为$\frac{\frac{\partial M}{\partial y}-\frac{\partial N}{\partial x}}{M}=1$，所以方程有积分因子

$$\mu=e^{\int 1dy}=e^y.$$

以 $\mu=e^y$ 乘以方程两边得

$$(ye^y\cos x dx+ye^y\sin x dy)+(e^y\cos x dy-e^y x\sin x dx)=0,$$

即

$$d[(y-1)e^y\sin x+e^y x\cos x]=0,$$

于是方程的通解为

$$e^y x\cos x+e^y(y-1)\sin x=c$$

(11)显然 $x(4ydx+2xdy)=d(2x^2y)$. 对于方程 $y^3(3ydx+5xdy)=0$，有

$$M=3y^4,\quad N=5xy^3,\quad \frac{\partial M}{\partial y}=12y^3,\quad \frac{\partial N}{\partial x}=5y^3,$$

因为$\frac{\frac{\partial M}{\partial y}-\frac{\partial N}{\partial x}}{5xy^3}=\frac{7}{5x}$，所以方程有积分因子

$$\mu=e^{\int\frac{7}{5x}dx}=x^{\frac{7}{5}}.$$

用 $\mu=x^{\frac{7}{5}}$ 乘以方程 $y^3(3ydx+5xdy)=0$ 两边得

$$3y^4x^{\frac{7}{5}}dx+5x^{\frac{12}{5}}y^3dy=0,$$

即

$$d\left(\frac{5}{4}x^{\frac{12}{5}}y^4\right)=0.$$

综上所述，得到原方程的通解为

$$2x^2y+\frac{5}{4}x^{\frac{12}{5}}y^4=c,$$

或者

$$8x^2y+5x^{\frac{12}{5}}y^4=c.$$

3 试导出方程 $M(x,y)dx+N(x,y)dy=0$ 分别具有形式为 $\mu(x+y)$ 和 $\mu(xy)$ 积分因子的充要条件.

解题过程 方程 $M(x,y)dx+N(x,y)dy=0$ 分别具有形式为 $\mu(x+y)$ 的积分因子的充要条件是

$$\frac{\partial(\mu M)}{\partial y}=\frac{\partial(\mu N)}{\partial x},$$

即

$$N\frac{\partial\mu}{\partial x}-M\frac{\partial\mu}{\mu y}=\left(\frac{\partial M}{\partial y}-\frac{\partial N}{\partial x}\right)\mu$$

令 $u=x+y$，则 $\mu(x+y)=\mu(u)$，$\frac{\partial\mu}{\partial y}-\frac{\partial\mu}{\partial y}=\frac{d\mu}{du}$，

所以变为

$$(N-M)\frac{\mathrm{d}\mu}{\mathrm{d}u}=\left(\frac{\partial M}{\partial y}-\frac{\partial N}{\partial x}\right)\mu,$$

即
$$\frac{\mathrm{d}\mu}{\mu}=\frac{\frac{\partial M}{\partial y}-\frac{\partial N}{\partial x}}{N-M}\mathrm{d}u,$$

由于当且仅当$\frac{\frac{\partial M}{\partial y}-\frac{\partial N}{\partial x}}{N-M}=f(u)$时，可以解出 μ，所以，方程 $M\mathrm{d}x+N\mathrm{d}y=0$ 具有形为 $\mu(x+y)$的积分因子的充要条件为

$$\frac{\frac{\partial M}{\partial y}-\frac{\partial N}{\partial x}}{N-M}=f(x+y).$$

同理，若令 $v=xy$，则 $\mu(xy)=\mu(v)$.

$$\frac{\partial \mu}{\partial x}=\frac{\mathrm{d}\mu}{\mathrm{d}v}\cdot\frac{\partial v}{\partial x}=y\frac{\mathrm{d}\mu}{\mathrm{d}v},$$

$$\frac{\partial \mu}{\partial y}=\frac{\mathrm{d}\mu}{\mathrm{d}v}\cdot\frac{\partial v}{\partial y}=x\frac{\mathrm{d}\mu}{\mathrm{d}v}.$$

方程 $M\mathrm{d}x+N\mathrm{d}y=0$ 具有 $\mu(xy)$的积分因子的充要条件是

$$N\frac{\partial \mu}{\partial x}-M\frac{\partial \mu}{\partial y}=\left(\frac{\partial M}{\partial N}-\frac{\partial M}{\partial y}\right)\mu,$$

即
$$(yN-xM)\frac{\mathrm{d}\mu}{\mathrm{d}v}=\left(\frac{\partial M}{\partial y}-\frac{\partial N}{\partial x}\right)\mu,$$

由于当且仅当$\frac{\frac{\partial M}{\partial y}-\frac{\partial N}{\partial x}}{yN-xM}=g(v)=g(xy)$时，可以求出 μ 的表达式.

所以，方程 $M\mathrm{d}x+N\mathrm{d}y=0$ 具有形为 $\mu(xy)$的积分因子的充要条件为

$$\frac{\frac{\partial M}{\partial y}-\frac{\partial N}{\partial x}}{yN-xM}=g(xy).$$

4 设 $f(x,y)$及$\frac{\partial f}{\partial y}$连续，试证方程 $\mathrm{d}y-f(x,y)\mathrm{d}x=0$ 为线性微分方程的充要条件是它有仅依赖于 x 的积分因子.

解题过程 充分性：设方程 $\mathrm{d}y-f(x,y)\mathrm{d}x=0$ 有仅依赖于 x 的积分因子，欲证该方程是线性的.

由于积分因子依赖于 x，所以存在某个 $\varphi(x)$满足

$$\frac{\frac{\partial M}{\partial y}-\frac{\partial N}{\partial x}}{N}=\frac{-\frac{\partial f}{\partial y}-0}{1}=\varphi(x)$$

即
$$\frac{\partial f}{\partial y}=-\varphi(x),$$

对上式两边积分后得 $f(x,y)=-\varphi(x)y+h(x)$，

这里 $h(x)$是关于 x 的任意可微函数，所以，原方程可以成

$$\frac{\mathrm{d}y}{\mathrm{d}x}=-\varphi(x)y+h(x),$$

这就证明了 $\mathrm{d}y-f(x,y)\mathrm{d}x=0$ 是线性的.

必要性:设方程 $\mathrm{d}y-f(x,y)\mathrm{d}x=0$ 是线性微分方程. 即存在函数 $g(x)$, $h(x)$ 使得

$$f(x,y)=y\,g(x)+h(x).$$

这样 $M=-f(x,y)=-yg(x)-h(x)$, $N=1$,

$$\frac{\frac{\partial M}{\partial y}-\frac{\partial N}{\partial x}}{N}=\frac{-g(x)}{1}=-g(x),$$

所以,方程具有积分因子

$$\mu=\mathrm{e}^{\int -g(x)\mathrm{d}x}$$

这就证明了方程有仅依赖于 x 的积分因子.

5 试证齐次微分方程 $M(x,y)\mathrm{d}x+N(x,y)\mathrm{d}y=0$ 当 $xM+yN\neq0$ 时有积分因子 $\mu=\frac{1}{xM+yN}$.

解题过程 由于 $\mu M(x,y)=\frac{M(x,y)}{xM+yN}$, $\mu N(x,y)=N(x,y)\frac{N(x,y)}{xM+yN}$,

则
$$\frac{\partial(\mu M)}{\partial y}=\frac{\frac{\partial M}{\partial y}(xM+yN)-M\left(x\frac{\partial M}{\partial y}+N+y\frac{\partial N}{\partial y}\right)}{(xM+yN)^2}$$

$$=\frac{yN\frac{\partial M}{\partial y}-MN-yM\frac{\partial N}{\partial x}}{(xM+yN)^2},$$

同理,得$\frac{\partial(\mu M)}{\partial y}=\frac{\partial M\frac{\partial N}{\partial x}-MN-xN\frac{\partial M}{\partial x}}{(xM+yN)^2}$.

由于方程是齐次的,不妨设 $M(x,y)$ 和 $N(x,y)$ 是 m 次齐次函数,则有

$$\frac{\partial M}{Vx}x+\frac{\partial M}{\partial y}y=mM \quad 与 \quad \frac{\partial N}{\partial x}x+\frac{\partial N}{\partial y}y=m\,N.$$

则可推出 $yN\frac{\partial M}{\partial y}-yM\frac{\partial N}{\partial y}=xM\frac{\partial N}{\partial x}-xN\frac{\partial M}{\partial x}$,从而得到$\frac{\partial(\mu M)}{\partial y}=\frac{\partial(\mu N)}{\partial x}$,因此方程

$M(x,y)\mathrm{d}x+N(x,y)\mathrm{d}y=0$当 $xM+yN\neq0$ 时有积分因子 $\mu=\frac{1}{xM+yN}$.

6 设函数 $f(u)$, $g(u)$连续、可微且 $f(u)\neq g(u)$,试证方程

$$yf(xy)\mathrm{d}x+xg(xy)\mathrm{d}y=0$$

有积分因子 $\mu=(xy[f(xy)-g(xy)])^{-1}$.

解题过程 方程两端乘以 μ,得

$$\frac{f(xy)}{x[f(xy)-g(xy)]}\frac{\mathrm{d}x+g(xy)}{y[f(xy)-g(xy)]}\mathrm{d}y=0.$$

由于
$$\mu M(x,y)=\frac{f(xy)}{x[f(xy)-g(xy)]},$$

$$\mu N(x,y)=\frac{g(xy)}{y[f(xy)-g(xy)]},$$

$$\frac{\partial(\mu M)}{\partial y}=\frac{\partial(\mu N)}{\partial x}$$

$$=\frac{f'(xy)x^2[f(xy)-g(xy)]-f(xy)x^2[f'(xy)-g'(xy)]}{x^2[f(xy)-g(xy)]^2}$$

$$=\frac{-f'(xy)g(xy)+f(xy)g'(xy)}{[f(xy)-g(xy)]^2},$$

所以，$\mu=(xy[f(xy)-g(xy)])^{-1}$是原方程的积分因子.

7 假设教材中方程(2.42)中的函数 $M(x,y)$，$N(x,y)$满足关系

$$\frac{\partial M}{\partial y}-\frac{\partial N}{\partial x}=Nf(x)-Mg(y),$$

其中 $f(x)$，$g(y)$分别为 x 和 y 的连续函数，试证方程(2.42)有积分因子 $\mu=\exp\left(\int f(x)\mathrm{d}x+\int g(y)\,\mathrm{d}y\right)$.

解题过程 用 $\mu=\exp\left(\int f(x)\mathrm{d}x+\int g(y)\mathrm{d}y\right)$乘以方程(2.42)两边得

$$\mu M\mathrm{d}x+\mu N\mathrm{d}y+0.$$

因为 $$\frac{\partial(\mu M)}{\partial y}=\frac{\partial\mu}{\partial y}M+\mu\frac{\partial N}{\partial y}=\mu Mg(y)+\mu\frac{\partial M}{\partial y},$$

$$\frac{\partial(\mu N)}{\partial x}=\frac{\partial\mu}{\partial x}N+\mu\frac{\partial N}{\partial x}\mu Nf(x)+\mu\frac{\partial N}{\partial x},$$

又由题给条件$\frac{\partial M}{\partial y}-\frac{\partial N}{\partial x}=Nf(x)-Mg(y)$可得

$$\mu\frac{\partial M}{\partial y}-\mu\frac{\partial N}{\partial x}=\mu Nf(x)-\mu Mg(x),$$

所以 $$\frac{\partial(\mu M)}{\partial y}=\frac{\partial(\mu N)}{\partial x}.$$

所以，$\mu=\exp\left(\int(x)\mathrm{d}x+\int g(y)\mathrm{d}y\right)$是方程(2.42)的积分因子.

8 求出伯努利微分方程的积分因子.

解题过程 伯努利方程为 $$\frac{\mathrm{d}y}{\mathrm{d}x}=p(x)y+q(x)y^n \qquad (n\neq 0,1)$$

可化为 $$\mathrm{d}y-p(x)y\mathrm{d}x-q(x)y^n\mathrm{d}x=0,$$

两边同时，乘以 y^{-n}得

$$y^{-n}\mathrm{d}y-p(x)y^{1-n}\mathrm{d}x-q(x)\mathrm{d}x=0,$$

即 $$\mathrm{d}(y^{1-n})-(1-n)p(x)y^{1-n}\mathrm{d}x-(1-n)q(x)\mathrm{d}x=0,$$

再乘以 $\mathrm{e}^{-(1-n)\int p(x)\mathrm{d}x}$ 得

$$e^{-(1-n)\int p(x)dx}[d(y^{1-n})-(1-n)p(x)y^{1-n}dx]-e^{-(1-n)\int p(x)dx}(1-n)q(x)dx=0,$$

即 $d[y^{1-n}e^{-(1-n)\int p(x)dx}]-d[\int(1-n)q(x)e^{-(1-n)\int p(x)dx}(1-n)q(x)dx]=0.$

这是全微分方程,因此所求的积分因子是

$$\mu=y^{-n}e^{(n-1)\int p(x)dx}.$$

9 设 $\mu(x,y)$ 是方程(2.42)的积分因子,从而求得可微函数 $U(x,y)$ 使得 $dU=\mu(Mdx+Ndy)$ 试证 $\tilde{\mu}(x,y)$ 也是教材中方程(2.42)的积分因子的充要条件是 $\tilde{\mu}(x,y)=\mu\varphi(U)$,其中 $\varphi(t)$ 是 t 的可微函数.

解题过程 充分性:设 $\tilde{\mu}(x,y)=\mu\varphi(U)$ 欲证 $\tilde{\mu}(x,y)$ 是积分因子.

因为
$$\begin{aligned}\frac{\partial(\tilde{\mu}M)}{\partial y}&=\frac{\partial(\mu M\varphi(U))}{\partial y}=\frac{\partial(\mu M)}{\partial y}\varphi(U)+\mu M\frac{\partial(\varphi(U))}{\partial y}\\&=\frac{\partial(\mu M)}{\partial y}\varphi(U)+\mu M\varphi'(U)\frac{\partial U}{\partial y}z\\&=\frac{\partial(\mu M)}{\partial y}\varphi(U)+\mu M\varphi'(U)\mu N,\end{aligned}$$

$$\begin{aligned}\frac{\partial(\tilde{\mu}M)}{\partial x}&=\frac{\partial(\mu N\varphi(U))}{\partial x}\\&=\frac{\partial(\mu N)}{\partial x}\varphi(U)+\mu N\frac{\partial(\varphi(U))}{\partial x}\\&=\frac{\partial(\mu N)}{\partial x}\varphi(U)+\mu N\varphi'(U)\mu M,\end{aligned}$$

又因为 $\frac{\partial(\mu N)}{\partial x}\mu(x,y)$ 是方程(2.42)的积分因子,所以

$$\frac{\partial(\mu M)}{\partial y}=\frac{\partial(\mu N)}{\partial x}$$

比较 $\frac{\partial(\tilde{\mu}M)}{\partial y}$ 与 $\frac{\partial(\tilde{\mu}N)}{\partial x}$ 可以看出

$$\frac{\partial(\tilde{\mu}M)}{\partial y}=\frac{\partial(\tilde{\mu}N)}{\partial x},$$

因此,$\tilde{\mu}(x,y)=\mu\varphi(\tilde{U})$ 是方程(2.42)的积分因子,则充分性得证.

必要性:设 $\tilde{\mu}$ 是方程(2.42)的积分因子,则

$$\frac{\partial(\tilde{\mu}M)}{\partial y}=\frac{\partial(\tilde{\mu}N)}{\partial x},$$

又由于
$$\frac{\partial(\tilde{\mu}M)}{\partial y}=\partial\frac{\left(\frac{\tilde{\mu}}{\mu}\cdot\mu N\right)}{\partial x}=\partial\frac{\left(\frac{\tilde{\mu}}{\mu}\right)}{\partial y}\mu M+\frac{\tilde{\mu}}{\mu}\frac{\partial(\mu M)}{\partial y},$$

$$\frac{\partial(\tilde{\mu}M)}{\partial x}=\frac{\left(\frac{\tilde{\mu}}{\mu}\cdot\mu N\right)}{\partial y}=\partial\frac{\left(\frac{\tilde{\mu}}{\mu}\right)}{\partial y}\mu N+\frac{\tilde{\mu}}{\mu}\frac{\partial(\mu N)}{\partial x},$$

注意到 μ 是方程(2.42)的积分因子,则有

$$\frac{\partial(\mu M)}{\partial y}=\frac{\partial(\mu N)}{\partial x}$$

比较前面 4 个等式,则有

$$M\frac{\partial\left(\frac{\tilde{\mu}}{\mu}\right)}{\partial y}=N\frac{\partial\left(\frac{\tilde{\mu}}{\mu}\right)}{\partial y}$$

另外,考虑到 $dU\mu(Mdx+Ndy)$ 以及全微分与偏导数的关系,有

$$\frac{\partial U}{\partial x}=\mu M,\frac{\partial U}{\partial y}=\mu N,$$

或

$$M=\frac{1}{\mu}\cdot\frac{\partial U}{\partial x},N=\frac{1}{\mu}\cdot\frac{\partial u}{\partial y},$$

即

$$\frac{\dfrac{\partial\left(\frac{\tilde{\mu}}{\mu}\right)}{\partial y}}{\dfrac{\partial\left(\frac{\tilde{\mu}}{\mu}\right)}{\partial x}}=\frac{\dfrac{\partial u}{\partial y}}{\dfrac{\partial u}{\partial x}}$$

则

$$\frac{\tilde{\mu}}{\mu}=\varphi(u),$$

这里 $\varphi(u)$ 是 u 的任意可微函数,必要性得证.

10 设 $\mu_1(x,y)$,$\mu_2(x,y)$ 是教材中方程(2.42)的两个积分因子,且 $\frac{\mu_2}{\mu_1}\neq$ 常数,求证 $\frac{\mu_2}{\mu_1}=c$(任意常数)是方程(2.42)的通解.

解题过程 $\mu_1(x,y$ 是方程(2.42)的积分因子,故有在可微函数 $u(x,y)$ 使得

$$du=\mu_1 Mdx+\mu_1 Ndy,$$

并使 $u(x,y)=c_1$ 是方程(2.42)的解.

根据第 9 题的结论,可得

$$\mu_2=\mu_1\varphi(u)$$

其中 $\varphi(t)$ 是 t 的可微函数.

即

$$\frac{\mu_2}{\mu_1}=\varphi(u)$$

或

$$u=\varphi^{-1}\left(\frac{\mu_2}{\mu_1}\right)$$

由于 $u(x,y)=c_1$ 是方程的解。故

$$\varphi^{-1}\left(\frac{\mu_2}{\mu_1}\right)=c,$$

也是方程(2.42)的解,变形上式后得到

$$\frac{\mu_2}{\mu_1}=\varphi(c_1)=c,$$

即证 $\frac{\mu_2}{\mu_1}=c$ 是方程(2.42)的通解.

11 假设第 5 题中微分方程这是恰当的,试证它的通解可表示为 $xM(x,y)+yN(x,y)=c$(c 为任意常数).

解题过程 由于方程 $M\mathrm{d}x+N\mathrm{d}y=0$ 是恰当的,所以$\frac{\partial M}{\partial y}=\frac{\partial N}{\partial x}$,且方程是齐次的,不妨设 $M(x,y)$ 和 $N(x,y)$是 m 齐次函数,则有

$$\frac{\partial M}{\partial x}x+\frac{\partial M}{\partial y}y=mM, \quad ①$$

$$\frac{\partial N}{\partial x}x+\frac{\partial N}{\partial y}y=mN, \quad ②$$

另外
$$\frac{\partial}{\partial x}[xM(x,y)+yN(x,y)]=M+x\frac{\partial M(x,y)}{\partial x}+y\frac{\partial N(x,y)}{\partial x},$$

$$\frac{\partial}{\partial y}[xM(x,y)+yN(x,y)]=x\frac{\partial M(x,y)}{\partial y}+N+y\frac{\partial N(x,y)}{\partial y},$$

利用①②式可得

$$\frac{\partial}{\partial x}[xM+yN]=(m+1)M,$$

$$\frac{\partial}{\partial y}[xM+yN]=(m+1)N,$$

故
$$\frac{\mathrm{d}y}{\mathrm{d}x}=-\frac{\frac{\partial}{\partial x}[xM+yN]}{\frac{\partial}{\partial y}[xM+yN]}=-\frac{M}{N},$$

即
$$M\mathrm{d}x+N\mathrm{d}y=0,$$

所以 $xM+yN=c$ 是方程 $M\mathrm{d}x+N\mathrm{d}y=0$ 的通解.

习题 2.4

1 求下列方程:

(1)$xy'^3=1+y'$;　　(2)$y'^3-x^3(1-y')=0$;

(3)$y=y'^2e^{y'}$;　　(4)$y(1+y'^2)=2a$(a 为常数);

(5)$x^2+y'^2=1$;　　(6)$y^2(y'-1)=(2-y')^2$.

解题过程 (1)解出 x,并以$\frac{\mathrm{d}y}{\mathrm{d}x}=p$ 代入,得到

$$x=\frac{1}{p^3}+\frac{1}{p^2}\neq 0,$$

上式两边同时对 y 求导,得到

$$\frac{1}{p}=\left(-\frac{3}{p^4}-\frac{2}{p^3}\right)\frac{\mathrm{d}p}{\mathrm{d}y},$$

或
$$(3+2p)\mathrm{d}p+p^3\mathrm{d}y=0,$$

两边积分，即得 $y=\frac{3}{2p^2}+\frac{2}{p}+c$,

则方程的通解为 $\begin{cases}x=\frac{1}{p^3}+\frac{1}{p^2},\\ y=\frac{1}{2p^2}+\frac{2}{p}+c,\end{cases}\quad p\neq 0.$

(2)令 $y'=tx$，则原方程化为

$$x^3(t^3-1+tx)=0$$

解出 x，得 $x=\frac{1}{t}-t^2$,

两边对 y 求导得 $\frac{1}{1-t^3}=\left(-\frac{1}{t^2}-2t\right)\cdot\frac{dt}{dy}$

$$dy=\left[(1-t^3)\left(-\frac{1}{t^2}-2\right)\right]dt,$$

两边积分，得 $y=-\frac{1}{2}t^2+\frac{2}{5}t^5+\frac{1}{t}+c$,

故方程的通解为 $\begin{cases}x=\frac{1}{t}-t^2,\\ y=-\frac{1}{2}t^2+\frac{2}{5}t^5+\frac{1}{t}+c.\end{cases}$

(3)令 $y'=p$ 则原方程化为

$$y=p^2e^p,$$

对 x 求导数，即得 $p=(2p+p^2)e^p\frac{dp}{dx}$,

或 $dx=(p+2)e^p\,dp$,

两边积分，即得 $x=(p+1)e^p+c$.

因此，方程的通解为 $\begin{cases}x=(p+1)e^p+c,\\ y=p^2e^p.\end{cases}$

令 $y'=\tan t$，则原方程化为

$$y=2a\cos^2 t,$$

两端对 x 求导数，可得

$$\tan t=-2a\sin 2t\frac{dt}{dx}$$

或 $dx=-4a\cos^2 t\,dt$,

两边积分，得 $x=-a(2t+\sin 2t+c)$,

因此，方程的通解为 $\begin{cases}x=-a(2t+\sin 2t+c),\\ y=2a\cos^2 t.\end{cases}$

(5)令 $y'=\cos t$，则方程化为

$$x^2+\cos^2 t=1,$$

解出 x，得 $x=\sin t$.

对 y 求导数，得 $\qquad \dfrac{1}{\cos t}=\cos\dfrac{dt}{dy}$，

或 $\qquad dy=\cos^2 t dt$.

两边积分，得 $\qquad y=\dfrac{t}{2}+\dfrac{1}{4}\sin 2t+c$.

因此，方程的通解为 $\begin{cases} x=\sin t, \\ y=\dfrac{t}{2}+\dfrac{\sin 2t}{4}+c. \end{cases}$

(6)与教材中例 5 类似，可以令 $2-y'=yt$，则原方程化为

$$y^2(1-yt)=y^2t^2,$$

由此，得 $\qquad y=\dfrac{1}{t}-t$，

并且 $y'=1+t^2$.

这是原微分方程的参数形式，因此

$$dx=\frac{dy}{y'}=\frac{\left(-\dfrac{1}{t^2}-1\right)dt}{1+t^2}=-\frac{1}{t^2}dt,$$

两边积分，得到 $\qquad x=\dfrac{1}{t}+c$.

于是求得方程的参数形式的通解为

$$\begin{cases} x=\dfrac{1}{t}+c, \\ y=\dfrac{1}{t}-t, \end{cases}$$

或者消去参数 t，得 $\qquad y=x-\dfrac{1}{x-c}-c$，

其中 c 为任意常数.

此外，当 $y'=0$ 时，原方程变为 $-y^2=4$，此时方程无解.

习题 2.5

1 求下列方程的解：

(1) $y\sin x+\dfrac{dy}{dx}\cos x=1$； (2) $ydx-xdy=x^2ydy$；

(3) $\dfrac{dy}{dx}=4e^{-y}\sin x-1$； (4) $\dfrac{dy}{dx}=\dfrac{x}{x-\sqrt{xy}}$；

(5) $(xye^{\frac{x}{y}}+y^2)dx-x^2e^{\frac{x}{y}}dy=0$； (6) $(xy+1)ydx-xdy=0$；

(7) $(2x+2y-1)dx+(x+y-2)dy=0$； (8) $\dfrac{dy}{dx}=\dfrac{y}{x}+\dfrac{y^2}{x^3}$；

(9) $\dfrac{dy}{dx}=3y+x-2$； (10) $x\dfrac{dy}{dx}=1+\left(\dfrac{dy}{dx}\right)^2$；

(11) $\frac{dy}{dx}=\frac{x-y+1}{x+y^2+3}$;

(12) $e^{-y}\left(\frac{dy}{dx}+1\right)=xe^x$;

(13) $(x^2+y^2)dx-2xydy=0$;

(14) $\frac{dy}{dx}=x+y+1$;

(15) $\frac{dy}{dx}=e^{\frac{y}{x}}+\frac{y}{x}$;

(16) $(x+1)\frac{dy}{dx}+1=2e^{-y}$;

(17) $(x-y^2)dx+y(1+x)dy=0$;

(18) $4x^2y^2dx+2(x^3y-1)dy=0$;

(19) $x\left(\frac{dy}{dx}\right)^2-2y\left(\frac{dy}{dx}\right)+4x=0$;

(20) $y^2\left[1-\frac{dy}{dx}\right]=1$;

(21) $(1+e^{\frac{x}{y}})dx+e^{\frac{x}{y}}\left(1-\frac{x}{y}\right)dy=0$;

(22) $\frac{2x}{y^3}dx+\frac{y^2-3x^2}{y^4}dy=0$;

(23) $ydx-(1+x+y^2)dy=0$;

(24) $[y-x(x^2+y^2)]dx-xdy=0$;

(25) $\frac{dy}{dx}+e^{\frac{dy}{dx}}-x=0$;

(26) $\left(2xy+x^2y+\frac{y^3}{3}\right)dx+(x^2+y^2)dy=0$;

(27) $\frac{dy}{dx}=\frac{2x+3y+4}{4x+6y+5}$;

(28) $x\frac{dy}{dx}-y=2x^2y(y^2-x^2)$(提示:令 $x^2y=u$);

(29) $\frac{dy}{dx}+\frac{y}{x}=e^{xy}$

(30) $\frac{dy}{dx}=\frac{4x^3-2xy^3+2x}{3x^2y^2-6y^5+3y^2}$;

(31) $y^2(xdx+ydy)+x(ydx-xdy)=0$;

(32) $\frac{dy}{dx}+\frac{1+xy^3}{1+x^3y}=0$(提示:令 $u=x+y, v=xy$).

解题过程 (1)原方程变形可得

$$\frac{dy}{dx}=(-\tan x)y+\frac{1}{\cos x}(\cos x\neq 0)$$

这是一阶线性微分方程,由教材中公式(2.31)可得

$$y=e^{\int -\tan x dx}\left(\int\frac{1}{\cos x}e^{\int \tan x dx}dx+c\right)$$

即
$$y=|\cos x|\left(\int\frac{1}{\cos x}\cdot\frac{1}{|\cos x|}dx+c\right)$$

① 当 $\cos x>0$ 时,
$$y=\cos\left(\int\frac{1}{\cos^2 x}dx+c\right),$$

即
$$y=c\cos x+\sin x,$$

②当 $\cos x<0$ 时,
$$y=-\cos x\left(\int-\frac{1}{\cos^2 x}dx+c\right),$$

即得
$$y=-c\cos x+\sin x.$$

③当 $\cos x=0$ 时,直接由原方程可得 $y\sin x=1$,故得原方程此时的解为$(2k\pi=\frac{\pi}{2},1)$或$\left(2k\pi-\frac{\pi}{2},-1\right)$,这时 $k=0,\pm1,\pm2\cdots$

综上所述,原方程的解为

$$y=c\cos x+\sin x.$$

(2)方程两边同时乘以$\frac{1}{x^2}$则有

$$\frac{y\mathrm{d}x}{x\mathrm{d}y}=y\mathrm{d}y,$$

即
$$\mathrm{d}\left(-\frac{y}{x}\right)=\mathrm{d}\left(\frac{y^2}{2}\right),$$

故通解为
$$\frac{y^2}{2}+\frac{y}{x}=c.$$

这里 c 是任意常数.

(3)令 $u=\mathrm{e}^y$ 则$\frac{\mathrm{d}u}{\mathrm{d}x}=\mathrm{e}^y\frac{\mathrm{d}y}{\mathrm{d}x}$,代入原方程有

$$\frac{\mathrm{d}u}{\mathrm{d}x}=4\sin x-u.$$

这是一阶线性微分方程,由教材中公式(2.31)可得

$$u=\mathrm{e}^{\int(-1)\mathrm{d}x}\left(\int 4\sin x\,\mathrm{e}^{\int 1\mathrm{d}x}\mathrm{d}x+c\right)$$
$$=\mathrm{e}^{-x}\left(\int 4\sin x\mathrm{e}\mathrm{d}x+c\right),$$

计算得
$$u=\mathrm{e}^{-x}[2(\sin x-\cos)\mathrm{e}^x+c].$$

代入 $u=\mathrm{e}y$ 则得

$$\mathrm{e}^y=c\,\mathrm{e}^{-x}+2(\sin x-\cos x).$$

(4)令 $u=\frac{y}{x}$,即 $y=ux$,则

$$x\frac{\mathrm{d}u}{\mathrm{d}x}+u=\frac{u}{1-\sqrt{u}},$$

即
$$(u^{-\frac{3}{2}}-u^{-1})\mathrm{d}u=x^{-1}\mathrm{d}x,\qquad (u\neq 0,x\neq 0)$$

两边积分,得
$$-2u^{-\frac{1}{2}}-\ln|u|=\ln|x|+c_1,$$

把 $u=\frac{y}{x}$ 代入得

$$-2\left(\frac{y}{x}\right)^{-\frac{1}{2}}=\ln|y|+c_1,$$

即
$$x=y\left(c-\frac{1}{2}\ln|y|\right)^2,$$

这里 $c=\frac{1}{2}c_1$ 是任意常数.

另外,当 $u=0$ 时,即 $y=0$ 时,容易验证 $y=0$ 也是方程的解.

(5)令 $u=\frac{x}{y}$,即 $x=yu$,则

$$\frac{\mathrm{d}x}{\mathrm{d}y}=u+y\frac{\mathrm{d}u}{\mathrm{d}y},$$

代入原方程则有 $y\dfrac{\mathrm{d}u}{\mathrm{d}y}=\dfrac{-u}{1+u\mathrm{e}^u}$,

即 $\left(-\dfrac{1}{u}-\mathrm{e}^u\right)\mathrm{d}u=\dfrac{\mathrm{d}y}{y}$.

两边积分,得到 $-\ln|u|-\mathrm{e}^u=\ln|y|+c_1$,

即 $\mathrm{e}^u+\ln|yu|+c_1=0$.

把 $u=\dfrac{x}{y}$ 代入得 $\mathrm{e}^{\frac{x}{y}}+\ln|x|=c$

这里 $c=-c$,为任意常数.

(6)方程两边同时除以 y^2 可得

$$\left(x+\frac{1}{y}\right)\mathrm{d}x-\frac{x}{y^2}\mathrm{d}y=0,$$

即 $\mathrm{d}\left(\dfrac{x^2}{2}+\dfrac{x}{y}\right)=0$.

因此,方程的通解为 $\dfrac{x^2}{2}+\dfrac{x}{y}=c$.

另外. 容易验证 $y=0$ 也是方程的解,

(7)方程可以化为 $\dfrac{\mathrm{d}y}{\mathrm{d}x}=\dfrac{2x+2y-1}{x+y-2}$.

令 $u=x+y$,则 $\mathrm{d}u=\mathrm{d}x+\mathrm{d}y$,代入上面的方程可得

$$\frac{\mathrm{d}u}{\mathrm{d}x}=\frac{3(u-1)}{u-2},$$

即 $\dfrac{u-2}{u-1}\mathrm{d}u=3\mathrm{d}x$.

两边积分,得到 $u-\ln|u-1|=3x+c$,

把 $u=x+y$ 代入,得 $2x-y+\ln|x+y-1|+c=0$.

(8)这是 $n=2$ 时的伯努利方程,则令 $z=y^{-1}$ 有

$$\frac{\mathrm{d}z}{\mathrm{d}x}=-y^{-2}\frac{\mathrm{d}y}{\mathrm{d}x},$$

代入原方程,则有 $\dfrac{\mathrm{d}z}{\mathrm{d}x}=-\dfrac{1}{x}z-\dfrac{1}{x^3}$.

这是一阶线性常微分方程,由教材中公式(2.31)可得

$$z=\mathrm{e}^{\int-\frac{1}{x}\mathrm{d}x}\left(\int-\frac{1}{x^3}\mathrm{e}^{\int\frac{1}{x}\mathrm{d}x}\mathrm{d}x+c\right),$$

即 $z=\dfrac{c}{x}+\dfrac{1}{x^2}$,

或 $y(cx+1)=x^2$.

这就是原方程的通解.

另外,$y=0$ 也是方程的解.

(9)这是一阶线性常微分方程,由教材中公式(2.31)可得

$$y=\mathrm{e}^{\int 3\mathrm{d}x}\left(\int (x-2)\mathrm{e}^{-\int 3\mathrm{d}x}\mathrm{d}x+c\right),$$

化简可得 $$y=c\mathrm{e}^{3x}-\frac{1}{3}x+\frac{5}{9}.$$

(10)令 $p=\frac{\mathrm{d}y}{\mathrm{d}x}$,则原方程化为

$$x=\frac{1}{p}+p,$$

两端对 y 求导数可得 $\frac{1}{p}=\left(-\frac{1}{p^2}+1\right)\frac{\mathrm{d}p}{\mathrm{d}y}$,

$$\mathrm{d}y=\left(p-\frac{1}{p}\right)\mathrm{d}p.$$

积分可得 $$y=\frac{p^2}{2}\ln|p|+c.$$

所以,原方程的通解为 $$\begin{cases}x=\frac{1}{p}+p,\\ y=\frac{p^2}{2}-\ln|p|+c.\end{cases}$$

(11)原方程可以化为

$$(x-y+1)\mathrm{d}x=(x+y^2+3)\mathrm{d}y,$$

即 $$\mathrm{d}\left(\frac{x^2}{2}+x\right)=\mathrm{d}\left(xy+\frac{y^3}{3}+3y\right).$$

两边积分,得 $$\frac{x^2}{2}+x=xy+\frac{y^3}{3}+3y+c.$$

或 $$\frac{x^2}{2}-xy+x-\frac{y^3}{3}-3y=c.$$

(12)原方程可以化为 $\frac{\mathrm{d}(y+x)}{\mathrm{d}x}=x\mathrm{e}^{(x+y)}$,

即 $$\mathrm{e}^{-(x+y)}\mathrm{d}(x+y)=x\mathrm{d}x.$$

两边积分,则得 $$\frac{x^2}{2}+\mathrm{e}^{-(x+y)}=c.$$

(13)方程两边时乘以 $\frac{1}{x^2}$,则有

$$1\cdot\mathrm{d}x+\frac{y^2}{x^2}\mathrm{d}x-\frac{2y}{x}\mathrm{d}y=0,$$

即 $$\mathrm{d}\left(x+\frac{y^2}{x}\right)=0.$$

两边积分,则有 $$x-\frac{y^2}{x}=c,$$

或 $$x^2-y^2=cx.$$

(14)令 $u=x+y$,则 $\frac{\mathrm{d}u}{\mathrm{d}x}=1+\frac{\mathrm{d}y}{\mathrm{d}x}$,代入原方程则

$$\frac{\mathrm{d}u}{\mathrm{d}x}=u+2.$$

积分可得 $$u+2=ce^x$$

(15)令 $u=\frac{y}{x}$，即 $y=ux$，则

$$\frac{\mathrm{d}y}{\mathrm{d}x}=x\frac{\mathrm{d}u}{\mathrm{d}x}+u,$$

代入原方程可得 $$x\frac{\mathrm{d}u}{\mathrm{d}x}+u=e^u+u,$$

即 $$e^{-u}\mathrm{d}u=\frac{1}{x}\mathrm{d}x,$$

两边积分，得到 $$\ln|x|+e^{-u}=c.$$

把 $u=\frac{y}{x}$ 代入，得到原方程的通解为

$$\ln|x|+e^{-\frac{y}{x}}=c.$$

(16)方程乘以 e^y 后，可以化为

$$(x+1)e^y\mathrm{d}y=(2-e^y)\mathrm{d}x,$$

或 $$\frac{e^y\mathrm{d}y}{2-e^y}=\frac{\mathrm{d}x}{x+1}.$$

两边积分，得到 $$-\ln|2-e^y|=\ln|x+1|+c_1,$$

这里 $c=e^{-c_1}-2$ 是任意常数.

(17)这里 $M=x-y^2,N=y(1+x),\frac{\partial M}{\partial y}=-2y,\frac{\partial N}{\partial x}=y.$

因为 $$\frac{\frac{\partial M}{\partial y}-\frac{\partial N}{\partial x}}{M}=\frac{-3}{1+x},$$

所以，方程有积分因子，$\mu=e^{\int\frac{-3}{1+x}\mathrm{d}x}=(1+x)^{-3}$. 以 $\mu=(1+x)^{-3}$ 乘以方程两边得到

$$\frac{x-y^2}{(1+x)^3}\mathrm{d}x+\frac{y}{(1+x)^2}\mathrm{d}y=0,$$

即 $$\mathrm{d}\left(\frac{y^2}{2(1+x)^2}-\frac{1}{1+x}+\frac{1}{2(1+x)^2}\right)=0.$$

因此，方程的通解为 $$\frac{y^2}{2(1+x)^2}-\frac{1}{1+x}+\frac{1}{2(1+x)^2}=c,$$

或 $$y^2=c(1+x)^2+2x+1.$$

(18)这里 $M=4x^2y^2,N=2(x^3y-1),\frac{\partial M}{\partial y}=8x^2y,\frac{\partial N}{\partial x}=6x^2y.$

由于 $$\frac{\frac{\partial M}{\partial y}-\frac{\partial N}{\partial x}}{-M}=\frac{2x^2y}{-4x^2y^2}=\frac{1}{-2y},$$

所以，方程有积分因子 $\mu=e^{\int\frac{1}{-2y}\mathrm{d}y}=y^{\frac{-1}{2}}$，以 $y^{\frac{-1}{2}}$ 乘以两边得到

$$4x^2y\frac{3}{2}\mathrm{d}x+2\left(x^3y\frac{1}{2}-y-\frac{1}{2}\right)\mathrm{d}y=0,$$

即 $$\mathrm{d}\left(\frac{4}{3}x^3y\frac{3}{2}-4y^{\frac{1}{2}}\right)=0,$$

所以，方程的通解为 $\frac{4}{3}x^3y^{\frac{3}{2}}-4y^{\frac{1}{2}}=c.$

(19)解出 y，并令$\frac{\mathrm{d}y}{\mathrm{d}x}=p$，得到

$$y=\frac{1}{2}xp+\frac{2x}{p},$$

两边对 x 求导数，得到 $p=\frac{1}{2}p+\frac{1}{2}x\frac{\mathrm{d}p}{\mathrm{d}x}+\frac{2p-2x\cdot\frac{\mathrm{d}p}{\mathrm{d}x}}{p^2},$

即 $$\frac{p^2-4}{p^2-4}\cdot\frac{1}{p}\mathrm{d}p=\frac{1}{p}\mathrm{d}p=\frac{1}{x}\mathrm{d}x \quad (p^2\neq 4)$$

积分得 $p=cx.$

把 $p=cx$ 代入 $y=\frac{1}{2}xp+\frac{2x}{p}$得

$$y=\frac{1}{2}cx^2+\frac{2}{c},$$

或者 $$2cy=c^2x^2+4.$$

另外，当 $p^2=4$ 时，即 $p=2$ 或者 $p=-2$ 时，对应的 $y=2x$ 或 $y=-2x$.

因此，原方程的解为 $2cy=cx^2+4$ 或 $y=\pm 2x$.

(20)令$\frac{\mathrm{d}y}{\mathrm{d}x}=p$，则方程变为

$$y^2(1-p^2)=1.$$

解得 $y=\frac{1}{\sqrt{1-p^2}}$或者 $y=-\frac{1}{\sqrt{1-p^2}}$.

①当 $y=\frac{1}{\sqrt{1-p^2}}$时，对 x 求导得

$$p=p(1-p^2)^{-\frac{3}{2}}\frac{\mathrm{d}p}{\mathrm{d}x},$$

$p\neq 0$ 时，上面方程为 $(1-p^2)^{-\frac{3}{2}}\mathrm{d}p=\mathrm{d}x,$

两边积分，得到 $x=p(1-p^2)^{-\frac{1}{2}}.$

所以方程的通解为 $$\begin{cases}x=p(1-p^2)^{-\frac{1}{2}},\\ y=(1-p^2)^{-\frac{1}{2}}.\end{cases}$$

另外，当 $p=0$ 时，原方程化为 $y^2=1$，即 $y=\pm 1$.

②当 $y=\frac{1}{\sqrt{1-p^2}}$时，同理可以求得通解为

$$\begin{cases}x=-p(1-p^2)^{-\frac{1}{2}},\\ y=-(1-p^2)^{-\frac{1}{2}}.\end{cases}$$

而且，当 $p=0$ 时，也得到 $y=\pm1$ 为方程的解.

综上所述，消去 p 后，可以得到原方程的解为

$$y^2=(x+c)^2+1 \text{ 或者 } y=\pm1.$$

(21)原方程变形为 $$\frac{\mathrm{d}x}{\mathrm{d}y}=\frac{\mathrm{e}^{\frac{x}{y}}\left(\frac{x}{y}-1\right)}{1+\mathrm{e}^{\frac{x}{y}}}$$

令 $u=\dfrac{x}{y}$，即 $x=yu$，则

$$\frac{\mathrm{d}x}{\mathrm{d}y}=u+\frac{y\mathrm{d}u}{\mathrm{d}y}=\frac{\mathrm{e}^u(u-1)}{1+\mathrm{e}^u}$$

即 $$\frac{(1+\mathrm{e}^u)\mathrm{d}u}{\mathrm{e}^u+u}=-\frac{\mathrm{d}y}{y}.$$

两边积分，得 $$\ln|\mathrm{e}^u|=-\ln|y|+c_1,$$

或 $$\ln|y(\mathrm{e}+u)|=c_1,$$

把 $u=\dfrac{x}{y}$ 代入得到原方程的通解为

$$\ln|x+y\mathrm{e}^{\frac{x}{y}}|=c_1,$$

或 $$x+y\mathrm{e}^{\frac{x}{y}}=c.$$

这里 $c=\pm\mathrm{e}^{c_1}$ 为任意常数.

(22)这里 $M=\dfrac{2x}{y^3}$，$N=\dfrac{y^2-3x^2}{y^4}$，$\dfrac{\partial M}{\partial y}=-6\cdot\dfrac{x}{y^4}$，$\dfrac{\partial N}{\partial x}=-6\cdot\dfrac{x}{y^4}$，所以此方程是恰当方程，

原方程可以变为 $$\mathrm{d}\left(\frac{x^2}{y^3}-\frac{1}{y}\right)=0.$$

则原方程的通解为 $$\frac{x^2}{y^3}-\frac{1}{y}=c,$$

或 $$x^2-y^2=cy^3.$$

(23)这里 $M=y$，$N=-(1+x+y^2)$，$\dfrac{\partial M}{\partial y}=1$，$\dfrac{\partial N}{\partial x}=-1$.

因为 $$\frac{\dfrac{\partial M}{\partial y}-\dfrac{\partial N}{\partial x}}{-M}=\frac{1-(-1)}{-y}=-\frac{2}{y},$$

所以方程两边，得到 $$\frac{1}{y}\mathrm{d}x-\left(\frac{1+x}{y^2}+1\right)\mathrm{d}y=0,$$

即 $$\mathrm{d}\left(\frac{x+1}{y}-y\right)=0.$$

所以，方程的通解为 $$\frac{x+1}{y}-y=c,$$

或 $$x+1-y^2=cy.$$

另外，当 $y=0$ 时，易证它也是方程的解.

(24)方程两边同时乘以 $(x^2+y^2)^{-1}$ 可得

$$\frac{y\mathrm{d}x-x\mathrm{d}y}{x^2+y^2}-x\mathrm{d}x=0,$$

即 $$\mathrm{d}\left(\arctan\frac{x}{y}-\frac{x^2}{2}\right)=0.$$

所以，方程的通解为 $\arctan\frac{x}{y}=\frac{x^2}{2}+c.$

(25)令 $p=\frac{\mathrm{d}y}{\mathrm{d}x}$，则方程变为

$$x=p+\mathrm{e}^p,$$

两边对 y 求导数可得 $\frac{1}{p}=(1+\mathrm{e}^p)\frac{\mathrm{d}p}{\mathrm{d}y}$，

即 $$\mathrm{d}y=p(1+\mathrm{e}^p)\mathrm{d}p.$$

对两边积分，得到 $y=\frac{p^2}{2}+(p-1)\mathrm{e}^p+c.$

所以，方程的通解为 $\begin{cases}x=p+\mathrm{e}^p,\\ y=\frac{p^2}{2}+(p-1)\mathrm{e}^p+c.\end{cases}$

(26)这里 $M=2xy+x^2y+\frac{y^3}{3}$，$N=x^2+y^2$，$\frac{\partial M}{\partial y}=2x+x^2+y^2$，$\frac{\partial N}{\partial x}=2x.$

因为 $$\frac{\frac{\partial M}{\partial y}-\frac{\partial N}{\partial x}}{N}=1,$$

所以，方程有积分因子 $\mu=\mathrm{e}^x$，以 $\mu=\mathrm{e}^x$ 乘方程两边可得

$$\mathrm{e}^x\left(2xy+x^2y+\frac{y^3}{3}\right)\mathrm{d}x+(x^2+y^2)\mathrm{e}^x\mathrm{d}y=0,$$

即 $$\mathrm{d}\left(x^2y\mathrm{e}^x+\frac{y^3}{3}\mathrm{e}^x\right)=0.$$

所以方程的通解为 $(3x^2y+y^3)\mathrm{e}^x=c$

(27)令 $u=2x+3y$，则 $\frac{\mathrm{d}u}{\mathrm{d}x}=2+3\frac{\mathrm{d}y}{\mathrm{d}x}$，且原方程化为

$$\frac{\mathrm{d}u}{\mathrm{d}x}=2+3\frac{u+4}{2u+5},$$

即 $$\frac{2u+5}{7u+22}\mathrm{d}u=\mathrm{d}x\ (7u+22\neq 0\text{ 时})$$

两边积分，可得 $\frac{2}{7}u-\frac{9}{49}\ln|7u+22|=x+c_1,$

或 $$49x-14u=9\ln|7u+22|+49c_1.$$

把 $u=2x+3y$ 代入，化简得

$$9\ln\left|2x+3y+\frac{22}{7}\right|=14\left(3y-\frac{3}{2}x\right)+c.$$

这里 $c=-(49c_1+9\ln 7)$ 是任意常数.

另外，当 $7u+22=0$ 时，即 $2x+3y+\frac{22}{7}=0$ 时，可以验证它也是方程的解.

综上所述，方程的解为 $9\ln a\left|2x+3y+\frac{22}{7}\right|=14\left(3y-\frac{3}{2}x\right)+c$，以及 $2x+3y+\frac{22}{7}=0$.

(28)令 $x^2y=u$，则 $\frac{du}{dx}=2xy+x^2\frac{dy}{dx}=\frac{2u}{x}+x^2\frac{dy}{dx}$ 代入原方程，可得

$$\frac{du}{dx}=\left(\frac{3}{x}-2x^3\right)u+\frac{2}{x^3}u^3.$$

这里 $n=3$ 时伯努利方程，则令 $z=u^{-2}$，有

$$\frac{dz}{dx}=-2u^{-3}\frac{du}{dx},$$

代入上一方程可得 $\frac{dz}{dx}=-2\left(\frac{3}{x}-2x^3\right)z-\frac{4}{x^3}.$

这是一阶线性微分方程，则由教材中公式(2.31)可得

$$z=e^{\int-2\left(\frac{3}{x}-2x^3\right)dx}\left(\int-\frac{4}{x^3}e^{\int 2\left(\frac{3}{x}-2x^3\right)dx}dx+c\right).$$

即 $z=x^{-6}(1+ce^{x^4}).$

把 $z=u^{-2}=x^{-4}y^{-2}$ 代入，可得原方程的通解为

$$x^2=y^2(1+ce^{x^4})$$

(29)令 $u=xy$，则 $\frac{du}{dx}=y+x\frac{dy}{dx}=\frac{u}{x}+\frac{xdy}{dx}$，

代入原方程，可得 $\frac{du}{dx}=\frac{u}{x}+x\left(e^u-\frac{u}{x^2}\right),$

即 $e^{-u}du=xdx.$

两边积分，得到 $e^{-u}+\frac{x^2}{2}=c.$

把 $u=xy$ 代入可得原方程的通解为

$$e^{-xy}+\frac{x^2}{2}=c.$$

(30)原方程可以变化为

$$\frac{3y^2dy}{2xdx}=\frac{2x^2-y^3+1}{-2y^3+x^2+1}.$$

令 $u=y^3,v=x^2$，则得到

$$\frac{du}{dv}=\frac{2v-u+1}{v-2u+1},$$

即 $d(uv+u-u^2)=d(v^2+v).$

两边积分可得 $u^2+v^2-uv-u+v=c.$

把 $u=y^3,v=x^2$ 代入，可以得到原方程的通解为

$$y^6+x^4+x^2-y^3x^3=c.$$

或 $(x^2+1)(y^3-1)=x^4+y^6+c.$

(31)令 $x=\rho\cos\theta,y=\rho\sin\theta$，则

$$dx = \cos\theta d\rho - \rho\sin\theta d\theta = 0,$$
$$dy = \sin\theta d\rho + \rho\cos\theta d\theta = 0,$$

代入原方程，化简后得

$$\rho^3\sin^2\theta d\rho - \rho^3\cos\theta d\theta = 0,$$

即 $d\rho = \dfrac{\cos\theta}{\sin^2\theta}d\theta(\sin\theta \neq 0)$

两边积分可得 $\rho = -\dfrac{1}{\sin\theta} + c,$

或 $\sqrt{x^2+y^2} = c - \dfrac{\sqrt{x^2+y^2}}{y},$

即 $(x^2+y^2)(y+1)^2 = c^2y^2.$

另外，当 $\sin\theta=0$ 即 $y=0$ 时，易证它也是方程的解.

(32)令 $u=x+y, v=xy$，则 $du=dx+dy, dv=ydx+xdy$，且原方程可以化为

$$(1+x^3y)dy+(1+xy^3)dx=0.$$

由于 $1\cdot dy+1\cdot dx=d(x+y)=du,$

$$x^3ydy+xy^3dx=v(udv-vdu),$$

因此，原方程化为 $(1-u^2)du+uvdv=0,$

即 $\dfrac{du}{u}=\dfrac{vdv}{v^2-1}.$

两边积分，得到 $\ln|u|=\dfrac{1}{2}\ln|v^2-1|+c_1,$

或 $\sqrt{v^2-1}=cu.$

这里 $c=\pm e^{c_1}$ 是任意常数.

把 $u=x+y, v=xy$ 代入，则得到原方程的通解为 $\sqrt{x^2y^2-1}=c(x+y).$

另外，当 $u=0$ 即 $x+y=0$ 时，易证也是方程的解.

2 求一曲线，使其切线在纵轴上之截距等于切点的横坐标.

解题过程 满足上述条件的曲线的方程为

$$y-xy=x$$

可以化为 $ydx-xdy=xdx.$

两边同时乘以 $\dfrac{1}{x^2}$ 得 $\dfrac{y}{x^2}dx-\dfrac{1}{x}dy=\dfrac{1}{x}dx,$

即 $d\left(-\dfrac{y}{x}\right)=d(\ln|x|).$

两边积分，即得 $\ln|x|=+\dfrac{y}{x}=c,$

或 $y=cx-x\ln|x|.$

3 摩托艇以 5m/s 的速度在静水上运动，全速时，停止了发动机，20s 后，艇的速度减少为 $v_1=$ 3m/s. 确定发动机 2min 后艇的速度. 假定水的阻力与艇的运动速度成正比例.

解题过程 按假定水的阻力与艇的运动速度成正比例，由牛顿运动定律．可得满足条件的微分方程为

$$\frac{\mathrm{d}v}{\mathrm{d}t}=-kv,(k>0 \text{ 是常数})$$

其中 v 表示艇的速度，t 表示时间 $k>0$ 表示比例常数．

这是一个变量分离方程，易求其解为

$$v=c\mathrm{e}^{-kt}$$

由于 $t=0$ 时，$v(0)5\mathrm{m/s}$，故 $c=5$．即得到艇的运动方程为

$$v=5\mathrm{e}^{-kt}$$

又已知 $t=20\mathrm{s}$ 时，$v(20)=3\mathrm{m/s}$ 则

$$3=5\mathrm{e}^{-20k}.$$

求得 $$k=\frac{1}{20}\ln\frac{5}{3}.$$

所以 $v(120)=5\mathrm{e}^{-120k}=5\left(\frac{5}{3}\right)^{-6}\approx 0.233\mathrm{m/s}$．

则发动机停止 2min 后艇的速度约为 0.233m/s．

4 一质量为 m 的质点作直线运动，从速度等于零的时刻起，有一个和时间成正比（比例系数为 k_1）的力作用在它上面，此外质点双受到介质的阻力，这阻力和速度成正比（比例系数为 k_2）．试求此质点的速度与时间的关系．

解题过程 根据牛顿第二运动定律，可以写出质点运动所满足的微分方程为

$$m\cdot\frac{\mathrm{d}v}{\mathrm{d}t}=k_1t-k_2v,$$

其中 v 表示质点的运动速度，t 表示时间．

方程可以化为 $$\frac{\mathrm{d}v}{\mathrm{d}t}=\frac{k_2}{m}v+\frac{k_1}{m}t.$$

这是一阶线性微分方程，由教材中公式(2.31)可得到其解为

$$v=\mathrm{e}^{\int\frac{k_2}{m}\mathrm{d}t}\left(\int\frac{k_1}{m}t\ \mathrm{e}^{\int\frac{k_2}{m}\mathrm{d}t}\mathrm{d}t\right)$$

即 $$v=c\mathrm{e}^{-\frac{k_2}{m}t}+\frac{k_1}{k_2}\left(t-\frac{m}{k^2}\right)$$

由于 $t=0$ 时，$v(0)=0$，故 $c=\frac{mk_1}{k_2^2}$．

即得 $$v=\frac{mk_1}{k_2^2}\mathrm{e}^{-\frac{k_2}{-m}t}+\frac{k_1}{k_2}\left(t-\frac{m}{k_2}\right),$$

这就是质点的速度与时间的关系．

5 证明：如果已知里卡蒂微分方程的一个特解，则可用初等解求得它的通解．并求解下列方程：

(1) $y'\mathrm{e}^{-x}+y^2-2y\mathrm{e}^x=1-\mathrm{e}^{2x}$；

(2) $y'+y^2-2y\sin x=\cos x-\sin^2x$；

(3) $x^2y'=x^2y^2+xy+1$；

(4) $4x^2(y'-y^2)=1$；

(5) $x^2(y'+y^2)=2$；

(6) $x^2y'+(xy-2)^2=0$；

(7) $y'=(x-1)y^2(1-2x)y+x$．

证　明　首先对命题进行证时. 已知 Riccati 方程如下：

$$\frac{\mathrm{d}y}{\mathrm{d}x}=p(x)y^2+Q(x)y+R(x),$$

设 $\bar{y}(x)$是其一个特解. 欲证它是可解的.

设 $z=y-\bar{y}$,则$\frac{\mathrm{d}z}{\mathrm{d}x}=\frac{\mathrm{d}y}{\mathrm{d}x}-\frac{\mathrm{d}\bar{y}}{\mathrm{d}x}$,

由于 $\bar{y}$ 是方程的一个解,所以

$$\frac{\mathrm{d}\bar{y}}{\mathrm{d}x}=P(x)\bar{y}^2+Q(x)\bar{y}+R(x),$$

因此　$$\frac{\mathrm{d}z}{\mathrm{d}x}=[P(x)y^2+Q(x)y+R(x)]-[P(x)\bar{y}^2+Q(x)\bar{y}+R(x)],$$

即　$$\frac{\mathrm{d}z}{\mathrm{d}x}=P(x)(y^2\bar{y}^2)+Q(x)(y-\bar{y}),$$

或　$$\frac{\mathrm{d}z}{\mathrm{d}x}=P(x)z^2(2P(x)\bar{y}+Q(x))z.$$

这是 $n=2$ 时的伯努利方程,所以是可解的.

则命题得证. 下面是利用本命题的结论去求解以下 Riccati 方程.

解题过程　(1)可看出 $y=\mathrm{e}^x$ 是方程的一个特解.

令 $z=y-\mathrm{e}^x$,则原方程变形为

$$\frac{\mathrm{d}z}{\mathrm{d}x}=-\mathrm{e}^x\cdot z^2.$$

即　$$\frac{\mathrm{d}z}{-z^2}=\mathrm{e}^x\cdot\mathrm{d}x.$$

两边积分,得到　$$\frac{\mathrm{d}z}{-z^2}=\mathrm{e}^x+c.$$

把 $z=y-\mathrm{e}^x$ 代入,即得方程的一个特解为

$$(\mathrm{e}^x+c)(y-\mathrm{e}^x)=1.$$

(2)可以看出 $y=\sin x$ 是方程的一个特解.

令 $z=y-\sin x$,则原方程变形为

$$\frac{\mathrm{d}z}{\mathrm{d}x}=-z^2,$$

即　$$-\frac{\mathrm{d}z}{z^2}=\mathrm{d}x.$$

两边积分,得到　$$\frac{1}{z}=(x+c).$$

把 $z=y-\sin x$ 代入,即得到原方程的通解为

$$(x+c)(y-\sin x)=1.$$

(3)可以看出 $y=-\frac{1}{x}$是方程的一个特解.

令 $z=y+\frac{1}{x}$,则原方程可以变形为

$$\frac{\mathrm{d}z}{\mathrm{d}x}=z^2-\frac{1}{x}z.$$

这是一个 $n=2$ 时的伯努利方程，则令 $u=\frac{1}{z}$ 则有

$$\frac{\mathrm{d}z}{\mathrm{d}u}=-\frac{1}{z^2}\frac{\mathrm{d}z}{\mathrm{d}x}=1+\frac{1}{x}u,$$

两边积分得到 $$u=\mathrm{e}^{\int\frac{1}{x}\mathrm{d}x}\left(\int(-1)\cdot\mathrm{e}^{-\int\frac{1}{x}\mathrm{d}x}\mathrm{d}x+c\right),$$

即 $$u=x(c-\ln|x|).$$

把 $u=\frac{1}{z}=\left(y+\frac{l}{x}\right)^{-1}$ 代入即得到原方程的通解为

$$1=\left(y+\frac{1}{x}\right)x(c-\ln|x|),$$

或 $$(xy+1)(c-\ln|x|)=1.$$

(4)可以看出 $y=-\frac{1}{2x}$ 是方程的一个特解.

令 $z=y+\frac{1}{2x}$ 则原方程可以化为

$$\frac{\mathrm{d}z}{\mathrm{d}x}=z^2-\frac{1}{x}z,$$

同第(3)小题一样，可以得到通解为

$$1=\left(y+\frac{1}{2x}\right)x(c-\ln|x|),$$

或 $$1=\left(xy+\frac{1}{2}\right)(c-\ln|x|).$$

(5)可以看出 $y=-\frac{1}{x}$ 是方程的一个特解.

令 $z=y+\frac{1}{x}$，则原方程变为

$$\frac{\mathrm{d}z}{\mathrm{d}x}=-z^2+\frac{2}{x}z.$$

这是 $n=2$ 的伯努利方程. 则令 $u=z^{-1}$，有

$$\frac{\mathrm{d}u}{\mathrm{d}x}=1-\frac{2}{x}u.$$

这是一阶线性微分方程，由教材中公式(2.31)可得

$$u=\mathrm{e}^{-\int\frac{2}{x}\mathrm{d}x}\left(\int 1\cdot\mathrm{e}^{\int\frac{2}{x}\mathrm{d}x}\mathrm{d}x+c\right),$$

即 $$u=\frac{c}{x^2}+\frac{x}{3}.$$

把 $u=z^{-1}=\left(y+\frac{1}{x}\right)^{-1}$ 代入，得到原方程的通解为

$$\frac{x}{xy+1}=\frac{c}{x^2}+\frac{x}{3},$$

或 $$xy=\frac{2x^3-c}{x^3+c}.$$

(6)原方程可以变形为

$$y'=-y^2+\frac{4}{x}y-\frac{4}{x^2}.$$

容易看出 $y=\frac{1}{x}$ 是一个特解,令 $z=y-\frac{1}{x}$ 则

$$\frac{\mathrm{d}z}{\mathrm{d}x}=-z^2+\frac{2}{x}z.$$

令 $u=z^{-1}$,则 $\frac{\mathrm{d}u}{\mathrm{d}x}=-z^{-2}\frac{\mathrm{d}z}{\mathrm{d}x}$,所以

$$\frac{\mathrm{d}u}{\mathrm{d}x}=1-\frac{2}{x}u.$$

这是一阶常微分方程,由教材中公式(2.31)可得

$$u=\mathrm{e}^{\int-\frac{2}{x}\mathrm{d}x}\left(\int\mathrm{e}^{\int\frac{2}{x}\mathrm{d}x}\mathrm{d}x+c\right),$$

即 $$u=\frac{1}{x^2}\left(\frac{1}{3}x^3+c\right).$$

把 $u=z^{-1}=\left(y-\frac{l}{x}\right)^{-1}$ 代入,则得原方程的通解

$$xy=\frac{x^3}{\frac{1}{3}x^3+c}+1,$$

或 $$xy=\frac{4x^3+c}{x^3+c}.$$

(7)可以看出 $y=1$ 是方程的一个特解,令 $z=y-1$,则

$$\frac{\mathrm{d}z}{\mathrm{d}x}=(x-1)z^2-z.$$

令 $u=z^{-1}$,则 $\frac{\mathrm{d}u}{\mathrm{d}x}=z^{-2}\frac{\mathrm{d}z}{\mathrm{d}x}$,代入上面方程,则

$$\frac{\mathrm{d}u}{\mathrm{d}x}=u+(1-x).$$

这是一阶线性微分方程,由教材中公式(2.31)可得

$$u=\mathrm{e}^x\left(\int(1-x)\mathrm{e}^{-x}\mathrm{d}x+c\right),$$

即 $$u=c\mathrm{e}^x+x.$$

把 $u=z^{-1}=(y-1)^{-1}$ 代入,即得到原方程的通解为

$$(y-1)^{-1}=c\cdot\mathrm{e}^x+x,$$

或 $$1-(y-1)(c\mathrm{e}^x+x).$$

第三章
一阶微分方程的解的存在定理

学习指南

1. 深刻理解**解的存在唯一性定理**，了解其证明过程；

2. 能够使用逐步逼近法求微分方程初值问题的第 n 次近似解，会使用解的存在唯一性定理计算解的存在区间，并在该区间对近似解进行误差估计；

3. 深刻理解**解的延拓定理**，了解其证明过程，了解对初值的连续性和可微性定理；

4. 了解一阶微分方程奇解的概念和求奇解的两种方法以及两种数值解法.

知识回顾

1. 解的存在唯一性定理

如果方程
$$\frac{\mathrm{d}y}{\mathrm{d}x}=f(x,y) \tag{①}$$
的右端函数 $f(x,y)$ 在闭矩形域
$$R: x_0-a\leqslant x\leqslant x_0+a, y_0-b\leqslant y\leqslant y_0+b$$
上满足下列条件：

(1)在 R 上连续；

(2)在 R 上关于变量 y 满足利普希茨条件，即存在常数 L（称为利普希茨常数），使得对于 R 上任何一对点 (x,y) 和 $(x,\bar{y})$，均有不等式
$$|f(x,y)-f(x,\bar{y})|\leqslant L|y-\bar{y}|$$
则方程①满足初始条件 $y(x_0)=x_0$ 的唯一解 $y=\varphi(x)$ 至少在区间 $[x_0-h_0, x_0+h_0]$ 上有定义，

其中 $h_0=\min\left(a,\dfrac{b}{M}\right)$,$M=\max\limits_{(x,y)\in R}|f(x,y)|$.

证明 此定理分以下五个部分来得以证明.

(1)设 $y=\varphi(x)$ 是方程①的定义于区间 $x_0\leqslant x\leqslant x_0+h$ 上,满足初值条件 $\varphi(x_0)=y_0$ 的解,则 $y=\varphi(x)$ 是积分方程

$$y=y_0+\int_{x_0}^{x}f(x,y)\mathrm{d}x,x_0\leqslant x\leqslant x_0+h \tag{②}$$

的定义于 $x_0\leqslant x\leqslant x_0+h$ 上的连续解,反之亦然.

(2)取 $\varphi_0(x)=y_0$,构造皮卡逐步逼近函数序列如下:

$$\begin{cases}\varphi_0(x)=y_0,\\ \varphi_n(x)=y_0+\displaystyle\int_{x_0}^{x}f(\xi,\varphi_{n-1}(\xi))\mathrm{d}\xi,\end{cases} \tag{③}$$

$x_0\leqslant x\leqslant x_0+h,(n=1,2,\cdots)$.

对于所有的 n,③中函数 $\varphi_n(x)$ 在 $x_0\leqslant x\leqslant x_0+h$ 上有定义,连续且满足不等式

$$|\varphi_n(x)-y_0|\leqslant b.$$

(3)函数序列 $\{\varphi_n(x)\}$ 在 $x_0\leqslant x\leqslant x_0+h$ 上是一致收敛的.

(4)设 $\lim\limits_{n\to\infty}\varphi_n(x)=\varphi(x)$,则 $\varphi(x)$ 是积分方程②的定义于 $x_0\leqslant x\leqslant x_0+h$ 上的连续解.

(5)设 $\varphi(x)$ 是积分方程②的定义于 $x_0\leqslant x\leqslant x_0+h$ 上的另一个连续解,则 $\varphi(x)=\psi(x)(x_0\leqslant x\leqslant x_0+h)$.

2. 隐式方程的解的存在唯一性定理

对于隐方程 $F(x,y,y')=0$,

如果在点 (x_0,y_0,y'_0) 的某一邻域中,

(1) $F(x,y,y')$ 对所有变元 (x,y,y') 连续,且存在连续偏导数;

(2) $F(x_0,y_0,y'_0)=0$;

(3) $\dfrac{\partial F(x_0,y_0,y'_0)}{\partial y'}\neq 0$,

则方程④存在唯一解.

$$y=y(x),|x-x_0|\leqslant h(h\text{ 为足够小的正数})$$

满足初值条件 $y(x_0)=y_0,y'(x_0)=y'_0$.

3. 逐步逼近法与初值问题的近似解

微分方程初值问题 $\begin{cases}\dfrac{\mathrm{d}y}{\mathrm{d}x}=f(x,y),\\ y(x_0)=y_0,\end{cases}$ 的解等价积分方程 $y=y_0+\int_{x_0}^{x}f(x,y)\mathrm{d}x$ 的连续解. 取 $\varphi_0(x)=y_0$,构造皮卡逐步逼近函数序列:$\varphi_n(x)=y_0+\int_{x_0}^{x}f(\xi,\varphi_{n-1}(\xi))\mathrm{d}\xi,n=1,2,\cdots$,于是得到连续函数序列 $\varphi_0(x),\varphi_1(x),\cdots,\varphi_n(x),\cdots$. 可以证明 $\lim\limits_{n\to\infty}\varphi_n(x)=\varphi(x)$,而 $y=\varphi(x)$ 是积分方程的解. 这种一

步一步地求出方程的解的方法就称为逐步逼近法. 函数 $\varphi_n(x)$ 称为上述初值问题的第 n 次近似解.

4. 近似计算的误差估计

逐步逼近法中第 n 次近似解 $\varphi_n(x)$ 和真解 $\varphi(x)$ 在区间 $|x-x_0|\leqslant h$ 内的误差估计式 $|\varphi_n(x)-\varphi(x)|\leqslant\frac{ML^n}{(n+1)!}h^{n+1}$. 可以通过控制 h 和 n,使不等式右端误差值足够小,而得到满足误差估计的近似解 $\varphi_n(x)$.

5. 局部利普希茨条件

若函数 $f(x,y)$ 在某区域 G 内每一点,有以其为中心的完全含于 G 内的闭矩形域 R 存在,在 R 上 $f(x,y)$ 关于 y 满足利普希茨条件,则称 $f(x,y)$ 在 G 内满足局部利普希茨条件.

6. 解的延拓定理及其推论

如果方程 $\frac{\mathrm{d}y}{\mathrm{d}x}=f(x,y)$ 右端的函数 $f(x,y)$ 在有界区域 G 中连续,且在 G 内关于 y 满足局部的利普希茨条件,那么该方程的通过 G 内任何一点 (x_0,y_0) 的解 $y=\varphi(x)$ 可以延拓,直到点 $(x,\varphi(x))$ 任意接近区域 G 的边界. 以向 x 增大的一方的延拓来说,如果 $y=\varphi(x)$ 只能延拓到区间 $x_0\leqslant x<d$ 上,则当 $x\to d$ 时, $(x,\varphi(x))$ 趋于区域 G 的边界.

推论 如果 G 是无界区域,在上面解的延拓定理的条件下方程 $\frac{\mathrm{d}y}{\mathrm{d}x}=f(x,y)$ 的通过点 (x_0,y_0) 在解 $y=\varphi(x)$ 可以延拓,以向 x 增大的一方的延拓来说,有下面的两种情况:

(1)解 $y=\varphi(x)$ 可以延拓到区间 $[x_0,+\infty)$;

(2)解 $y=\varphi(x)$ 只可以延拓到区间 $[x_0,d)$ 其中 d 为有限数,则当 $x\to d$ 时,或者 $y=\varphi(x)$ 无界,或者点 $(x,\varphi(x))$ 趋于区域 G 的边界.

7. 饱和解

方程 $\frac{\mathrm{d}y}{\mathrm{d}x}=f(x,y)$ 的解 $y=\varphi(x)$ 的定义区间为 $\alpha<x<\beta$,且当 $x\to\alpha^+$ 或 $x\to\beta^-$ 时, $(x,\varphi(x))$ 趋于 G 的边界,则称解 $y=\varphi(x)$ 为饱和解. 当 G 是无界区域时,方程 $\frac{\mathrm{d}y}{\mathrm{d}x}=f(x,y)$ 的解可能无界, α,β 亦可以是 $-\infty,+\infty$.

8. 解关于初值的对称性定理

设方程 $\frac{\mathrm{d}y}{\mathrm{d}x}=f(x,y)$ 的满足初值条件 $y(x_0)=y_0$ 的解是唯一的,记为 $y=\varphi(x,x_0,y_0)$,则 (x,y) 与 (x_0,y_0) 对称,即在解的存在范围内成立着关系式 $y_0=\varphi(x_0,x,y)$.

9. 解对初值的连续依赖定理

若 $f(x,y)$ 在区域 G 内连续且关于 y 满足局部利普希茨条件, $(x_0,y_0)\in G$, $y=\varphi(x,x_0,y_0)$ 是方程

$\frac{dy}{dx}=f(x,y)$的满足初值条件 $y(x_0)=y_0$ 的解，在区间 $a\leqslant x\leqslant b$ 上有定义($a\leqslant x\leqslant b$)，则对任意 $\varepsilon>0$，存在 $\delta=\delta(\varepsilon,a,b)$，使得当$(\bar{x}_0-x_0)^2+(\bar{y}_0-y_0)^2\leqslant\delta^2$ 时，方程$\frac{dy}{dx}=f(x,y)$的满足条件 $y(\bar{x}_0)=\bar{y}_0$ 的解 $y=\varphi(x,\bar{x}_0,\bar{y}_0)$在区间 $a\leqslant x\leqslant b$ 上也有定义，且

$$|\varphi(x,\bar{x}_0,\bar{y}_0)-\varphi(x,x_0,y_0)|<\varepsilon,a\leqslant x\leqslant b.$$

10. 解对初值的连续性定理

若函数 $f(x,y)$在域 G 内连续且关于 y 满足局部利普希茨条件，则方程$\frac{dy}{dx}=f(x,y)$的解 $y=\varphi(x,x_0,y_0)$作为 x,x_0,y_0 的函数在它的存在范围内是连续的.

11. 解对初值的可微性定理

若 $f(x,y)$和$\frac{\partial f}{\partial y}$在域 G 内连续，则方程$\frac{dy}{dx}=f(x,y)$的解 $y=\varphi(x,x_0,y_0)$作为 x,x_0,y_0 的函数在它的存在范围内是连续可微的. 且 $\frac{\partial\varphi}{\partial x_0}=-f(x_0,y_0)\exp\left[\int_{x_0}^{x}\frac{\partial f(x,\varphi)}{\partial y}dx\right]$是初值问题$\frac{dz}{dx}=\frac{\partial f(x,\varphi)}{\partial y}z,z(x_0)=-f(x_0,y_0)$ 的解；$\frac{\partial\varphi}{\partial y_0}=\exp\left[\int_{x_0}^{x}\frac{\partial f(x,\varphi)}{\partial y}dx\right]$是初值问题$\frac{dz}{dx}=\frac{\partial f(x,\varphi)}{\partial y}z$，$z(x_0)=1$ 的解.

12. 解对初值和参数的连续依赖定理

若 $f(x,y,\lambda)$在域 $G_\lambda:(x,y)\in G,\alpha<\lambda<\beta$ 内连续且在 G_λ 内一致地关于 y 满足局部利普希茨条件，$(x_0,y_0,\lambda_0)\in G_\lambda$，$y=\varphi(x,x_0,y_0,\lambda_0)$是方程$\frac{dy}{dx}=f(x,y,\lambda)$的通过点$(x_0,y_0,\lambda_0)\in G_\lambda$ 的解，在区间 $a\leqslant x\leqslant b$ 上有定义($a\leqslant x_0\leqslant b$)，则对任意 $\varepsilon>0$，存在 $\delta=\delta(\varepsilon,a,b,\alpha,\beta)$，使得当$(\bar{x}_0-x_0)^2+(\bar{y}_0-y_0)^2+(\bar{\lambda}_0-\lambda_0)^2\leqslant\delta^2$ 时，方程$\frac{dy}{dx}=f(x,y,\lambda)$的通过点$(\bar{x}_0,\bar{y}_0,\bar{\lambda}_0)\in G_\lambda$ 的解 $y=\varphi(x,\bar{x}_0,\bar{y}_0,\bar{\lambda}_0)$在区间 $a\leqslant x\leqslant b$ 上也有定义，且

$$|\varphi(x,\bar{x}_0,\bar{y}_0,\bar{\lambda}_0)-\varphi(x,x_0,y_0,\lambda_0)|<\varepsilon,a\leqslant x\leqslant b.$$

13. 解对初值和参数的连续性定理

若 $f(x,y,\lambda)$在域 G_λ 内连续且在 G_λ 内一致地关于 y 满足局部利普希茨条件，则方程$\frac{dy}{dx}=f(x,y,\lambda)$的解 $y=\varphi(x,x_0,y_0,\lambda_0)$作为 x,x_0,y_0,λ_0 的函数在它的存在范围内是连续的.

14. 包络

对单参数曲线族 $\Phi(x,y,c)=0$，其中 c 是参数，Φ 是 x,y,c 的连续可微函数，曲线族的包络是指这样的曲线，它本身并不包含在曲线族中，但过这曲线的每一点，有曲线族中一条曲线和它在这点相切.

15. 奇解

微分方程的某一个解称为奇解，如果在这个解的每一点上至少还有方程的另外一个解存在，也就是变奇解是这样一个解，在它上面的每一点唯一性都不成立. 或者说，奇解对应的曲线上每一点至少有方程的两条积分曲线通过.

16. c-判别曲线

曲线族 $\Phi(x,y,c)=0$ 的包络存在于下面两个方程 $\begin{cases}\Phi(x,y,c)=0\\ \Phi'_c(x,y,c)=0\end{cases}$ 消去 c 而得的曲线中，此曲线称为c-判别曲线. c-判别曲线需通过实际检验才确定是否为曲线族的包络.

17. p-判别曲线

方程 $F\left(x,y\dfrac{\mathrm{d}y}{\mathrm{d}x}\right)=0$ 的奇解包含在由方程组 $\begin{cases}F(x,y,p)=0\\ F'_p(x,y,p)=0\end{cases}$ 消去 p 而得到的曲线中，这里 $F(x,y,p)$是 x,y,p 的连续可微函数. 此曲线称为方程 $F\left(x,y\dfrac{\mathrm{d}y}{\mathrm{d}x}\right)=0$ 的 p-判别曲线. p-判别曲线是否是方程的奇解，尚需进一步检验.

18. 奇解定理

一阶微分方程的通解的包络若存在，则它们是奇解；反之亦然.

19. 克莱罗微分方程及其解

形如 $y=xp+f(p)$的方程，称为克莱罗微分方程，这里 $p=\dfrac{\mathrm{d}y}{\mathrm{d}x}$，$f(p)$是 p 的连续可微函数. 克莱罗微分方程的通解是一直线族 $y=cx=f(c)$. 此直线族的包络为方程的奇解，即方程组 $\begin{cases}x+f'(p)=0\\ y=xp+f(p)\end{cases}$ 消去 p 得到的方程的解.

典型例题与解题技巧

基本题型Ⅰ：关于初值解的存在唯一性的证明

例 1 判断方程 $y'=x^{-\frac{1}{3}}$ 在怎样的区域上保证初值解存在且唯一？

解题过程 由于方程右端函数 $f(x,y)=x^{-\frac{1}{3}}$ 在 y 轴上无定义. 除 y 轴外，在整个 xOy 平面上连续；$f'_y(x,y)=0$ 在整个 xOy 平面上有界. 故除 y 轴外在整个 xOy 平面上初值解存在且唯一.

例 2 试证方程$\frac{dy}{dx}=\begin{cases}0, & y=0,\\ y\ln|y|, & y\neq 0,\end{cases}$经过 xOy 平面上任一点的解都是唯一的.

证 明 解的存在唯一性定理的条件是充分非必要的，不能得出 $R^2\backslash G$ 解上不存在唯一的结论，而是要根据方程的特点用其他方法来判断方程在区域 $R^2\backslash G$ 上的存在唯一性.

右端函数除 x 轴外的上、下平面都满足解的存在唯一性定理的条件，那么，对于 Ox 轴外任何点(x_0,y_0)，该方程满足 $y(x_0)=y_0$ 的解都存在且唯一. 于是只有对于 x 轴上的点，还需要讨论其过这样点的解的唯一性. 由于 $y=0$ 为方程的解，当 $y\neq 0$ 时，由于$\frac{dy}{dx}=y\ln|y|$，所以可得通解为 $y=\pm e^{ce^x}$，$y=e^{ce^x}$ 为上半平面的通解，$y=-e^{ce^x}$ 为下半平面的通解. 这些解不可能与 $y=0$ 相交. 所以，对于 x 轴上的点$(x_0,0)$只有 $y=0$ 通过，从而保证了初值解的唯一性. 综上所述，方程经过 xOy 平面上任一点的解都是唯一的.

■ 基本题型Ⅱ：求取初值问题解的存在区间、近似解及其误差估计

思路点拨 对于微分方程初值问题

$$\begin{cases}\frac{dy}{dx}=f(x,y)\\ y(x_0)=y_0\end{cases}$$

其解的存在区间、近似解及其误差估计可以通过以下方法确定.

①解的存在区间通过根据解的存在唯一定理性确定，即方程$\frac{dy}{dx}=f(x,y)$在区间$|x-x_0|\leqslant h$ 上存在唯一解，其中 $h=\min\left\{a,\frac{d}{M}\right\}$，$M=\max\limits_{(x,y)\in R}|f(x,y)|$.

②利用逐步逼近法确定初值问题的近似解，即取 $\varphi_0(x)=y_0$，构造逼近序列：$\varphi_0(x)=y_0+\int_{x_0}^{x}f(\xi,\varphi_{n-1}(\xi))d\xi,n=1,2,\cdots$，进而得到连续函数序列 $\varphi_0(x),\varphi_1(x),\cdots,\varphi_n(x),\cdots$，则函数 $\varphi_n(x)$就是上述初值问题的第 n 次近似解.

③逐步逼近法中第 n 次近似解 $\varphi_n(x)$和精确解 $\varphi(x)$在区间$|x-x_0|\leqslant h$ 内的误差估计式为

$$|\varphi_n(x)-\varphi(x)|\leqslant\frac{ML^n}{(n+1)!}h^{n+1}.$$

例 3 求初值问题$\begin{cases}\frac{dy}{dx}=x-y^2,\\ y(0)=0,\end{cases}$ R：$|x|\leqslant 1,|y|\leqslant 1$ 的解的存在区间，并求第三次近似解，给出在解的存在区间的误差估计.

解题过程 由于$M=\max\limits_{(x,y)\in R}|f(x,y)|=2,h=\min\left\{1,\frac{1}{2}\right\}=\frac{1}{2}$，

在 R 上，$\frac{\partial f}{\partial y}=|-2y|\leqslant 2$，故 $L=2,\varphi_0(x)=0$，

$$\varphi_1(x)=0+\int_0^x[\xi-\varphi_0^2(\xi)]\mathrm{d}\xi=\int_0^x\xi\mathrm{d}\xi=\frac{1}{2}x^2,$$

$$\varphi^2(x)=0+\int_0^x\left[\xi-\left(\frac{1}{2}\xi\right)^2\right]\mathrm{d}\xi=\frac{1}{2}x^2-\frac{1}{20}x^5,$$

$$\xi_3(x)=0+\int_0^x\left[\xi-\left(\frac{1}{2}\xi^2-\frac{1}{20}\xi^5\right)^2\right]\mathrm{d}\xi$$

$$=\frac{1}{2}x^2-\frac{1}{20}x^5+\frac{1}{160}x^8-\frac{1}{4400}x^{11}.$$

由误差估计式得

$$|\varphi_3(x)-\varphi(x)|\leqslant\frac{ML^3}{4!}h^4=\frac{2^4}{4!}\cdot\left(\frac{1}{2}\right)^4=\frac{1}{24}.$$

所以，已知初值问题的解的存在区间为 $-\frac{1}{2}\leqslant x\leqslant\frac{1}{2}$，第三次近似解为

$$y_3=\frac{1}{2}x^2-\frac{1}{20}x^5+\frac{1}{1600}x^8-\frac{1}{4400}x^{11}.$$

在解的存在区间 $\left[-\frac{1}{2},\frac{1}{2}\right]$ 中的误差估计为 $|y-y_3|\leqslant\frac{1}{24}$.

■ 基本题型Ⅲ：关于解的最大存在区间与解的形状

思路点拨 利用解的存在唯一性定理以及解的延拓定理.

例 4 考虑方程 $\frac{\mathrm{d}y}{\mathrm{d}x}=(y^2-a^2)f(x,y)$，假设 $f(x,y)$ 及 $f'_y(x,y)$ 在 xOy 平面上连续，试证明：对于任意的 x_0 及 $|y_0|<a$，方程满足 $y(x_0)=y_0$ 的解都在 $(-\infty,+\infty)$ 上存在.

解题过程 由题设条件，易证方程右端函数在整个 xOy 平面上满足解的存在唯一性定理及解的延拓定理的条件. 显然，$y=\pm a$ 为方程在 $(-\infty,+\infty)$ 上的解. 由解在延拓定理可知，满足 $y(x_0)=y_0$，x_0 任意，$|y_0|<a$ 的解 $y=y(x)$ 上的点应当无限远离原点，但是，由解的唯一性，$y=y(x)$ 又不能穿过直线 $y=\pm a$，所以只能向两侧延展，而无限远离原点，从而这解应在 $(-\infty,+\infty)$ 上存在.

■ 基本题型Ⅳ：求初值问题的解关于初值的偏导函数的表达式

例 5 试求微分方程初值问题 $\frac{\mathrm{d}y}{\mathrm{d}x}=\frac{2y}{x}+\left(\frac{y}{x}\right)^2$，$y(x_0)=y_0$，$x_0\neq 0$ 的解 $y(x,x_0,y_0)$ 对初值导数 $\frac{\partial y(x,x_0,y_0)}{\partial x_0}$，$\frac{\partial y(x,x_0,y_0)}{\partial y_0}$ 的表达式.

解题过程 由解对初值的可微性定理知，对微分方程 $\frac{\mathrm{d}y}{\mathrm{d}x}=f(x,y)$ 的解 $y(x,x_0,y_0)$，$y(x_0,x_0,y_0)=y_0$，

有 $$\frac{\partial y(x,x_0,y_0)}{\partial x_0}=-f(x_0,y_0)\exp\left[\int_{x_0}^{x}\frac{\partial f(x,y(x,x_0,y_0))}{\partial y}\mathrm{d}x\right]$$

及 $$\frac{\partial y(x,x_0,y_0)}{\partial y_0}=\exp\left[\int_{x_0}^{x}\frac{\partial f(x,y(x,x_0,y_0))}{\partial y}\mathrm{d}x\right].$$

求解所给微分方程，得到通解 $y=\frac{x^2}{c-x}$，即 $y(x,x_0,y_0)=\frac{x^2}{x_0+x_0^2y_0^{-1}-x}$.

由于
$$\begin{aligned}&\exp\left[\int_{x_0}^{x}\frac{\partial f(x,y(x,x_0,y_0))}{\partial y}\mathrm{d}x\right]\\&=\exp\left[\int_{x_0}^{x}\frac{2}{x}+\frac{2y(x,x_0,y_0)}{x^2}\mathrm{d}x\right]\\&=\exp\left[\int_{x_0}^{x}\left(\frac{2}{x}+\frac{2}{x_0+x_0^2y_0^{-1}-x}\right)\mathrm{d}x\right]\\&=\frac{x_0^2x^2}{(x_0y_0+x_0^2-xy_0)^2},\end{aligned}$$

得
$$\begin{aligned}\frac{\partial y(x,x_0,y_0)}{\partial x_0}&=\left(-\frac{2y_0}{x_0^2}-\frac{y_0^2}{3x_0^3}\right)\exp\left[\int_{x_0}^{x}\frac{\partial f(x,y(x,x_0,y_0))}{\partial y}\mathrm{d}x\right]\\&=-\frac{x^2y_0(6x_0+y_0)}{3x_0(x_0y_0+x_0^2-xy_0)^2}\end{aligned}$$

$$\begin{aligned}\frac{\partial y(x,x_0,y_0)}{\partial y_0}&=\exp\left[\int_{x_0}^{x}\frac{\partial f(x,y(x,x_0,y_0))}{\partial y}\mathrm{d}x\right]\\&=\frac{x_0^2x^2}{(x_0y_0+x_0^2-xy_0)^2}.\end{aligned}$$

■ 基本题型Ⅴ：利用判别曲线法求方程的奇解

思路点拨 根据奇解定理，为了求取微分方程的奇解，可以先求出它的通解，然后利用 c-判别曲线法求出通解的包络；或者，采用 p-判别曲线法.

例 6 求微分方程 $\left(\frac{\mathrm{d}y}{\mathrm{d}x}\right)^4-\left(\frac{\mathrm{d}y}{\mathrm{d}x}\right)^3-y^2\frac{\mathrm{d}y}{\mathrm{d}x}+y^2=0$ 的奇解.

解题方程 原方程可以写为 $[(y')^3-y^2](y'-1)=0$，它等价于 $(y')^3=y^2$ 或 $y'=1$，

由此分别求解，得到 $y=\frac{1}{27}(x-c_1)^3$ 或 $y=x-c_2$，其中 c_1,c_2 为任意常数.

不妨取 $c_1=c_2$，得到方程的通解 $\left[y-\frac{1}{27}(x-c)^3\right](y-(x-c))=0$.

它的 c-判别式为 $\begin{cases}\left(y-\frac{1}{27}(x-c)^3\right)(y-x+c)=0,\\ \left(y-\frac{1}{27}(x-c)^3\right)+\frac{1}{9}(x-c)^2(y-x+c)=0.\end{cases}$

由此得到包络 Λ：$x=c,y=0(-\infty<c<+\infty)$.

易知，Λ 是通解中第一个曲线族的包络. 因此，$y=0$ 是方程的奇解.

例 7 试求微分方程 $2y(y'-1)-xy'^2=0$ 的奇解.

解题过程 令 $p=y'$,将方程及其求导式联立求解:$\begin{cases}2y(p-1)-xp^2=0,\\2y-2xp=0,\end{cases}$ 消去 p 得 p-判别曲线 $y^2-2xy=0$,其解为 $y=0,y=2x$. 它们都是方程的解. 为判断它们是否是方程的通积分 $2cxy=(1+cx^2)^2$ 的包络,先求 c-判别曲线 $\begin{cases}2xcy=(1+cx^2)^2,\\y=x(1+cx^2),\end{cases}$ 解得 $c=\frac{1}{x^2}$,于是 $y=x(1+cx^2)=2x$,故直线 $y=2x$ 为方程的包络,奇解为 $y=2x$.

课后习题全解

习题 3.1

1 求方程 $\frac{\mathrm{d}y}{\mathrm{d}x}=x+y^2$ 通过点(0,0)的第三次近似解.

解题过程 由于

$$\varphi_0(x)=0,$$

$$\varphi_1(x)\int_0^x(t+\varphi_0^2(t))\mathrm{d}t=\frac{x^2}{2},$$

$$\varphi_2(x)=\int_0^x(t+\varphi_1^2(t))\mathrm{d}t=\frac{x^2}{2}+\frac{x^5}{20},$$

$$\varphi_3(x)=\int_0^x(t+\varphi_2^2(t))\mathrm{d}t=\frac{x^2}{2}+\frac{x^5}{20}+\frac{x^8}{160}+\frac{x^{11}}{4400}.$$

因此方程 $\frac{\mathrm{d}y}{\mathrm{d}x}=x+y^2$ 通过点(0,0)的第三次近似解为

$$y_3=\frac{x^2}{2}+\frac{x^5}{20}+\frac{x^8}{160}+\frac{x^{11}}{4400}.$$

2 求方程 $\frac{\mathrm{d}y}{\mathrm{d}x}=x-y^2$ 通过点(1,0)的第二次近似解.

解题过程 由于

$$\varphi_1(x)=0,$$

$$\varphi_1(x)=\int_1^x(t-\varphi_0^2(t))\mathrm{d}t=\frac{x^2-1}{2},$$

$$\varphi_2(x)=\int_1^x(t-\varphi_1^2(t))\mathrm{d}t$$

$$=\int_1^x\left[t-\frac{(t^2-1)^2}{4}\right]\mathrm{d}t$$

$$=\frac{x^2}{2}-\frac{1}{4}x+\frac{1}{6}x^3-\frac{1}{20}x^5-\frac{11}{30},$$

因此,方程 $\frac{\mathrm{d}y}{\mathrm{d}x}=x-y^2$ 通过点(1,0)的第二次近似解为

$$y_2=\frac{x^2}{2}-\frac{1}{4}x+\frac{1}{6}x^3-\frac{1}{20}x^5-\frac{11}{30}.$$

3 求初值问题

$$\begin{cases}\dfrac{\mathrm{d}y}{\mathrm{d}x}=x^2-y^2, R: |x+1|\leqslant 1, |y|\leqslant 1,\\ y(-1)=0,\end{cases}$$

的解的存在区间,并求第二次近似解,给出在解的存在区间的误差估计.

解题过程 这里 $M=\max\limits_{(x,y)\in R}|f(x,y)|=4$, h 取 $a=1$ 及 $\dfrac{b}{M}=\dfrac{1}{4}$ 中的小者,故 $h=\dfrac{1}{4}$,在 R 上函数 $f(x,y)=x^2-y^2$ 的利普希茨常数可取为 $L=2$,因为$\dfrac{\partial f}{\partial y}=|-2y|\leqslant 2=L$.

$$\varphi_0(x)=0,$$

$$\varphi_1(x)=\int_{-1}^{x}(t^2-\varphi_0^2(t))\mathrm{d}t=\frac{x^3}{3}+\frac{1}{3},$$

$$\varphi_2(x)=\int_{-1}^{x}(t^2-\varphi_1^2(t))\mathrm{d}t=\frac{x^3}{3}-\frac{x}{9}-\frac{x^4}{18}-\frac{x^7}{63}+\frac{11}{42},$$

由教材中公式(3,19)得

$$|\varphi_2(x)-\varphi(x)|\leqslant\frac{4\cdot 2^2}{3!}\cdot\left(\frac{1}{4}\right)^3=\frac{1}{24}.$$

因此,已知初值问题的解的存在区间为$-\dfrac{5}{4}\leqslant x\leqslant-\dfrac{3}{4}$,第二次近似解为 $y_2=\dfrac{x^3}{3}-\dfrac{x}{9}-\dfrac{x^4}{18}-\dfrac{x^7}{63}+\dfrac{11}{42}$,在解的存在区间的误差估计为$|y-y_2|\leqslant\dfrac{1}{24}$.

4 讨论方程

$$\frac{\mathrm{d}y}{\mathrm{d}x}=\frac{3}{2}y^{\frac{1}{3}}$$

在怎样的区域满足解的存在唯一性定理的条件,并求通过点(0,0)的一切解.

证　明 在这里 $f(x,y)=\dfrac{3}{2}y^{\frac{1}{3}}$,根据定理1,当 $f(x,y)$在某一矩形区域 R 上连续,且关于 y 满足利普希茨条件时方程存在唯一的解.

显然这里 $f(x,y)$在整个平面上是连续函数. 又根据教材中附注2知道,$\dfrac{\partial f}{\partial y}$在存在且连续的区域上是有界的,从而存在利普希茨条件.

由于$\dfrac{\partial f}{\partial y}=\dfrac{1}{2}y^{-\frac{2}{3}}$在 $y\neq 0$ 的区域是存在且连续的,所以在$|y|\geqslant\sigma>0$ 时,满足教材中定理1的条件,这里 σ 是任意正数. 从而,我们得到满足解的存在唯一性定理的条件的区域为$|y|\geqslant\sigma>0$.

当 $y=0$ 时，容易验证函数 $y=0$ 是方程过(0,0)的解.

当 $y\neq 0$ 时，方程可以变形为

$$y^{-\frac{1}{3}}\mathrm{d}y=\frac{3}{2}\mathrm{d}x$$

两边积分，得到

$$y^{\frac{2}{3}}=x-c,\text{或}|y|=(x-c)^{\frac{3}{2}},$$

这里 c 是任意常数，而且由于 $y^{\frac{2}{3}}\geqslant 0$，故 $x\geqslant 0$.

相应地，过(0,0)的解可以表示为

$$|y|=\begin{cases}0, x\leqslant c,\\(x-c)^{\frac{3}{2}}, x>c,\end{cases}\quad \text{其中 } c\geqslant 0 \text{ 为任意正常数.}$$

综合以上两种情况，可以得到过点(0,0)的解为 $y=0$，

以及 $|y|=\begin{cases}0, x\leqslant c,\\(x-c)^{\frac{3}{2}}, x>c,\end{cases}$ 其中 $c\geqslant 0$ 为任意正常数.

5 叙述并用逐步逼近法证明关于一阶线性微分方程的解的存在唯一性定理.

解题过程 定理叙述如下：

设函数 $f(x,y)=P(x)y+Q(x)$ 要矩形域 R：$|x-x_0|\leqslant a$，$|y-y_0|\leqslant b$ 上连续且关于 y 的满足利普希茨条件，则方程 $\frac{\mathrm{d}y}{\mathrm{d}x}=P(x)y+Q(x)$ 存在唯一的解 $y=\varphi(x)$，定义于区间 $|x-x_0|\leqslant h$ 上，连续且满足初值条件 $\varphi(x_0)=y_0$，这里 $h=\min\left(a,\frac{b}{M}\right)$，$M=\max\limits_{(x,y)\in R}|f(x,y)|$.

证　明 由于 $P(x)$，$Q(x)$ 是连续函数，因此 $f(x,y)$ 关于 y 满足利普希茨条件. 取利普希茨常数 $L=\max\limits_{x\in R}|P(x)|$，之后可以用与教材中定理 1 完全相同的方法、步骤证明本题. 由于篇幅过长，而且方法与教材上定理完全一致，故略去证明过程.

6 证明格朗沃尔(Gronwall)不等式：

设 K 为非负常数，$f(x)$ 和 $g(t)$ 为在区间 $\alpha\leqslant t\leqslant\beta$ 上的连续非负函数，且满足不等式

$$f(t)\leqslant K+\int_{\alpha}^{t}f(s)g(s)\mathrm{d}s,\quad \alpha\leqslant t\leqslant\beta,$$

则有

$$f(t)\leqslant K\exp\left(\int_{\alpha}^{t}g(s)\mathrm{d}s\right),\quad \alpha\leqslant t\leqslant\beta$$

并由此证明教材中定理 1 的命题 5.

证　明 (1) $K>0$ 时，令

$$\omega(t)=K+\int_{\alpha}^{t}f(s)g(s)\mathrm{d}s,$$

则 $\omega'(t)=f(t)g(t)\leqslant g(t)\omega(t)$，由 $\omega(t)>0$ 可得

$$\frac{\omega'(t)}{\omega(t)}\leqslant g(t),$$

对其两边从 α 到 t 积分得

$$\ln\omega(t)-\ln\omega(\alpha)\leqslant\int_\alpha^t g(s)\mathrm{d}s,$$

即 $$\frac{\omega(t)}{\omega(\alpha)}\leqslant\exp\left(\int_\alpha^t g(s)\mathrm{d}s\right),\omega(\alpha)=K>0,$$

所以 $$\omega(t)\leqslant K\cdot\exp\left(\int_\alpha^t g(s)\mathrm{d}s\right),$$

即 $$f(t)\leqslant\omega(t)\leqslant K\exp\left(\int_\alpha^t g(s)\mathrm{d}s\right),\alpha\leqslant t\leqslant\beta.$$

(2)当 $K=0$ 时，对任意 $\varepsilon>0$，由于 $f(t)\leqslant\int_\alpha^t f(s)g(s)\mathrm{d}s$，所以，$f(t)\leqslant\varepsilon+\int_\alpha^t f(s)g(s)\mathrm{d}s$.

由(1)的结论，有 $f(t)\leqslant\varepsilon\exp\left(\int_\alpha^t g(s)\mathrm{d}s\right)$. 当 $\varepsilon\to0^+$ 时，有 $f(t)\leqslant0$.

又因为 $f(t)\geqslant0$，即得 $f(t)=0$. 从而

$$f(t)\leqslant K\exp\left(\int_\alpha^t g(s)\mathrm{d}s\right),\quad \alpha\leqslant t\leqslant\beta.$$

综上所述，格朗沃尔不等式成立.

接下来利用格朗沃尔不等式证明教材中定理 1 的命题 5.

证明 设 $\varphi(t)$，$\psi(t)$是初值问题

$$x'=f(t,x),x(t_0)=x_0$$

的两个解，则有

$$\varphi(t)x_0+\int_{t_0}^t f(\xi,\varphi(\xi))\mathrm{d}\xi,$$

$$\psi(t)=x_0+\int_{t_0}^t f(\xi,\psi(\xi))\mathrm{d}\xi.$$

那么 $$|\varphi(t)-\psi(t)|\leqslant\int_{t_0}^t|f(\xi,\varphi(\xi))-f(\xi,\psi(\xi))|\mathrm{d}\xi$$

$$\leqslant L\int_{t_0}^t|\varphi(\xi)-\psi(\xi)|\mathrm{d}\xi,$$

其中 L 为利普希茨条件. 由格朗沃尔不等式知

$$0\leqslant|\varphi(t)-\psi(t)|\leqslant0,$$

因而有 $$\varphi(t)=\psi(t).$$

定理 1 的命题 5 得证.

7 假设函数 $f(x,y)$于(x_0,y_0)的邻域内是 y 的不增函数，试证方程(3,1)满足条件 $y(x_0)=y_0$ 的解于$x\geqslant x_0$一侧最多只有一个.

证　明 设教材中方程(3,1)有两个满足条件 $y(x_0)=x_0$：$y=\varphi_1(x)$和 $y=\varphi_2(x)$，要证当 $x\geqslant x_0$ 时，有 $\varphi(x)\overset{\triangle}{=\!=}\varphi_1(x)-\varphi_2(x)=0$.

用反证法证明，若 $\varphi(x)\neq0(x>x_0)$，即存在 $x_1>x_0$，使得 $\varphi(x_1)\neq0$，不妨设 $\varphi(x_1)>0$，由

$\varphi(x)$的连续性及 $\varphi(x_0)$，可知存在 $\bar{x}$，$x_0\leqslant\bar{x}_0<x_1$，使得 $\varphi(\bar{x}_0)=0$ 及 $\varphi(x)>0,\bar{x}_0<x\leqslant x_1$，则有

$$\varphi(x)=\varphi_1(x)-\varphi_2(x)=\int_{\bar{x}_0}^{x}[f(x,\varphi_1(x))-f(x,\varphi_2(x))]\mathrm{d}x,$$

其中 $\bar{x}_0<x\leqslant x_1$. 由 $\varphi(x)=\varphi_1(x)-\varphi_2(x)>0(\bar{x}_0<x\leqslant x_1)$ 及 $f(x,y)$ 对 y 的单调不增性，知

$$\varphi_1(x)-\varphi_2(x)=\int_{\bar{x}_0}^{x}[f(x,\varphi_1(x))-f(x,\varphi_2(x))]\mathrm{d}x\leqslant 0,\bar{x}_0<x\leqslant x_1.$$

这与 $\varphi(x_1)>0$ 产生矛盾. 因此，对 $x\geqslant x_0$，有 $\varphi(x)\equiv 0$. 证毕.

8 如果函数 $f(x,y)$ 于带域 $\alpha\leqslant x\leqslant\beta$ 上连续且关于 y 满足利普希茨条件，则教材中方程(3.1)满足条件 $y(x_0)=y_0$ 的解于整个区间$[\alpha,\beta]$上存在且唯一. 试证明之.

(提示：用逐步逼近法，取 $M=\max\limits_{x\in[\alpha\beta]}|f(x,y_0)|$.)

证 明 本命题证明方法类似于教材中定理1. 由教材中命题1知，方程(3.1)满足条件 $y(x_0)=y_0$ 的解等价于求积分方程 $y=y_0+\int_{x_0}^{x}f(x,y)\mathrm{d}x,x\in[\alpha,\beta]$ 的连续解，因此只要证明上述积分方程的解的存在唯一性即可.

取

$$\begin{aligned}
&y_0(x)=y_0,\\
&y_1(x)=y_0+\int_{x_0}^{x}f(\xi,y_0(\xi))\mathrm{d}\xi,\\
&\cdots\\
&y_n(x)=y_0+\int_{x_0}^{x}f(\xi,y_{n-1}(\xi))\mathrm{d}\xi,\\
&\cdots
\end{aligned}\tag{①}$$

易见 $y_n(x)$在 $\alpha\leqslant x\leqslant\beta$ 上存在且连续. 然后证明函数列$\{y_n(x)\}$在 $\alpha\leqslant x\leqslant\beta$ 上一致收敛. 考察级数

$$y_0(x)+\sum_{k=1}^{\infty}[y_k(x)-y_{k-1}(x)],x\in[\alpha,\beta].\tag{②}$$

取 $M=\max\limits_{x\in[\alpha,\beta]}|f(x,y_0)|$，由①式有

$$|y_1(x)-y_0(x)|\leqslant\int_{x_0}^{x}|f(\xi,y_0(\xi))|\mathrm{d}\xi\leqslant M|x-x_0|,\tag{③}$$

及

$$|y_2(x)-y_1(x)|\leqslant\int_{x_0}^{x}|f(\xi,y_1(\xi))-f(\xi,y_0(\xi))|\mathrm{d}\xi.$$

利用利普希茨条件及③式，得到

$$\begin{aligned}
|y_2(x)-y_1(x)|&\leqslant L\int_{x_0}^{x}|y_1(\xi)-y_0(\xi)|\mathrm{d}\xi\\
&\leqslant L\int_{x_0}^{x}M|\xi-x_0|\mathrm{d}\xi=\frac{ML}{2!}(x-x_0)^2.
\end{aligned}$$

那么，由数学归纳法可知，$|y_k(x)-y_{k-1}(x)|\leqslant\frac{ML^{k-1}}{k!}|x-x_0|^k\leqslant\frac{ML^{k-1}}{k!}(\beta-\alpha)^k$. 上式右

端是正项收敛级数 $\sum_{k=1}^{\infty}\frac{ML^{k-1}}{k!}(\beta-\alpha)^k$ 的一般项. 根据 Weierstrass 判别法，知级数②在 $\alpha\leqslant x\leqslant\beta$ 上一致收敛，因而函数列 $\{y_n(x)\}$ 在 $[\alpha,\beta]$ 上一致收敛. 设 $\lim\limits_{n\to\infty}y_n(x)=y(x)$，易知 $y(x)$ 在 $[\alpha,\beta]$ 上连续，且 $\{f(x,y_n(x))\}$ 在 $[\alpha,\beta]$ 上一致收敛于 $f(x,y(x))$. 所以，对①式两边取极限，即得 $y(x)=y_0+\int_{x_0}^{x}f(\xi,y(\xi))\mathrm{d}\xi$，解的存在性得证. 唯一性证明略.

9 设 $f(x)$ 定义于 $-\infty<x<+\infty$，满足条件

$$|f(x_1)-f(x_2)|\leqslant N|x_1-x_2|,$$

其中 $N<1$，证明方程 $x=f(x)$ 存在唯一的一个解.

(提示：任取 x_0，作逐步逼近点列 $x_{n+1}=f(x_n)(n=0,1,2,\cdots)$，然后证明 x_n 收敛于方程的唯一解.)

证明 由已知条件可知 $f(x)$ 在 $(-\infty,+\infty)$ 上连续，任取一点 $x_0\in(-\infty,+\infty)$，作逼近序列

$$\{x_n\}:x_{n+1}=f(x_n),n=0,1,2,\cdots \tag{①}$$

序列 $\{x_n\}$ 的收敛性等价于级数

$$x_0+\sum_{k=1}^{\infty}(x_k-x_{k-1}) \tag{②}$$

的收敛性. 因为 $|x_1-x_0|=|f(x_0)-x_0|$,

$$|x_2-x_1|=|f(x_1)-f(x_0)|\leqslant N|x_1-x_0|=N|f(x_0)-x_0|,$$

由数学归纳法可知

$$|x_k-x_{k-1}|\leqslant N^{k-1}|f(x_0)-x_0|,$$

由假设 $N<1$，所以级数 $\sum_{k=1}^{\infty}N^{k-1}\mid f(x_0)-x_0\mid$ 收敛.

由级数收敛的比较判别法知，级数 ② 绝对收敛. 从而序列 $\{x_n\}$ 收敛. 设 $\lim\limits_{n\to\infty}x_n=x^*$，由 $f(x)$ 的连续性知，① 式两端当 $n\to\infty$ 时极限，即有

$$x^*=f(x^*),$$

则　　x^* 是方程 $x=f(x)$ 的解.

接着证明唯一性. 设 $x=f(x)$ 有两个解 $x^*,\bar{x}^*$，则

$$x^*=f(x^*),\bar{x}^*=f(\bar{x}^*)$$

由已知条件知

$$|x^*-\bar{x}^*|=|f(x^*)-f(\bar{x}^*)|\leqslant N|x^*-\bar{x}^*|$$

因为 $N<1$，即有 $x^*=\bar{x}^*$，所以 $x=f(x)$ 存在唯一的一个解.

10 给定积分方程

$$\varphi(x)=f(x)+\lambda\int_a^b K(x,\xi)\varphi(\xi)\mathrm{d}\xi, \tag{*}$$

其中 $f(x)$ 是 $[a,b]$ 上的已知连续函数，$K(x,\xi)$ 是 $a\leqslant x\leqslant b,a\leqslant\xi\leqslant b$ 上的已知连续函数. 证明当 $|\lambda|$ 足够小时（λ 是常数），$(*)$ 在 $[a,b]$ 上存在唯一的连续解.

(提示：作逐步逼近函数序列)

$$\varphi_0(x)=f(x),$$

$$\varphi_{n+1}(x)=f(x)+\lambda\int_a^b K(x,\xi)\varphi_n(\xi)\mathrm{d}\xi(n=0,1,2\cdots).$$

证　明　作逐步逼近序列,取

$$\varphi_0(x)=f(x),$$

令

$$\varphi_1(x)=f(x)+\lambda\int_a^b k(x,\xi)\varphi_0(\xi)\mathrm{d}\xi,$$

……

$$\varphi_{n+1}(x)=f(x)+\lambda\int_a^b k(x,\xi)\varphi_n(\xi)\mathrm{d}\xi,$$

……　①

令 $M=\max\limits_{x\in[a,b]}|f(x)|,L=\max\limits_{\substack{x\in[a,b]\\ \xi\in[a,b]}}|k(x,\xi)|>0$,

$$\begin{aligned}|\varphi_1(x)-\varphi_0(x)|&=\left|\lambda\int_a^b k(x,\xi)\varphi_0(\xi)\mathrm{d}\xi\right|\\&\leqslant|\lambda|\int_a^b|k(x,\xi)||f(\xi)|\mathrm{d}\xi\\&\leqslant|\lambda|ML(b-a),\end{aligned}$$

假设 $|\varphi_k(x)-\varphi_{k-1}(x)|\leqslant|\lambda|^kL^kM(b-a)^k$ 成立,则有

$$\begin{aligned}|\varphi_{k+1}(x)-\varphi_k(x)|&=\left|\lambda\int_a^b k(x,\xi)(\varphi_k(\xi)-\varphi_{k-1}(\xi))\mathrm{d}\xi\right|\\&\leqslant|\lambda|\int_a^b|k(x,\xi)||\varphi_k(\xi)-\varphi_{k-1}(\xi)|\mathrm{d}\xi\\&\leqslant|\lambda|\int_a^b L^{k+1}|\lambda|^kM(b-a)^k\mathrm{d}\xi\\&=|\lambda|^{k+1}L^{k+1}M(b-a)^{k+1},\end{aligned}$$

由数学归纳法知,对任意的 $n\in N$,有

$$|\varphi_n(x)-\varphi_{n-1}(x)|\leqslant ML^n|\lambda|^n(b-a)^n.$$

下面证明 $\{\varphi_n(x)\}$ 在 $[a,b]$ 上一致收敛.考虑级数

$$\varphi_0(x)+\sum_{k=1}^{\infty}(\varphi_k(x)-\varphi_{k-1}(x)),\qquad ②$$

该级数的前 n 项和为

$$\varphi_0(x)+\sum_{k=1}^{n}(\varphi_k(x)-\varphi_{k-1}(x))=\varphi_n(x).$$

所以要证序列 $\{\varphi_n(x)\}$ 在 $[a,b]$ 上一致收敛,只需证明级数②在 $[a,b]$ 上一致收敛即可.

由于

$$|\varphi_k(x)-\varphi_{k-1}(x)|\leqslant ML^k|\lambda|^k(b-a)^k,$$

当 $|\lambda|<\dfrac{1}{(b-a)L}$ 时,级数 $\sum\limits_{k=1}^{\infty}ML^k|\lambda|^k(b-a)^k$ 收敛,由此可知当 $|\lambda|<\dfrac{1}{(b-a)L}$ 时,级数②在 $[a,b]$ 上一致收敛.设极限函数为 $\varphi^*(x)$,即 $x\in[a,b]$ 时,当 $n\to\infty$ 时,$\varphi_n(x)$

一致收敛于 φ^*，则由 $\varphi_n(x)$ 的连续性知 $\varphi^*(x)$ 在 $[a,b]$ 上连续，对迭代序列①，当 $n\to\infty$ 时两边取极限，得

$$\varphi^*(x)=f(x)+\lambda\int_a^b k(x,\xi)\varphi^*(\xi)\mathrm{d}\xi.$$

$$\left(|\lambda|<\frac{1}{(b-a)L}\right)$$

即证明了当 $|\lambda|<\frac{1}{(b-a)L}$ 时，积分方程必存在连续解.

下面证明当 $|\lambda|<\frac{1}{(b-a)L}$ 时，(*)方程的解的唯一性. 用反证法.

设另有解 $\bar{\varphi}(x)$ 且 $\bar{\varphi}(x)\neq\varphi^*(x)$，即

$$\bar{\varphi}(x)=f(x)+\lambda\int_a^b k(x,\xi)\bar{\varphi}(\xi)\mathrm{d}\xi$$

记 $$Q=\max_{x\in[a,b]}|\varphi^*(x)-\bar{\varphi}(x)|>0,$$

$$\begin{aligned}|\varphi^*(x)-\bar{\varphi}(x)|&=\left|\lambda\int_a^b k(x,\xi)(\varphi^*(\xi)-\bar{\varphi}(\xi))\mathrm{d}\xi\right|\\&\leqslant|\lambda|\int_a^b L\,|\varphi^*(\xi)-\bar{\varphi}(\xi)|\,\mathrm{d}\xi\\&=|\lambda|QL(b-a),\end{aligned}$$

即有 $Q\leqslant|\lambda|QL(b-a)$，由于 $Q>0$，所以 $|\lambda|\geqslant\frac{1}{(b-a)L}$，与 $|\lambda|<\frac{1}{(b-a)L}$ 矛盾. 唯一性得证.

习题 3.3

1 假设函数 $f(x,y)$ 及 $\frac{\partial f}{\partial y}$ 都在区域 G 内连续，又 $y=\varphi(x,x_0,y_0)$ 是教材中方程(3.1)满足初始条件 $\varphi(x_0,x_0,y_0)=y_0$ 的解，试证 $\frac{\partial\varphi}{\partial y_0}$ 存在且连续，并写出其表达式.

解题过程 教材中解对初值的可微性定理是在证明若 $f(x,y)$ 及 $\frac{\partial f}{\partial y}$ 都在区域 G 内连续时，方程(3.1)的解 $y=\varphi(x,x_0,y_0)$ 作为 x,x_0,y_0 的函数在它存在的范围内是连续可微的. 其中"连续可微"指的是导函数存在且连续，即 $\frac{\partial\varphi}{\partial x},\frac{\partial\varphi}{\partial x_0},\frac{\partial\varphi}{\partial y_0}$ 都存在，且在解存在范围内是连续的. 本题的已知条件与该定理一致，故完全如定理证明过程一样，证题中 $\frac{\partial\varphi}{\partial y_0}$ 存在且连续. 并且其表达式为

$$\frac{\partial\varphi}{\partial y_0}=\exp\left(\int_{x_0}^x\frac{\partial f(x,\varphi)}{\partial y}\mathrm{d}x\right)$$

或者 $$\frac{\partial\varphi}{\partial y_0}=\exp\left(\int_{x_0}^x\frac{\partial f(s,\varphi)}{\partial y}\mathrm{d}x\right).$$

2 假设函数 $P(x)$ 和 $Q(x)$ 于区间 $[\alpha,\beta]$ 上连续，$y=\varphi(x,x_0,y_0)$ 是方程

$$\frac{\mathrm{d}y}{\mathrm{d}x}=P(x)y+Q(x)$$

的解，$y_0=\varphi(x_0,x_0,y_0)$. 试求 $\frac{\partial\varphi}{\partial x_0}$，$\frac{\partial\varphi}{\partial y_0}$ 及 $\frac{\partial\varphi}{\partial x}$，并从解的表达式出发，利用对参数求导数的方法，检验所得结果.

解题过程 这里 $f(x,y)=P(x)y+Q(x)$，$\frac{\partial f}{\partial y}=P(x)$，初始条件为 $y_0=\varphi(x_0,x_0,y_0)$. 根据解对初值的可微性定理可得

$$\begin{aligned}\frac{\partial\varphi}{\partial x_0}&=-f(x_0,y_0)\exp\left(\int_{x_0}^{x}\frac{\partial f(s,\varphi)}{\partial y}\mathrm{d}x\right)\\&=-(P(x_0)y_0+Q(x_0))\exp\left(\int_{x_0}^{x}P(x)\mathrm{d}x\right),\\\frac{\partial\varphi}{\partial y_0}&=\exp\left(\int_{x_0}^{x}\frac{\partial f(s,\varphi)}{\partial y}\mathrm{d}x\right)\\&=\exp\left(\int_{x_0}^{x}P(x)\mathrm{d}x\right),\\\frac{\partial\varphi}{\partial x_0}&=f(x,\varphi(x,x_0,y_0))=P(x)\varphi(x,x_0,y_0)+Q(x).\end{aligned}$$

又可知方程 $\frac{\mathrm{d}y}{\mathrm{d}x}=P(x)y+Q(x)$ 的通解为

$$y=\mathrm{e}^{\int P(x)\mathrm{d}x}\left(\int Q(x)\cdot\mathrm{e}^{\int -P(x)\mathrm{d}x}\mathrm{d}x+c\right).$$

而方程 $\frac{\mathrm{d}y}{\mathrm{d}x}=P(x)y+Q(x)$ 的具有初始条件 $y(x_0)=x_0$ 的特解可以写成

$$y=\varphi(x,x_0,y_0)=\mathrm{e}^{\int_{x_0}^{x}P(s)\mathrm{d}s}\left(\int_{x_0}^{x}Q(t)\cdot\mathrm{e}^{\int_{x_0}^{x}-P(s)\mathrm{d}s}\cdot\mathrm{d}t+y_0\right),$$

利用可得参数导数的方法可得

$$\begin{aligned}\frac{\partial\varphi}{\partial x_0}&=\mathrm{e}^{\int_{x_0}^{x}P(s)\mathrm{d}s}\cdot(-P(x_0))\left(\int_{x_0}^{x}Q(t)\cdot\mathrm{e}^{\int_{x_0}^{x}-P(s)\mathrm{d}s}\cdot\mathrm{d}t+y_0\right)\\&\quad+\mathrm{e}^{\int_{x_0}^{x}P(s)\mathrm{d}s}\left[-Q(x_0)\mathrm{e}^{\int_{x_0}^{x}-P(s)\mathrm{d}s}+\left(\int_{x_0}^{x}Q(t)\mathrm{e}^{\int_{x_0}^{x}-P(s)\mathrm{d}s}\cdot\mathrm{d}t\right)\times P(x_0)\right]\\&=-(P(x_0)y_0+Q(x_0))\mathrm{e}^{\int_{x_0}^{x}P(s)\mathrm{d}s},\\\frac{\partial\varphi}{\partial y_0}&=\mathrm{e}^{\int_{x_0}^{x}P(s)\mathrm{d}s},\\\frac{\partial\varphi}{\partial x}&=\mathrm{e}^{\int_{x_0}^{x}P(s)\mathrm{d}s}\cdot P(x)\cdot\left(\int_{x_0}^{x}Q(t)\cdot\mathrm{e}^{\int_{x_0}^{x}-P(s)\mathrm{d}s}\mathrm{d}t+y_0\right)\\&\quad+\mathrm{e}^{\int_{x_0}^{x}P(s)\mathrm{d}s}\cdot Q(x)\cdot\mathrm{e}^{\int_{x_0}^{x}-P(s)\mathrm{d}s}\\&=P(x)\varphi+Q(x),\end{aligned}$$

则与前面解出的结论一致.

3 给定方程

$$\frac{\mathrm{d}y}{\mathrm{d}x}=\sin\left(\frac{y}{x}\right),$$

试求$\frac{\partial y(x,x_0,y_0)}{\partial x_0},\frac{\partial y(x,x_0,y_0)}{\partial y_0}$在 $x_0=1,y_0=0$ 时的表达式.

解题过程 设 $f(x,y)=\sin\left(\frac{y}{x}\right)$,则$\frac{\partial f}{\partial y}=\frac{1}{x}\cos\left(\frac{y}{x}\right)$,由解对初值的可微性定理的证明可得

$$\begin{aligned}\frac{\partial y(x,x_0,y_0)}{\partial x_0}&=-f(x_0,y_0)\exp\left(\int_{x_0}^{x}\frac{\partial f(x,\varphi)}{\partial y}\mathrm{d}x\right)\\&=-\sin\left(\frac{y_0}{x_0}\right)\exp\left(\int_{x_0}^{x}\frac{1}{x}\cos\frac{y}{x}\mathrm{d}x\right),\\\frac{\partial y(x,x_0,y_0)}{\partial y_0}&=\exp\left(\int_{x_0}^{x}\frac{\partial f(x,\varphi)}{\partial y}\mathrm{d}x\right)\\&=\exp\left(\int_{x_0}^{x}\frac{1}{x}\cos\frac{y}{x}\mathrm{d}x\right),\end{aligned}$$

当 $x_0=1,y_0=0$ 时,对应得到

$$\left.\frac{\partial y(x,x_0,y_0)}{\partial x_0}\right|_{x_0=1,y_0=0}=0,$$

$$\left.\frac{\partial y(x,x_0,y_0)}{\partial y_0}\right|_{x_0=1,y_0=0}=\exp\left(\int_{1}^{x}\frac{1}{x}\mathrm{d}x\right)=|x|.$$

所以,在 $x_0=1,y_0=0$ 时,$\frac{\partial y}{\partial x_0}=0,\frac{\partial y}{\partial y_0}=|x|$.

4 设 $y=\varphi(x,x_0,y_0,\lambda)$是初值问题

$$\frac{\mathrm{d}y}{\mathrm{d}x}=\sin(\lambda xy),\varphi(x_0,x_0,y_0,\lambda)=y_0$$

的饱和解,这里 λ 是参数,求$\frac{\partial\varphi}{\partial x_0},\frac{\partial\varphi}{\partial y_0}$在$(x,0,0,1)$处的表达式.

解题过程 这里 $f(x,y)=\sin(\lambda xy),\frac{\partial f}{\partial y}=\lambda x\cos(\lambda xy)$,

根据解对初值的可微性定理可得,

$$\begin{aligned}\frac{\partial\varphi}{\partial x_0}&=-f(x_0,y_0)\exp\left(\int_{x_0}^{x}\frac{\partial f(x,\varphi)}{\partial y}\mathrm{d}x\right)\\&=-\sin(\lambda x_0,y_0)\exp\left(\int_{x_0}^{x}\lambda x\cos(\lambda x\varphi)\mathrm{d}x\right),\\\frac{\partial\varphi}{\partial y_0}&=\exp\left(\int_{x_0}^{x}\frac{\partial f(x,\varphi)}{\partial y}\mathrm{d}x\right)\\&=\exp\left(\int_{x_0}^{x}\lambda x\cos(\lambda x\varphi)\mathrm{d}x\right).\end{aligned}$$

当 $x_0=0,y_0=0,\lambda=1$ 时,则有

$$\left.\frac{\partial\varphi}{\partial x_0}\right|_{x,0,0,1}=0,$$

$$\frac{\partial\varphi}{\partial y_0}\bigg|_{x,0,0,1}=\exp\left(\int_0^x x\cos 0\mathrm{d}x\right)=\exp\left(\frac{x^2}{2}\right),$$

习题 3.4

1 解下列方程,并求奇解(如果存在的话):

(1) $y=2x\frac{\mathrm{d}y}{\mathrm{d}x}+x^2\left(\frac{\mathrm{d}y}{\mathrm{d}x}\right)^4$;

(2) $x=y-\left(\frac{\mathrm{d}y}{\mathrm{d}x}\right)^2$;

(3) $y=x\frac{\mathrm{d}y}{\mathrm{d}x}+\sqrt{1+\left(\frac{\mathrm{d}y}{\mathrm{d}x}\right)^2}$,并画出积分曲线图;

(4) $\left(\frac{\mathrm{d}y}{\mathrm{d}x}\right)^2+x\frac{\mathrm{d}y}{\mathrm{d}x}-y=0$,并画出积分曲线图;

(5) $\left(\frac{\mathrm{d}y}{\mathrm{d}x}\right)^2+2x\frac{\mathrm{d}y}{\mathrm{d}x}-y=0$;

(6) $x\left(\frac{\mathrm{d}y}{\mathrm{d}x}\right)^3-y\left(\frac{\mathrm{d}y}{\mathrm{d}x}\right)^2-1=0$;

(7) $y=x\left(1+\frac{\mathrm{d}y}{\mathrm{d}x}\right)+\left(\frac{\mathrm{d}y}{\mathrm{d}x}\right)^2$;

(8) $x\left(\frac{\mathrm{d}y}{\mathrm{d}x}\right)^2-(x-a)^2=0$($a$ 为常数);

(9) $y=2x+\frac{\mathrm{d}y}{\mathrm{d}x}-\frac{1}{3}\left(\frac{\mathrm{d}y}{\mathrm{d}x}\right)^3$;

(10) $\left(\frac{\mathrm{d}y}{\mathrm{d}x}\right)^2+(x+1)\frac{\mathrm{d}y}{\mathrm{d}x}-y=0$.

解题过程 (1)令 $p=\frac{\mathrm{d}y}{\mathrm{d}x}$,并对方程两边关于 x 求导得

$$p=2p+2x\cdot\frac{\mathrm{d}p}{\mathrm{d}x}+2xp^4+x^2\cdot 4p^3\cdot\frac{\mathrm{d}p}{\mathrm{d}x},$$

即
$$(1+2xp^3)\left(2x\frac{\mathrm{d}p}{\mathrm{d}x}+p\right)=0.$$

①当 $2x\frac{\mathrm{d}p}{\mathrm{d}x}+p=0$ 时,求得 $p^2=xc$,其中 c 为任意常数,

或者
$$x=\frac{c}{p^2},$$

又 $y=2xp+x^2p^4=2\cdot\frac{c}{p^2}\cdot p+\left(\frac{c}{p^2}\right)^2p^4=\frac{2c}{p}+c^2$,所以方程的参数解为

$$\begin{cases}x=\frac{c}{p^2},\\ y=\frac{2c}{p}+c^2.\end{cases}\quad(p\neq 0)$$

另外,当 $p=0$ 时,原方程变成 $y=0$,易证 $y=0$ 也是方程的解.

②当 $1+2xp^3=0$ 时,求得 $x=-\frac{1}{2p^3}$,而 $y=2xp+x^2p^4$,所以方程还有奇解为

$$\begin{cases}x=-\frac{1}{2p^3},\\ y=2xp+x^2p^4=-\frac{3}{4p^2}.\end{cases}\quad(p\neq 0)$$

(2)将原方程变形为

$$y=x+\left(\frac{\mathrm{d}y}{\mathrm{d}x}\right)^2.$$

令 $$p=\frac{dy}{dx},\text{则 } y=x+p^2.$$

两边关于 x 求导，得到

$$p=1+2p\cdot\frac{dp}{dx},$$

即 $$dx=\frac{2p}{p-1}dp(p\neq1)$$

两边积分得 $x=2p+2\ln|p-1|+c$，

所以方程的参数解为

$$\begin{cases}x=2p+2\ln|p-1|+c,\\ y=p^2+2p+2\ln|p-1|+c.\end{cases}(p\neq1)$$

另外，当 $p=1$ 时，原方程变为 $y=x+1$，显然它也是方程的解.

(3)令 $p=\frac{dy}{dx}$，方程可以写成

$$y=xp+\sqrt{1+p^2}.$$

这是克莱罗方程，因而它的通解就是

$$y=xc+\sqrt{1+c^2}.$$

从 $$\begin{cases}x+\frac{c}{\sqrt{1+c^2}}=0,\\ y=xc+\sqrt{1+c^2},\end{cases}$$

中消去 c，得到奇解 $y=\sqrt{1-x^2}$.

这方程的通解是直线族，而奇解是通解的包络.

(4)令 $p=\frac{dy}{dx}$，则方程可以写为

$$y=xp+p^2.$$

这是克莱罗微分方程，因而它的通解就是

$$y=xc+c^2.$$

从 $$\begin{cases}x+2c=0,\\ y=xc+c^2,\end{cases}$$

中消去 c，得到奇解

$$y=-\frac{x^2}{4}\text{或者 } x^2+4y=0.$$

(5)令 $p=\frac{dy}{dx}$，则方程可以写成

$$y=2xp+p^2.$$

两边对 x 求导，则

$$p=2p+2x\frac{dp}{dx}+2p\cdot\frac{dp}{dx},$$

$$\frac{dx}{dp}=-\frac{2x}{p}-2.$$

这是一阶线性微分方程,积分可得

$$x=e^{\int -\frac{2}{p}dp}\left(\int(-2)e^{\int \frac{2}{p}dp}dp+c\right)$$

即 $$x=\frac{c}{3p^2}-\frac{2}{3}p.$$

从而原方程参数解为

$$\begin{cases}x=\dfrac{c}{3p^2}-\dfrac{2}{3}p,\\ y=2p\left(\dfrac{c}{3p^2}-\dfrac{2}{3}p\right)+p^2=\dfrac{2c}{3p}-\dfrac{1}{3}p^2\end{cases}$$

(6)设 $p=\frac{dy}{dx}$,则方程变为

$$y=xp-\frac{1}{p^2}.$$

这是克莱罗微分方程,因而它的通解就是

$$y=xc-\frac{1}{c^2}.$$

从 $$\begin{cases}x+2\dfrac{1}{c^3}=0,\\ y=xc-\dfrac{1}{c^2},\end{cases}$$

中消去 c,得到奇解

$$27x^2+4y^3=0.$$

这方程的通解是直线族,而奇解是通解的包络.

(7)设 $p=\frac{dy}{dx}$,则方程变形为

$$y=x(1+p)+p^2,$$

两边对 x 求导数,可得

$$p=(1+p)+(x+2p)\cdot\frac{dp}{dx},$$

即 $$\frac{dx}{dp}=-x-2p.$$

这是一阶线性微分方程,积分可得

$x=ce^{-p}-2p+2$,其中 c 是任意常数.

代入 $y=x(1+p)+p^2$,则 $y=c(p+1)e^{-p}-p^2+2$.

所以,方程的参数解为

$$\begin{cases}x=c\cdot e-p-2p+2,\\ y=c(p+1)e^{-p}-p^2+2.\end{cases}$$

这里 p 是参数,c 是任意常数.

(8)设 $p=\frac{\mathrm{d}y}{\mathrm{d}x}$,则方程变成

$$xp^2=(x-a)^2.$$

解出 p 为 $\quad p=\pm\frac{x-a}{\sqrt{x}}$,

即 $\quad \frac{\mathrm{d}y}{\mathrm{d}x}=\pm\frac{x-a}{\sqrt{x}}$,

两边积分,可得

$$9(y+c)^2=4x(x-3a)^2.$$

(9)设 $p=\frac{\mathrm{d}y}{\mathrm{d}x}$,则方程变为

$$y=2x+p-\frac{1}{3}p^3.$$

两边对 x 求导,得到

$$p=2+(1-p^2)\frac{\mathrm{d}p}{\mathrm{d}x},$$

即 $\quad \mathrm{d}x=\frac{1-p^2}{p-2}\mathrm{d}p.\ (p\neq 2)$

两边积分,得到

$$x=-\frac{(p+2)^2}{2}-3\ln|p-2|+c.$$

代入 $y=2x+p-\frac{1}{3}p^3$,则得到

$$y=-\frac{1}{3}p^3-p^2-3p-4-6\ln|p-2|+2c.$$

所以方程的参数解为

$$\begin{cases}x=-\frac{1}{2}(p+2)^2-3\ln|p-2|+c,\\ y=-\frac{1}{3}p^3-p^2-3p-4-6\ln|p-2|+2c.\end{cases}$$

另外,当 $p=2$ 时,原方程化为

$$y=2x-\frac{2}{3}.$$

易证它也是方程的解.

(10)$p=\frac{\mathrm{d}y}{\mathrm{d}x}$,则方程变成

$$y=(x+1)p+p^2,$$

或者 $\quad y=xp+p(1+p).$

这是克莱罗微分方程,所以它的通解为

$$y=cx+c(1+c).$$

从 $\begin{cases} x+1+2c=0, \\ y=cx+c(1+c), \end{cases}$

中消去 c，得到奇解

$$(x+1)^2+4y=0.$$

这方程的通解是直线族，而奇解是通解的包络.

2 求下列曲线族的包络，并绘出图形：

(1) $y=cx+c^2$；　　(2) $c^2y+cx^2-1=0$；

(3) $(x-c)^2+(y-c)^2=4$；　　(4) $(x-c)^2y^2=4c$.

解题过程 (1)将 $y=cx+c^2$ 对 c 求导数，得到

$$x+2c=0.$$

从 $\begin{cases} y=cx+c^2, \\ x+2c=0, \end{cases}$

中消去 c，得到

$$x^2+4y=0.$$

所以，曲线族 $y=cx+c^2$ 的包络为 $x^2+4y=0$.

(2)对方程关于 c 求导，得到

$$2cy+x^2=0.$$

从 $\begin{cases} 2cy+x^2=0, \\ c^2y+cx^2-1=0, \end{cases}$

中消去 c，得到

$$x^4+4y=0.$$

所以，曲线族 $c^2y+cx^2-1=0$ 的包络为 $x^4+4y=0$.

(3)将 $(x-c)^2+(y-c)^2=4$ 对 c 求导数，得到

$$x+y-2c=0,$$

从 $\begin{cases} x+y-2c=0, \\ (x-c)^2+(y-c)^2=4, \end{cases}$

中消去 c，得到

$$(x-y)^2=8.$$

所以曲线族 $(x-c)^2+(y-c)^2=4$ 的包络为 $(x-y)^2=8$.

(4)将 $(x-c)^2+y^2=4c$ 对 c 求导数，得到

$$-2(x-c)=4,$$

即 $$c-x=2.$$

从 $\begin{cases} c-x=2, \\ (x-c)^2+y^2=4c, \end{cases}$

中消去 c，得到

$$y^2=4(x+1).$$

所以曲线族$(x-c)^2+y^2=4c$的包络为$y^2=4(x+1)$.

3 求一曲线，使它上面的每一点的切线截割坐标轴使两截距之和等于常数a.

解题过程 易知过点(x,y)的切线的横截距和纵截距分别为$x-\frac{y}{y'}$和$y-xy'$，所以所求曲线满足方程

$$x-\frac{y}{y'}+y-xy'=a.$$

设$y'=p=\frac{\mathrm{d}y}{\mathrm{d}x}$，则上面方程化为

$$y+xp^2=(x+y-a)p,$$

将该方程关于p求导数，得到

$$2xp=x+y-a.$$

从
$$\begin{cases}y+xp^2=(x+y-a)p,\\2xp=x+y-a,\end{cases}$$
中消去p，得到

$$4xy=(x+y-a)^2,$$

或 $$4ay=(x-y-a)^2,$$

也可以是 $$4ax=(x-y+a)^2.$$

所以满足条件的曲线是$4xy=(x+y-a)^2$.

4 试证：就克莱罗微分方程来说，p-判别曲线和方程通解的c-判别曲线同样是方程通解的包络，从而为方程的奇解.

证明 克莱罗方程

$$y=xp+f(p) \quad ①$$

的p—判别曲线为

$$\begin{cases}y=xp+f(p),\\0=x+f'(p),\end{cases} \quad ②$$

其中p为参数，①的通解为$y=xc+f(c)$，从而可求得c-判别曲线为

$$\begin{cases}y=xc+f(c),\\0=x+f'(c),\end{cases} \quad ③$$

其中c为参数，显然②、③表示的是同一条曲线，所以方程①的p-判别曲线和方程通解的c-判别曲线同样是方程通解的包络，从而为方程的奇解.

习题 3.5

1 从教材中例1的欧拉方法、改进的欧拉方法、2阶龙格—库塔方法、4阶龙格库方法中选择一种方法每一步从精确解出发计算出下步，并求出其相对误差，同时与表中的积累误差比较.

解题过程 选取欧拉方法计算. 由教材中公式(3.40)及例1的图表可得如下结果：

	精确解	欧拉方法		从精确解出发欧拉方法	
x_i	y_i	y_i	误差	y_i	相对误差
0	2	2	0	2	0
0.1	1.6097	1.4	0.20966	1.4	0.20966
0.2	1.4181	1.2656	1.1525	1.353575	$0.64525e^{-1}$
0.3	1.3037	1.1894	0.1142	1.27479	0.028971
0.4	1.2281	0.1401	0.088016	1.212489	0.015611
0.5	1.1752	1.1059	0.069255	1.165684	0.009516
0.6	1.1366	1.0813	0.055327	1.130414	0.006186
0.7	1.1077	1.063	0.044694	1.103427	0.00473
0.8	1.0856	1.0492	0.036401	1.082555	0.003045
0.9	1.0684	1.0386	0.029828	1.066219	0.002181
1	1.055	1.0304	0.024552	1.0532844	0.0017156

2 计算线性微分方程 $y'=Ax, A=\begin{bmatrix}-0.1 & -49.9 & 0\\ 0 & -50 & 0\\ 0 & 0 & -120\end{bmatrix}$ 的刚性比.

解题过程 易见矩阵 $\mathbf{A}$ 的三个特征根为

$$\lambda_1=0.1, \lambda_2=-50, \lambda_3=-120,$$

所以，根据刚性比的定义可知，所求刚性比为

$$\frac{|-120|}{|-0.1|}=1200.$$

3 试用教材中附录Ⅱ中的数学语言求解教材中例1.

解题过程 对应于教材中例1，教材中公式(3.40)、(3.41)、(3.44)、(3.45)使用maple语言编写，具体如下

(1)$y:=x+0.1^{*}x^{*}(1-x\hat{}2)$.

(2)$y:=x+\dfrac{0.1}{2}(x^{*}(1-x\hat{}2)+y^{*}(1-y\hat{}2))$.

(3)$k1:=x^{*}(1-x\hat{}2)$;

$k2:=(x+0.05*k1)(1-(x+0.05*k1)\hat{}2)$;

$y:=x+0.1*k2$.

(4)$k1:=x*(1-x\hat{}2)$;

$k2:=(x+0.05*k1)(1-(x+0.05*k1)\hat{}2)$;

$k3:=(x+0.05*k2)(1-(x+0.05*k2)\hat{}2)$;

$k4:=(x+0.1*k3)(1-(x+0.1*k3)\hat{}2)$;

$y:=x+0.1/6*(k1+2*k2+2*k3+k4)$.

然后,对 x 分别赋值,循环求解即可.

第四章

高阶微分方程

学习指南

1. 深刻理解**线性微分方程的基本性质**；

2. 掌握五种较常用的**线性微分方程的解法**，包括特征根法、待定系数法、拉普拉斯变换法、常数变异法、幂级数解法，能够针对不同类型的方程熟练使用相应的解法.

知识回顾

1. *n* 阶非齐线性微分方程、*n* 阶齐次线性微分方程

n 阶线性微分方程(线性方程)

$$\frac{\mathrm{d}^n x}{\mathrm{d}t^n}+a_1(t)\frac{\mathrm{d}^{n-1}x}{\mathrm{d}t^{n-1}}+\cdots+a_{n-1}(t)\frac{\mathrm{d}x}{\mathrm{d}t}+a_n(t)x=f(t)$$

当 $f(t)\not\equiv 0$ 时称为 n 阶非齐次线性微分方程，简称非齐次线性方程. 而当 $f(t)\equiv 0$ 时称为 n 阶齐次线性微分方程，简称齐次线性方程.

2. *n* 阶线性方程 $\frac{\mathrm{d}^n x}{\mathrm{d}t^n}+a_1(t)\frac{\mathrm{d}^{n-1}x}{\mathrm{d}t^{n-1}}+\cdots+a_{n-1}(t)\frac{\mathrm{d}x}{\mathrm{d}t}+a_n(t)x=f(t)$ 解的存在唯一性定理

如果 $a_i(t)(i=1,2,\cdots,n)$ 及 $f(t)$ 都是区间 $a\leqslant t\leqslant b$ 上的连续函数，则对于任一 $t_0\in[a.b]$ 及任意的 $x_0,x_0^{(1)},\cdots,x_0^{(n-1)}$，$n$ 阶线性方程存在唯一解 $x=\varphi(t)$，定义于区间 $a\leqslant t\leqslant b$ 上，且满足初值条件

$$\varphi(t_0)=x_0,\frac{\mathrm{d}\varphi(t_0)}{\mathrm{d}t}=x_0^{(1)},\cdots,\frac{\mathrm{d}^{n-1}\varphi(t_0)}{\mathrm{d}t^{n-1}}=x_0^{(n-1)}.$$

3. 线性相关、线性无关

定义在区间 $a \leqslant t \leqslant b$ 上的函数 $x_1(t), x_2(t), \cdots, x_k(t)$，如果存在不全为零的常数 $c_1, c_2, \cdots, c_k$，使得恒等式 $c_1x_1(t)+c_2x_2(t)+\cdots+c_kx_k(t)\equiv 0$ 对于所有 $t\in[a,b]$ 都成立，则称这些函数是线性相关的，否则就称这些函数在所给区间上线性无关.

4. 朗斯基行列式

由定义在区间 $a \leqslant t \leqslant b$ 上的 k 个可微 $k-1$ 次的函数 $x_1(t), x_2(t), \cdots, x_k(t)$ 所形成的行列式

$$W[x_1(t),x_2(t),\cdots,x_k(t)]\equiv W(t)$$

$$\equiv\begin{vmatrix} x_1(t) & x_2(t) & \cdots & x_k(t) \\ x'_1(t) & x'2(t) & \cdots & x'_k(t) \\ \vdots & \vdots & & \vdots \\ x_1^{k-1}(t) & x_2^{k-1}(t) & \cdots & x_k^{k-1}(t) \end{vmatrix}$$

称为这些函数的朗斯基行列式.

5. 基本解组、标准基本解组

方程 $\frac{\mathrm{d}^n x}{\mathrm{d}t^n}+a_1(t)\frac{\mathrm{d}^{n-1}x}{\mathrm{d}t^{n-1}}+\cdots+a_{n-1}(t)\frac{\mathrm{d}x}{\mathrm{d}t}+a_n(t)x=0$ 的一组 n 个线性无关的解称为方程的一个基本解组，当 $W(t_0)=1$ 时称其为标准基本解组.

6. 齐次线性微分方程的基本性质

(1)(叠加原理)如果 $x_1(t), x_2(t), \cdots, x_k(t)$ 是齐次线性微分方程的 k 个解，则它们的线性组合 $c_1x_1(t)+c_2x_2(t)+\cdots+c_kx_k(t)$ 也是它的解，其中 $c_1, c_2, \cdots, c_k$ 是任意常数.

(2)若函数 $x_1(t), x_2(t), \cdots, x_n(t)$ 在区间 $a\leqslant t\leqslant b$ 上线性相关，由在 $[a,b]$ 上它们的朗斯基行列式 $W(t)\equiv 0$.

(3)若齐次线性微分方程的解 $x_1(t), x_2(t), \cdots, x_n(t)$ 在区间 $a\leqslant t\leqslant b$ 上线性无关，则 $W[x_1(t), x_2(t), \cdots, x_n(t)]$ 在这个区间的任何点上都不等于零，即 $W(t)\neq 0(a\leqslant t\leqslant b)$.

(4) n 阶齐次线性微分方程一定存在 n 个线性无关的解.

(5)(通解结构)若 $x_1(t), x_2(t), \cdots, x_n(t)$ 是 n 阶齐次线性微分方程的 n 个线性无关的解，则它的通解可以表示为 $x=c_1x_1(t)+c_2x_2(t)+\cdots+c_nx_n(t)$，其中 $c_1, c_2, \cdots, c_n$ 是任意常数，且上述通解包括了它的所有解.

(6) n 阶齐次线性微分方程的线性无关解的最大个数等于 n，因此，它的所有解构成一个 n 维线性空间.

7. 非齐次线性微分方程的基本性质

(1)如果 $\overline{x}(t)$ 是 n 阶非齐次线性微分方程的解，而 $x(t)$ 是它所对应的 n 阶齐次线性方程的解，则 $\overline{x}(t)+x(t)$ 也是这个 n 阶非齐次线性微分方程的解.

(2) n 阶非齐次线性方程的任意两个解之差必为它所对应的 n 阶齐次方程的解.

(3)设 $x_1(t),x_2(t),\cdots,x_n(t)$ 为 n 阶非齐次方程所对应的齐次方程的基本解组,而 $\bar{x}(t)$ 是此 n 阶非齐次方程的某一解,则此 n 阶非齐次线性方程的通解可以表示为 $x=c_1x_1(t)+c_{x2}(t)+\cdots+c_nx_n(t)+\bar{x}(t)$,其中 $c_1,c_2,\cdots,c_n$ 为任意常数,而且这个通解包含了它的所有解.

(4)(常数变易法). 若 $x_1(t),x_2(t),\cdots,x_n(t)$ 为 n 阶齐次方程 $\frac{\mathrm{d}^nx}{\mathrm{d}t^n}+a_1(t)\frac{\mathrm{d}^{n-1}x}{\mathrm{d}t^{n-1}}+\cdots+a_{n-1}(t)\frac{\mathrm{d}x}{\mathrm{d}t}+a_n(t)x=0$ 的基本解组,则它的通解为 $x(t)=c_1x_1(t)+c_2x_2(t)+\cdots+c_nx_n(t)$. 设 $x(t)=c_1(t)x_1(t)+c_2(t)x_2(t)+\cdots+c_n(t)x_n(t)$ 为 n 阶非齐次方程 $\frac{\mathrm{d}^nx}{\mathrm{d}t^n}+a_1(t)\frac{\mathrm{d}^{n-1}x}{\mathrm{d}t^{n-1}}+\cdots+a_{n-1}(t)\frac{\mathrm{d}x}{\mathrm{d}t}+a_n(t)x=f(t)$ 的解,式中 $c_i(t)(i=1,2,\cdots,n)$ 为待定函数,$c_i'(t)(i=1,2,\cdots,n)$ 满足以下代数方程组

$$\begin{cases}c_1'(t)x_1(t)+c'_2(t)x_2(t)+\cdots+c_n'(t)x_n(t)=0,\\ c_1'(t)x'_1(t)+c_2'(t)x_2'(t)+\cdots+c'_n(t)x_n'(t)=0,\\ \cdots\cdots\\ c_1'(t)x_1^{(n-2)}(t)+c_2'(t)x_2^{(n-2)}(t)+\cdots+c_n'(t)x_n^{(n-2)}(t)=0,\\ c_1'(t)x_1^{(n-1)}(t)+c'_2(t)x_2^{(n-1)}(t)+\cdots+c_n'(t)x_n^{(n-1)}(t)=f(t).\end{cases}$$

这个方程组的系数行列式是基本解组 $x_i(t)(i=1,2,\cdots,n)$ 的朗斯基行列式,所以 $c'_i(t)(i=1,2,\cdots,n)$ 由以上方程组唯一确定,通过求积分可得出 $c_i(t)(i=1,2,\cdots,n)$ 的表达式. 这种求解非齐次线性方程解的方法称为常数变易法.

8. 复值函数及复值函数的极限、连续、导数

如果对于区间 $a\leqslant t\leqslant b$ 中的每一实数 t,有复数 $z(t)=\varphi(t)+i\psi(t)$ 与它对应,其中 $\varphi(t)$ 和 $\psi(t)$ 是在区间 $a\leqslant t\leqslant b$ 上定义的实函数,$i=\sqrt{-1}$ 是虚数单位,则称在区间 $a\leqslant t\leqslant b$ 上定义了一个复值函数 $z(t)$. 若实函数 $\varphi(t)$,$\psi(t)$ 当 $t\to t_0$ 时有极限,就称复值函数 $z(t)$ 当 $t\to t_0$ 时有极限,且定义 $\lim\limits_{t\to t_0}z(t)=\lim\limits_{t\to t_0}\varphi(t)+\mathrm{i}\lim\limits_{t\to t_0}\psi(t)$.

如果 $\lim\limits_{t\to t_0}z(t)=z(t_0)$,则称 $z(t)$ 在 t_0 连续.

若 $z(t)$ 在区间 $a\leqslant t\leqslant b$ 上每点都连续时,则称 $z(t)$ 在区间 $a\leqslant t\leqslant b$ 上连续.

若极限 $\lim\limits_{t\to t_0}\frac{z(t)-z(t_0)}{t-t_0}$ 存在,则称 $z(t)$ 在 t_0 有导数(可微). 且记此极限为 $\frac{\mathrm{d}z(t_0)}{\mathrm{d}t}$ 或 $z'(t_0)$.

若 $z(t)$ 在区间 $a\leqslant t\leqslant b$ 上每点都有导数,则称 $z(t)$ 在区间 $a\leqslant t\leqslant b$ 上有导数,对于高阶导数可类似定义.

9. 复值函数的求导公式

设 $z_1(t),z_2(t)$ 是定义在 $a\leqslant t\leqslant b$ 上的可微函数,c 是复值常数,则有

① $\frac{\mathrm{d}}{\mathrm{d}t}(z_1(t)+z_2(t))=\frac{\mathrm{d}z_1(t)}{\mathrm{d}t}+\frac{\mathrm{d}z_2(t)}{\mathrm{d}t}$;

②$\frac{\mathrm{d}}{\mathrm{d}t}(cz_1(t))=c\cdot\frac{\mathrm{d}z_1(t)}{\mathrm{d}t}$；

③$\frac{\mathrm{d}}{\mathrm{d}t}(z_1(t)\cdot z_2(t))=\frac{\mathrm{d}z_1(t)}{\mathrm{d}t}\cdot z_2(t)+z_1(t)\cdot\frac{\mathrm{d}z_2(t)}{\mathrm{d}t}$.

10. 复指数函数及性质

设$k=\alpha+i\beta$是任一复数，这里α,β是实数，而t为实变量，定义$\mathrm{e}^{kt}=\mathrm{e}^{(\alpha+i\beta)t}=\mathrm{e}^{\alpha t}(\cos\beta t+\sin\beta t)$为复指数函数$\mathrm{e}^{kt}$具有下列性质：

①$\cos\beta t=\frac{1}{2}(\mathrm{e}^{i\beta t}+\mathrm{e}^{-i\beta t})$；②$\sin\beta t=\frac{1}{2i}(\mathrm{e}^{i\beta t}-\mathrm{e}^{-i\beta t})$；③$\overline{\mathrm{e}^{kt}}=\mathrm{e}^{\bar{k}t}$；

④$\mathrm{e}^{(k_1+k_2)t}=\mathrm{e}^{k_1t}\cdot\mathrm{e}^{k_2t}$；⑤$\frac{\mathrm{d}\mathrm{e}^{kt}}{\mathrm{d}t}=k\mathrm{e}^{kt}$；⑥$\frac{\mathrm{d}^n}{\mathrm{d}t^n}(\mathrm{e}^{kt})=k^n\mathrm{e}^{kt}$.

11. 复值解

定义在区间$a\leqslant t\leqslant b$上的实变量复值函数$x=z(t)$称为n阶非齐次线性微分方程的复值解，如果$\frac{\mathrm{d}^nz(t)}{\mathrm{d}t^n}+a_1(t)\frac{\mathrm{d}^{n-1}z(t)}{\mathrm{d}t^{n-1}}+\cdots+a_{n-1}(t)\frac{\mathrm{d}z(t)}{\mathrm{d}t}+a_n(t)z(t)=f(t)$对$a\leqslant t\leqslant b$恒成立.

12. 复值解的性质

定理 1 如果n阶齐次线性方程中所有系数$a_i(t)(i=1,2,\cdots,n)$都是实数值函数，而$x=z(t)=\varphi(t)+i\psi(t)$是此方程的复值解，则$z(t)$的实部$\varphi(t)$、虚部$\psi(t)$和共轭复值函数$\bar{z}(t)$也都是此方程的解.

定理 2 若方程$\frac{\mathrm{d}^nx}{\mathrm{d}t^n}+a_1(t)\frac{\mathrm{d}^{n-1}x}{\mathrm{d}t^{n-1}}+\cdots+a_{n-1}(t)\frac{\mathrm{d}x}{\mathrm{d}t}+a_n(t)x=u(t)+iv(t)$有复值解$x=U(t)+iV(t)$，这里$a_i(t)(i=1,2,\cdots,n)$及$u(t),v(t)$都是实函数，那么这个解的实部$U(t)$和虚部$V(t)$分别是方程$\frac{\mathrm{d}^nx}{\mathrm{d}t^n}+a_1(t)\frac{\mathrm{d}^{n-1}x}{\mathrm{d}t^{n-1}}+\cdots+a_{n-1}(t)\frac{\mathrm{d}x}{\mathrm{d}t}+a_n(t)x=u(t)$和$\frac{\mathrm{d}^nx}{\mathrm{d}t^n}+a_1(t)\frac{\mathrm{d}^{n-1}x}{\mathrm{d}t^{n-1}}+\cdots+a_{n-1}(t)\frac{\mathrm{d}x}{\mathrm{d}t}+a_n(t)x=v(t)$的解.

13. 常系数齐次线性方程的特征方程

称n阶齐次线性微分方程

$$L[x]=\frac{\mathrm{d}^nx}{\mathrm{d}t^n}+a_1\frac{\mathrm{d}^{n-1}x}{\mathrm{d}t^{n-1}}+\cdots+a_{n-1}\frac{\mathrm{d}x}{\mathrm{d}t}+a_nx=0,\qquad ①$$

（其中$a_1,a_2,\cdots,a_n$为常数）为n阶常系数齐次线性微分方程.

用$x=\mathrm{e}^{\lambda t}$代入①得到方程

$$F(\lambda)\equiv\lambda^n+a_1\lambda^{n-1}+\cdots+a_{n-1}\lambda+a_n=0\qquad ②$$

称②为①的特征方程. 特征方程的根λ称为特征根，亦称为微分方程的特征值.

(1)λ为(实)单根时，方程①有解$\mathrm{e}^{\lambda t}$.

(2)$\lambda=\alpha+i\beta,\bar{\lambda}=\alpha-i\beta$为轭复根时，方程①有两个共轭复值解$z=\mathrm{e}^{\lambda t},\bar{z}=\mathrm{e}^{\bar{\lambda}t}$，或对应的两个实值

解：$e^{\alpha t}\cos\beta t$，$e^{\alpha t}\sin\beta t$.

(3)λ 为 k 重实根时，方程①有 k 个解 $e^{\lambda t}, te^{\lambda t}, \cdots, t^{k-1}e^{\lambda t}$.

(4)$\lambda=\alpha+i\beta, \bar{\lambda}=\alpha-i\beta$ 为 k 重共轭复根时，方程①有 k 对共轭复值解：

$e^{\lambda t}, e^{\bar{\lambda}t}, \cdots, te^{\lambda t}, te^{\bar{\lambda}t}, \cdots, t^{k-1}e^{\lambda t}, t^{k-1}e^{\bar{\lambda}t}$ 或对应的 k 对实值解：$e^{\alpha t}\cos\beta t$，

$e^{\alpha t}\sin\beta t, te^{\alpha t}\cos\beta t, te^{\alpha t}\sin\beta t, \cdots, t^{k-1}e^{\alpha t}\cos\beta t, t^{k-1}e^{\alpha t}\sin\beta t$.

14. 欧拉方程

n 阶方程 $x_n\dfrac{d^n y}{dx^n}+a_1x^{n-1}\dfrac{d^{n-1}y}{dx^{n-1}}+\cdots+a_{n-1}x\dfrac{dy}{dx}+a_n y=0$ 称为欧拉方程，其中 $a_1, a_2, \cdots, a_n$ 为常数. 可引进自变量变换 $x=e^t$ 或 $t=\ln x$ 将欧拉方程化为常系数齐次线性微分方程 $\dfrac{d^n y}{dt^n}+b_1\dfrac{d^{n-1}y}{dt^{n-1}}+\cdots+b_{n-1}\dfrac{dy}{dt}+b_n y=0$，其中 $b_1, b_2, \cdots, b_n$ 是常数.

15. n 阶常系数非齐次线性方程 $L[x]=\dfrac{d^n x}{dt^n}+a_1\dfrac{d^{n-1}x}{dt^{n-1}}+\cdots+a_{n-1}\dfrac{dx}{dt}+a_n x=f(t)$③的特解的求法

1. 比较系数法

(1)类型Ⅰ：设 $f(t)=(b_0t^m+b_1t^{m-1}+\cdots+b_{m-1}t+b_m)e^{\lambda t}$，其中 λ 及 $b_i(i=0,\cdots,m)$ 为实常数，则方程③有形如 $\tilde{x}=t^k(B_0t^m+B_1t^{m-1}+\cdots+B_{m-1}t+B_m)e^{\lambda t}$ 的特解，其中 k 为特征方程 $F(\lambda)=0$ 的根 λ 的重数(单根相当于 $k=1$，当 λ 不是特征根时，取 $k=0$)，而 $B_i(i=0,1,\cdots,m)$ 是待定常数，将特解 $\tilde{x}$ 代入方程③，比较 t 的同次幂系数，按照同次幂系数相等的原则，可得到关于 $B_i(i=0,1,\cdots,m)$ 的线性方程组，解之得 $B_i(i=0,1,\cdots,m)$.

(2)类型Ⅱ：设 $f(t)=[A(t)\cos\beta t+\beta(t)\sin\beta t]e^{\alpha t}$，其中 α, β 为常数，而 $A(t), B(t)$ 是带实系数的 t 的多项式，其中一个的次数为 m，而另一个的次数不超过 m，则方程③有形如 $\tilde{x}=t^k[P(t)\cos\beta t+Q(t)\sin\beta t]e^{\alpha t}$ 的特解，其中 k 为特征方程 $F(\lambda)=0$ 的根 $\alpha+i\beta$ 的重数，而 $P(t)$、$Q(t)$ 均为待定的带实系数的次数不高于 m 的 t 的多项式. 将特解 $\tilde{x}$ 代入方程③，比较 t 的同次幂系数，可得一系列线性方程，解之得特解.

2. 拉普拉斯变换法

由积分 $F(s)=\int_0^{+\infty}e^{-st}f(t)dt$ 所定义的确定于复平面($Res>\sigma$)上的复变数 s 的函数 $F(s)$，称为函数 $f(t)$ 的拉普拉斯变换，其中 $f(t)$ 于 $t\geqslant 0$ 有定义且满足 $|f(x)|<Me^{\sigma t}$，这里 M, σ 为某两个正常数，称 $f(t)$ 为原函数，而 $F(s)$ 为像函数.

对方程③及初值条件 $x(0)=x_0, x'(0)=x'_0, \cdots, x^{(n-1)}(0)=x_0^{(n-1)}$，其中 $f(t)$ 连续且满足原函数条件. 记 $F(s)=\int_0^{+\infty}e^{-st}f(t)dt, X(s)=\int_0^{+\infty}e^{-st}x(t)dt$ 时，对方程③两边进行拉普拉斯变换，可得关系式 $A(s)X(s)=F(s)+B(s)$，其中 $A(s)$、$F(s)$、$B(s)$ 均为已知多项式，因此有 $X(s)=\dfrac{F(s)+B(s)}{A(s)}$，这是方程③满足初值条件的解 $x(t)$ 的像函数. 再利用拉普拉斯反变换公式可由 $X(s)$ 解得 $x(t)$.

16. 可降阶方程的类型

(1)$F(t,x^{(k)},x^{(k+1)},\cdots,x^{(n)})=0(1\leqslant k\leqslant n)$可降低 k 阶.

令 $y=x^{(k)}$,方程降为 y 的 $n-k$ 阶方程 $F(t,y,y',\cdots,y^{(n-k)})=0$.

(2)$F(x,x',\cdots,x^{(n)})=0$ 可降低一阶.

令 $y=x'$,视 x 为新自变量,可降低一阶,化为

$$G\left(x,y,\frac{\mathrm{d}y}{\mathrm{d}x},\cdots,\frac{\mathrm{d}^{n-1}y}{\mathrm{d}x^{n-1}}\right)=0.$$

(3)齐次线性微分方程已知 k 个线性无关的特解 $x_1,x_2,\cdots,x_k$,可降低 k 阶.先令 $x=x_ky$,逐步求 x 的 n 阶导数后代入原方程 $x^{(n)}+a_1(t)x^{(n-1)}+\cdots+a_{n-1}(t)x'+a_n(t)x=0$,化为 y 的 n 阶方程,再令 $z=y'$,并用 x_k 除全式,便得 z 的 $n-1$ 阶方程 $z^{(n-1)}+b_1(t)z^{(n-2)}+\cdots+b_{n-2}(t)z'+b_{n-1}(t)z=0$.因有关系 $x=xk\int z\mathrm{d}t$,z 的上述方程的 $k-1$ 个解 $z_i=\left(\frac{x_i}{x_k}\right)'(i=1,2,\cdots,k-1)$ 仍线性无关.

按上述做法,可进一步令 $z=z_k-1\int u\mathrm{d}t$ 而得到 u 的 $n-2$ 阶方程,且有 $k-2$ 个线性无关的解.因此,已知 k 个线性无关的特解 $x_1,x_2,\cdots,x_k$ 时方程可降低 k 阶.

(4)二阶齐次线性方程$\frac{\mathrm{d}^2x}{\mathrm{d}t^2}+p(t)\frac{\mathrm{d}x}{\mathrm{d}t}+q(t)x=0$,已知非零特解 x_1 时,方程可解.其通解为 $x=x_1\left[c_1+c_2\int\frac{1}{x_1^2}\mathrm{e}^{-\int p(t)\mathrm{d}t}\mathrm{d}t\right]$,其中 c_1,c_2 为任意常数.

17. 二阶线性微分方程的幂级数解法

对二阶齐次线性方程初值问题$\frac{\mathrm{d}^2y}{\mathrm{d}x^2}+p(x)\frac{\mathrm{d}y}{\mathrm{d}x}+q(x)y=0$,$y(0)=y_0$,$y'(0)=y'_0$,这里 $x_0=0$,否则可引进新变量 $t=x-x_0$ 化为 $t_0=0$.有如下定理:

(1)**定理**　若方程中系数 $p(x)$,$q(x)$或 $xp(x)$,$x^2q(x)$能展成收敛区间为$|x|<R$ 的幂级数,则二阶齐次线性方程有收敛区间为 $|x|<R$ 的幂级数特解 $y=\sum\limits_{n=0}^{\infty}a_nx^n$ 或 $y=x^\alpha\sum\limits_{n=0}^{\infty}a_nx^n=\sum\limits_{n=0}^{\infty}a_nx^{\alpha+n}$,这里 α 为特定常数.

18. 二阶线性微分方程的幂级数解法

(1)n 阶贝塞尔方程 $x^2\frac{\mathrm{d}^2y}{\mathrm{d}x^2}+x\frac{\mathrm{d}y}{\mathrm{d}x}+(x^2-n^2)y=0$($n$ 为非负常数),有特解

$$y_1=\sum_{k=0}^{\infty}\frac{(-1)^k}{k!\Gamma(n+k+1)}\left(\frac{x}{2}\right)^{2k+n}\equiv J_n(x),$$

$$y_2=\sum_{k=0}^{\infty}\frac{(-1)^k}{k!\Gamma(n+k+1)}\left(\frac{x}{2}\right)^{2k-n}\equiv J_n(x),$$

且线性无关. 故 n 阶贝塞尔方程有通解 $y=c_1J_n+c_2J_{-n}(x)$，c_1,c_2 为任意常数. $J_n(x)$（或$J_{-n}(x)$）是由贝塞尔方程所定义的特殊函数，称为 n（或 $-n$）阶（第一类）贝塞尔函数. 其中 $\Gamma(s)$ 为 Gamma 函数.

典型例题与解题技巧

■ 基本题型Ⅰ：函数组的线性相关与线性无关

思路点拨 判断函数组在所给区间上的线性相关性，可以利用线性相关与线性无关的定义，也可以根据它们的朗斯基行列式 $W(t)$ 不恒为 0 来判断函数组线性无关.

例 1 试讨论下列各函数组在它们的定义区间上线性相关还是线性无关.

(1) $\sin 2t,\cos t,\sin t$.　　　　(2) $10,\arcsin x,\arccos x$.

解题过程 (1)因为函数组的朗斯基行列式 $W(t)=\begin{vmatrix}\sin 2t & \cos t & \sin t\\ 2\cos 2t & -\sin t & \cos t\\ 4\sin 2t & -\cos t & -\sin t\end{vmatrix}$，$W\left(\frac{\pi}{4}\right)=-3\neq 0$，

所以函数组 $\sin 2t,\cos t,\sin t$ 在 $(-\infty,+\infty)$ 上线性无关.

(2) $\because \arcsin x+\arccos x=\frac{\pi}{2}$，$\therefore$ 取 $c_1=-1,c_2=\frac{20}{\pi},c_3=\frac{20}{\pi}$，

则在 $[-1,1]$ 上，

$$c_1\cdot 10+c_2\arcsin x+c_3\arccos x=-10+\frac{20}{\pi}(\arcsin x+\arccos x)\equiv 0.$$

由定义知，函数组 $10,\arcsin x,\arccos x$ 在 $[-1,1]$ 上线相关.

■ 基本题型Ⅱ：已知某 n 节非齐次线性微分方程的 $n+1$ 个线性无关的特解，求其通解及微分方程

思路点拨 依据线性微分方程的解的性质，求出非齐次线性微分方程对应的齐次方程的一个基础解组和它的一个特解，即可写出其通解。反解出通解中任意常数，用因变量的微分将其表示出来，再代入通解就可以得到所求微分方程.

例 2 已知二阶线性非齐次微分方程的三个特解为 $y_1=1,y_2=x,y_3=x^3$，试求其通解及微分方程.

解题过程 由线性微分方程的解的性质，非齐次方程解之差为齐次方程的解，$\bar{y}_1=y_2-y_1=x-1$，$\bar{y}_2=y_3-y_1=x^3-1$ 为对应的齐次微分方程的解.

又 $$W(x)=\begin{vmatrix} x-1 & x^3-1 \\ 1 & 3x^2 \end{vmatrix},W(0)=\begin{vmatrix} -1 & -1 \\ 1 & 0 \end{vmatrix}=1\neq 0.$$

所以 $x-1,x^3-1$ 线性无关，从而 $\bar{y}_1,\bar{y}_2$ 构成相应的二阶线性齐次微分方程的基本解组，则齐次微分方程的通解为

$$y=c_1\bar{y}_1+c_2\bar{y}_2+y_1=1+c_1(x-1)+c_2(x^3-1),\text{其中 } c_1,c_2 \text{ 为任意常数.}$$

可通过对通解微分两次，$y'=c_1+3c_2x^2$，$y''=6c_2x$，反解得

$$c_1=y'-\frac{1}{2}y''x,c_2=\frac{y''}{6x},$$

代入通解，求得微分方程：

$$y=1+\left(y'-\frac{1}{2}y''x\right)(x-1)+\frac{y''}{6x}(x^3-1),$$

即 $$(2x^3-3x^2+1)y''-6x(x-1)y'+6xy-6x=0.$$

基本题型Ⅲ：求常系数非齐次线性方程的通解

例 3 求解非齐次微分方程 $tx''-4x'=t^3$.

解题过程 令 $y=x'$，则方程化为 $ty'-4y=t^3$，即 $y'-\frac{4}{t}y=t^2$，由一阶线性方程的通解公式得

$$x'=y=e^{\int\frac{4}{t}dt}\left(\int t^2e^{-\int\frac{4}{t}dt}dt+\bar{c}_1\right)=e^{4\ln|t|}\left(\int t^2t^{-4}dt+\bar{c}_1\right)$$

$$=t^4\left(-\frac{1}{t}+\bar{c}_1\right)=\bar{c}_1t^4-t^3,$$

积分得所求方程的通解为 $x=c_1x^5-\frac{1}{4}t^4+c_2$.

例 4 求非齐次线性方程 $xy''-y'-4x^3y=x^3e^{x^2}$ 的通解.

解题过程 令 $t=x^2$，则 $y'=2x\frac{dy}{dt}$，$y''=4x^2\frac{d^2y}{dt^2}+2\frac{dy}{dt}$. 原方程可变形为

$$x\left(4x^2\frac{d^2y}{dt^2}+2\frac{dy}{dt}\right)-2x\frac{dy}{dt}-4x^3y=x^3e^{x^2},$$

即 $\frac{d^2y}{dt^2}-y=\frac{1}{4}e^t$，此方程所对应的齐次方程特征根为 $\lambda_{1,2}=\pm 1$，

因此齐次方程的通解为 $c_1e^t+c_2e^{-t}$，

由于 $f(t)=\frac{1}{4}e^t$，则方程 $\frac{d^2y}{dt^2}-y=\frac{1}{4}e^t$ 有形如 $\bar{y}=Ate^t$ 的特解.

代入方程得 $A=\frac{1}{4}$，

故原方程的通解为 $y(x)=c_1e^{x^2}+c_2e^{-x^2}+\frac{1}{4}x^2e^{x^2}$，其中 c_1、c_2 为任意常数.

基本题型Ⅳ：求微分方程满足某些初值条件的解

思路点拨 求解微分方程初值问题的一般方法是先求通解，再由初值条件来确定任意常数；另外，拉普拉斯变换法和幂级数解法也可以求解.

例 5 求微分方程 $y''-3y'+2y=0$ 满足初值条件 $y(0)=2,y'(0)=-3$ 的解.

解题过程 $y''-3y'+2y=0$ 的特征方程 $\lambda^2-3\lambda+2=0$，特征根为 $\lambda_1=1,\lambda_2=2$，

所以方程的通解为 $y=c_1e^x+c_2e^{2x}$，

由初值条件可得 $\begin{cases}c_1+c_2=2\\c_1+2c_2=-3\end{cases}$，

解得 $\begin{cases}c_1=7,\\c_2=-5.\end{cases}$

则方程满足初值条件的解为 $y=7e^x-5e^{2x}$.

例 6 用拉普斯变换法求解下列初值问题：$x''-2x'+x=te^t,x(0)=0,x'(0)=0$.

解题过程 方程两端同时进行拉普拉斯变换，得到 $s^2X(s)-2sX(s)+X(s)=\dfrac{1}{(s-1)^2}$，

即 $\quad X(s)=\dfrac{1}{(s-1)^4}$.

由于 $\quad L[t^ne^{at}]=\dfrac{n!}{(s-a)^{n+1}}$，

即 $\quad L[\dfrac{t^n}{n!}e^{at}]=\dfrac{n!}{(s-a)^{n+1}}$

故 $\quad L[\dfrac{t^3}{3!}e^t]=\dfrac{n!}{(s-a)^4}$.

则所求初值问题的解为 $x(t)=\dfrac{1}{6}t^3e^t$.

例 7 用幂级数解法求解微分方程初值问题：$y''+x^2y'=0,y(0)=0,y'(0)=1$.

解题过程 已知 $p_0(x)=1,p_1(x)=x^2$ 在 $x=0$ 点解析且 $p_0(0)\neq0$，

根据幂级数解的存在定理可知此初值问题有级数解

$$y=a_0+a_1x+\cdots+a_nx^n+\cdots,$$

利用初值条件，得到 $a_0=0,a_1=1$，

因而 $\quad y'=1+2a_2x+\cdots+na_nx^{n-1}+(n+1)a_{n+1}x^n+\cdots$，

$$y''=2\cdot1a_2+3\cdot2a_3x+\cdots+n(n-1)a_nx^{n-2}+(n+1)na_{n+1}x^{n-1}+(n+2)(n+1)a_{n+1}x^n+\cdots,$$

将 y'、y'' 的表达式代入原方程中，比较系数可得

$$2\cdot1a_2=0,3\cdot2a_3=0,4\cdot3a_4+a_1=0,5\cdot4a_5+2a_2=0,\cdots$$

从而 $\quad a_2=0,a_3=0,a_4=\dfrac{a_1}{4\cdot3}=\dfrac{1}{4\cdot3},a_5=-\dfrac{2a_2}{5\cdot4}=0,\cdots$

或一般的 $\quad a_{3n}=0,a_{3n+1}=(-1)^n\dfrac{1}{3\cdot4\cdot6\cdot7\cdots\cdots3n\cdot(3n+1)},a_{3n+2}=0.$

则所求初值问题的幂级数解为

$$y=x+\sum_{n=1}^{\infty}(-1)^n\cdot\frac{x^{3n+1}}{3\cdot4\cdot6\cdot7\cdots\cdots3n\cdot(3n+1)}.$$

考研真题精解

1 （2012 年数学一）若函数 $f(x)+f(x)-2f(x)=0$ 及 $f(x)+f(x)=2e^x$，则 $f(x)=$________.

解题过程 特征方程为 $r^2+r-2=0$，解得特征根为 $r_1=1,r_2=-2$，均为单根，则齐次微分方程 $f''(x)+f'(x)-2f(x)=0$ 的通解为 $f(x)=C_1e^x+C_2e^{-2x}$. 再由 $f(x)+f(x)=2e^x$ 得 $2C_1e^x-C_2e^{-2x}=2e^x$，知$C_1=1,C_2=0$.

故 $f(x)=e^x$.

2 （2011 年数学一）微分方程 $y-\lambda^2y=e^{\lambda x}+e^{-\lambda x}(\lambda>0)$ 的特解形式为

(A)$a(e^{\lambda x}+e^{-\lambda x})$　　(B)$ax(e^{\lambda x}+e^{-\lambda x})$

(C)$x(ae^{\lambda x}+be^{-\lambda x})$　　(D)$x^2(ae^{\lambda x}+be^{-\lambda x})$

解题过程 特征方程 $y^2-\lambda^2=0$，则特征根为 $y_1=\lambda,y_2=-\lambda$，

故 $y^n-\lambda^2y=e^{\lambda x}$ 特解为 $y_1=xe^{\lambda x}C_1$，

$y^n-\lambda^2y=e^{-\lambda x}$ 特解为 $y_2=xe^{-\lambda x}C_2$，

特解 $y=x(C_1e^{\lambda x}+C_2e^{-\lambda x})$.

故选 C

3 （2011 年数学一）微分方程 $y+y=e^{-x}\cos x$ 满足条件 $y(0)=0$ 的解为 $y=$________.

解题过程 对应的齐次方程为

$$\frac{dy}{dx}=-y\Rightarrow\frac{dy}{y}=-x\Rightarrow\ln y=-x+\ln C\Rightarrow y=ce^{-x}.$$

常数变易，设 $y=u(x)e^{-x}$，代入原方程，有

$$u'e^{-x}+ue^{-x}(-1)+u(x)^{-x}=e^{-x}\cos x$$

即 $u'=\cos x$，解得 $u=\sin x+C$.

则通解为 $y=e^{-x}(\sin x+C)$. 代入 $y(0)=0$，解得 $C=0$. 故所求解为 $y=e^{-x}\sin x$.

课后习题全解

习题 4.1

1 设 $x(t)$ 和 $y(t)$ 是区间 $a\leqslant t\leqslant b$ 上的连续函数，证明：如果在区间 $a\leqslant t\leqslant b$ 上有 $\frac{x(t)}{y(t)}\neq$ 常数或 $\frac{y(t)}{x(t)}$

≠常数，则 $x(t)$ 和 $y(t)$ 在区间 $a\leqslant t\leqslant b$ 上线性无关(提示：用反证法).

证　明　用反证法证明. 假设 $x(t)$ 和 $y(t)$ 在区间 $[a,b]$ 上线性相关，则存在不全为零的常数 C_1 和 C_2 使得

$$C_1x(t)+C_2y(t)\equiv 0, t\in[a,b].$$

若 $C_1\neq 0$，则 $\dfrac{y(t)}{x(t)}=-\dfrac{C_1}{C_2}=$ 常数；

若 $C_1\neq 0$，则 $\dfrac{x(t)}{y(t)}=-\dfrac{C_2}{C_1}=$ 常数.

可见在两种情况下，都与已知条件 $\dfrac{x(t)}{y(t)}\neq$ 常数或 $\dfrac{y(t)}{x(t)}\neq$ 常数矛盾，所以假设不成立，即证明了 $x(t)$ 和 $y(t)$ 在区间 $[a,b]$ 上是线性无关的.

2　证明非齐次线性微分方程的叠加原理：设 $x_1(t)$，$x_2(t)$ 分别是非齐次线性微分方程

$$\frac{d^nx}{dt^n}+a_1(t)\frac{d^{n-1}x}{dt^{n-1}}+\cdots+a_n(t)x=f_1(t),$$

$$\frac{d^nx}{dt^n}+a_1(t)\frac{d^{n-1}x}{dt^{n-1}}+\cdots+a_n(t)x=f_2(t)$$

的解，则 $x_1(t)+x_2(t)$ 是方程

$$\frac{d^nx}{dt^n}+a_1(t)\frac{d^{n-1}x}{dt^{n-1}}+\cdots+a_n(t)x=f_1(t)+f_2(t)$$

的解.

证　明　$x_1(t)$，$x_2(t)$ 分别是非齐次线性微分方程

$$\frac{d^nx}{dt^n}+a_1(t)\frac{d^{n-1}x}{dt^{n-1}}+\cdots+a_n(t)x=f_1(t),$$

$$\frac{d^nx}{dt^n}+a_1(t)\frac{d^{n-1}x}{dt^{n-1}}+\cdots+a_n(t)x=f_2(t)$$

的解，所以满足

$$\frac{d^nx_1(t)}{dt^n}+a_1(t)\frac{d^{n-1}x_1(t)}{dt^{n-1}}+\cdots+a_n(t)x_1(t)=f_1(t),$$

$$\frac{d^nx_2(t)}{dt^n}+a_1(t)\frac{d^{n-1}x_2(t)}{dt^{n-1}}+\cdots+a_n(t)x_2(t)=f_2(t),$$

将以上两式相加，并且利用导数的运算法则有

$$\frac{d^n(x_1(t)+x_2(t))}{dt^n}+a_1(t)\frac{d^{n-1}(x_1(t)+x_2(t))}{dt^{n-1}}+\cdots$$
$$+a_n(t)(x_1(t)+x_2(t))=f_1(t)+f_2(t),$$

即 $x_1(t)+x_2(t)$ 是方程

$$\frac{d^nx}{dt^n}+a_1(t)\frac{d^{n-1}x}{dt^{n-1}}+\cdots+a_n(t)x=f_1(t)+f_2(t)$$

的解.

3 已知齐次线性微分方程的基本解组 x_1,x_2,求下列方程对应的非齐次线性微分方程的通解:

(1)$x''-x=\cos t,x_1=e^t,x_2=e^{-t}$;

(2)$x''+\frac{t}{1-t}x'-\frac{1}{1-t}x=t-1,x_1=t,x_2=e^t$;

(3)$x''+4x=t\sin t,x_1=\cos 2t,x_2=\sin 2t$;

(4)$t^2x''-4tx'+6x=36\frac{\ln t}{t},x_1=t^2,x_2=t^3$;

(5)$t^2x''-tx'+x=6t+34t^2,x_1=t,x_2=t\ln t$;

(6)$t^2x''-3tx'-8x=18t^2\sin(\ln t),x_1=t^2\cos(2\ln t),x_2=t^2\sin(2\ln t)$.

解题过程 (1)应用常数变易法,令

$$x=C_1(t)e^t+C_2(t)e^{-t},$$

并将它代入方程,则可得决定 $C_1'(t)$ 和 $C_2'(t)$ 的两个方程

$$e^tC_1'(t)+e^{-t}C_2'(t)=0$$

及 $$e^tC_1'(t)-e^{-t}C_2'(t)=\cos t.$$

解得 $$C_1'(t)=\frac{1}{2}\cos t\cdot e^{-t},C'_2=\frac{-1}{2}e^t\cos t,$$

则 $$C_1(t)=\frac{\sin t-\cos t}{4}\cdot e^{-t}+\gamma_1,$$

$$C_2(t)=-\frac{1}{4}(\sin t+\cos t)e^t+\gamma_2.$$

于是原方程的通解为

$$x=\gamma_1e^t+\gamma_2e^{-t}-\frac{1}{2}\cos t.$$

(2)令 $x=t\cdot C_1(t)+e^t\cdot C_2(t)$,并将它代入方程,则可得决定 $C_1'(t)$ 和 $C_2'(t)$ 的两个方程

$$t\cdot C_1'(t)+e^t\cdot C_2'(t)=0$$

及 $$C_1'(t)+e^t\cdot C_2'(t)=t-1,$$

解得 $$C_1'(t)=-1,C_2'(t)=t\cdot e^{-t},$$

则 $$C_1(t)=-t+C_1,C_2(t)=-(t+1)e^{-t}+C_2.$$

于是原方程的通解为

$$x=C_1t+C_2e^t-(t^2+t+1).$$

(3)令 $x=C_1(t)\cos 2t+C_2(t)\sin 2t$,将它代入方程,则可得决定 $C_1'(t)$ 和 $C_2'(t)$ 的两个方程

$$\cos 2t\cdot C_1'(t)+\sin 2t\cdot C_2'(t)=0$$

及 $$-2\sin 2tC_1'(t)+2\cos 2t\cdot C_2'(t)=t\sin t,$$

解得 $$C_1'(t)=-\frac{1}{2}t\sin t\sin 2t,$$

$$C_2'(t)=\frac{1}{2}t\sin t\cos 2t,$$

由此 $$C_1(t)=\frac{1}{4}\left[\frac{1}{3}t\sin 3t+\frac{1}{9}\cos 3t-t\sin t-\cos t\right]+C_1,$$

$$C_2(t)=\frac{1}{4}\left[-\frac{1}{3}t\cos3t+\frac{1}{9}\sin3t+t\cos t-\sin t\right]+C_2.$$

于是方程的通解是

$$x=C_1\cos2t+C_2\sin2t+\frac{t}{3}\sin t-\frac{2}{9}\cos t.$$

(4)先将方程变形为

$$x''-\frac{4}{t}x'+\frac{6}{t^2}x=\frac{36}{t^3}\ln t.$$

由于 $x_1=t^2$, $x_2=t^3$ 是对应齐次方程的解,故可以令

$$x=C_1(t)\cdot t^2+C_2(t)t^3,$$

将它代入方程,则可得决定 $C_1'(t)$和 $C'2_2(t)$的两个方程

$$t^2\cdot C_1'(t)+t^3\cdot C_2'(t)=0$$

及 $$2t\cdot C_1'(t)+3t^2\cdot C_2'(t)=\frac{36}{t^3}\ln t,$$

解得 $$C_1'(t)=-\frac{36}{t^4}\ln t, C'_2(t)=\frac{36}{t^5}\ln t,$$

由此 $$C_1(t)=4t^{-3}(1+3\ln t)+C_1,$$

$$C_2(t)=-9t^{-4}(\ln t+\frac{1}{4})+C_2.$$

于是方程的通解为

$$x=C_1t^2+C_2t^3+\frac{1}{t}(3\ln t+\frac{7}{4}).$$

(5)方程可以变形为

$$x''-\frac{1}{t}x'+\frac{1}{t^2}x=\frac{6}{t}+34.$$

令方程的解为 $x=t\cdot C_1(t)+t\ln t\cdot C_2(t)$,将它代入方程,则可得决定 $C_1'(t)$和 $C_2'(t)$的两个方程

$$t\cdot C_1'(t)+t\ln t\cdot C_2'(t)=0,$$

及 $$C_1'(t)+(\ln t+1)C_2'(t)=\left(\frac{6}{t}+34\right),$$

$$C_2'(t)=\frac{6}{t}+34,$$

由此 $$C_1(t)=-34(t\ln t)-3(\ln t)^2+C_1,$$

$$C_2(t)=34t+6\ln t+C_2.$$

于是方程的通解为

$$x=C_1\cdot t+C_2t\ln t+34t^2+3t(\ln t)^2.$$

(6)方程变形为

$$x''-\frac{3}{t}x'-\frac{8}{t^2}x=18\sin(\ln t).$$

令 $x=C_1(t)\cdot t^2\cos(2\ln t)+C_2(t)\cdot t^2\sin(2\ln t)$,将它代入方程,则可得决定 $C_1'(t)$和$C_2'(t)$

的两个方程

$$t^2\cos(2\ln t)\cdot C_1''(t)+t^2\sin(2\ln t)\cdot C_2'(t)=0$$

及

$$2t(\cos(2\ln t)-\sin(2\ln t))C_1'(t)+2t(\sin(2\ln t)+(\cos(2\ln t))C_2'(t)$$
$$=18\sin(\ln t)$$

解得

$$C_1'(t)=-9t^{-1}\sin(\ln t)\sin(2\ln t),$$
$$C_2'(t)=9t^{-1}\sin(\ln t)\cos(2\ln t),$$

由此
$$C_1(t)=\frac{9}{2}\left(\frac{1}{3}\sin(3\ln t)\right)+C_1,$$
$$C_2(t)=\frac{9}{2}\left(-\frac{1}{3}\cos(3\ln t)+\cos(\ln t)\right)+C_2.$$

于是方程的通解为

$$x=[C_1\cos(2\ln t)+C_2\sin(2\ln t)]t^2-\frac{18}{13}t^2\sin(\ln t).$$

4 已知方程$\frac{d^2x}{dt^2}-x=0$有基本解组e^t,e^{-t},试求此方程适合初值条件

$$x(0)=1,x'(0)=0$$

及

$$x(0)=0,x'(0)=1$$

的基本解组(称为标准基本解组,即有$W(0)=1$),并由此求出方程的适合初值条件

$$x(0)=x_0,x'(0)=x_0'$$

的解.

解题过程 由于e^t和e^{-t}是方程的基本解组,故可以令方程适合初值条件$x(0)=1,x'(0)=0$的解为$x=C_1e^t+C_2e^{-t}$,则有

$$\begin{cases}C_1+C_2=x(0)=1,\\C_1-C_2=x'(0)=0,\end{cases}$$

即
$$C_1=C_2=\frac{1}{2}.$$

同理,令适合初值条件$x(0)=0,x'(0)=1$的解为$x=C_3e^t+C_4e^{-t}$,则有

$$\begin{cases}C_3+C_4=x(0)=0,\\C_3-C_4=x'(0)=1,\end{cases}$$

即
$$C_3=\frac{1}{2},C_4=-\frac{1}{2}.$$

所以方程适合初值条件$x(0)=1,x'(0)=0$及$x(0)=0,x'(0)=1$的基本解组为$\mathrm{ch}t,\mathrm{sh}t$.

这里$\mathrm{ch}t=\frac{1}{2}(e^t+e^{-t}),\mathrm{sh}t=\frac{1}{2}(e^t-e^{-t})$.

再令方程的适合初值条件$x(0)=x_0,x'(0)=x_0'$的解为

$$x=C_5\cdot \text{sh}t+C_6\cdot \text{ch}t,$$

则有 $\begin{cases}C_6=x(0)=x_0,\\ C_5=x'(0)=x'_0,\end{cases}$

故，适合初值条件 $x(0)=x_0, x'(0)=x'_0$ 的解为

$$x=x_0\text{ch}t+x'_0\text{sh}t.$$

5 设 $x_i(t)(i=1,2,\cdots,n)$ 是齐次线性微分方程(4.2)的任意 n 个解，它们所构成的朗斯基行列式记为 $W(t)$. 试证明 $W(t)$ 满足一阶线性微分方程

$$W'+a_1(t)W=0,$$

因而有

$$W(t)=W(t_0)\mathrm{e}^{-\int_{t_0}^{t}a_1(s)\mathrm{d}s}t_0, t\in(a,b).$$

证　明 $x_i(t)(i=1,2,\cdots,n)$ 是齐次线性微分方程(4.2)的任意 n 个解，它们满足

$$(1)\begin{cases}x_1^{(n)}+a_1(t)x_1^{(n-1)}+a_2(t)x_1^{(n-2)}+\cdots+a_n(t)x_1=0,\\ \cdots\cdots\\ x_n^{(n)}+a_1(t)x_n^{(n-1)}+a_2(t)x_n^{(n-2)}+\cdots+a_n(t)x_n=0.\end{cases}$$

又由行列式求导法则有

$$\frac{\mathrm{d}W(t)}{\mathrm{d}t}=\frac{\mathrm{d}}{\mathrm{d}t}\begin{vmatrix}x_1 & x_2 & x_3 & \cdots & x_n\\ x'_1 & x'_2 & x'_3 & \cdots & x'_n\\ \cdots & \cdots & \cdots & \cdots & \cdots\\ x_1^{(n-1)} & x_2^{(n-1)} & x_3^{(n-1)} & \cdots & x_n^{(n-1)}\end{vmatrix}$$

$$=\begin{vmatrix}x'_1 & x'_2 & x'_3 & \cdots & x'_n\\ x'_1 & x'_2 & x'_3 & \cdots & x'_n\\ x''_1 & x''_2 & x''_3 & \cdots & x''_n\\ \cdots & \cdots & \cdots & \cdots & \cdots\\ x_1^{(n-1)} & x_2^{(n-1)} & x_3^{(n-1)} & \cdots & x_n^{(n-1)}\end{vmatrix}$$

$$+\begin{vmatrix}x_1 & x_2 & x_3 & \cdots & x_n\\ x''_1 & x''_2 & x''_3 & \cdots & x''_n\\ x''_1 & x''_2 & x''_3 & \cdots & x''_n\\ \cdots & \cdots & \cdots & \cdots & \cdots\\ x_1^{(n-1)} & x_2^{(n-1)} & x_3^{(n-1)} & \cdots & x_n^{(n-1)}\end{vmatrix}$$

$$+\cdots+\begin{vmatrix}x_1 & x_2 & x_3 & \cdots & x_n\\ x'_1 & x'_2 & x'_3 & \cdots & x'_n\\ \cdots & \cdots & \cdots & \cdots & \cdots\\ x_1^{(n-2)} & x_2^{(n-2)} & x_3^{(n-2)} & \cdots & x_n^{(n-2)}\\ x_1^{(n)} & x_2^{(n)} & x_3^{(n)} & \cdots & x_n^{(n)}\end{vmatrix}$$

$$= \begin{vmatrix} x_1 & x_2 & x_3 & \cdots & x_n \\ x'_1 & x'_2 & x'_3 & \cdots & x'_n \\ \cdots & \cdots & \cdots & \cdots & \cdots \\ x_1^{(n-2)} & x_2^{(n-2)} & x_3^{(n-2)} & \cdots & x_n^{(n-2)} \\ x_1^{(n)} & x_2^{(n)} & x_3^{(n)} & \cdots & x_n^{(n)} \end{vmatrix}$$

对于上式右端的行列式作以下变换:将第一行的 $a_n(t)$ 倍,第二行的 $a_{n-1}(t)$ 倍,…第 $(n-1)$ 行的 $a_2(t)$ 倍都加到第 n 行,并利用已经得到的条件(1),得

$$\frac{\mathrm{d}W(t)}{\mathrm{d}t} = \begin{vmatrix} x_1 & x_2 & x_3 & \cdots & x_n \\ x'_1 & x'_2 & x'_3 & \cdots & x'_n \\ \cdots & \cdots & \cdots & \cdots & \cdots \\ x_1^{(n-2)} & x_2^{(n-2)} & x_3^{(n-2)} & \cdots & x_n^{(n-2)} \\ -a_1(t)x_1^{(n-1)} & -a_1(t)x_2^{(n-1)} & -a_1(t)x_3^{(n-1)} & \cdots & -a_1(t)x_n^{(n-1)} \end{vmatrix}$$

$$= -a_1(t)W(t),$$

所以 $W(t)$ 满足一阶线性微分方程

$$W'(t) + a_1(t)W(t) = 0,$$

因而有

$$W(t) = W(t_0)\mathrm{e}^{-\int_{t_0}^{t} a_1(s)\mathrm{d}s}.$$

6 假设 $x_{(}t)\neq 0$ 是二阶齐次方程线性微分方程

$$x'' + a_1(t)x' + a_2(t)x = 0$$

的解,这里 $a_1(t)$ 和 $a_2(t)$ 于区间 $[a,b]$ 上连续,试证:

(1) $x_2(t)$ 为方程的解的充要条件是

$$W'[x_1,x_2] + a_1 W[x_1,x_2] = 0;$$

(2)方程的通解可表示为

$$x = x_1\left[c_1\int \frac{1}{x_1^2}\exp\left(-\int_{t_0}^{t} a_1(s)\mathrm{d}s\right)\mathrm{d}t + c_2\right],$$

其中 c_1,c_2 为任意常数,$t_0,t\in[a,b]$.

证　明　(1)充分性:由于

$$W'[x_1,x_2] = \begin{vmatrix} x'_1 & x'_2 \\ x'_1 & x'_2 \end{vmatrix} + \begin{vmatrix} x_1 & x_2 \\ x''_1 & x''_2 \end{vmatrix} = \begin{vmatrix} x_1 & x_2 \\ x''_1 & x''_2 \end{vmatrix},$$

$$W'[x_1,x_2] + a_1(t)W[x_1,x_2] = \begin{vmatrix} x_1 & x_2 \\ x''_1 & x''_2 \end{vmatrix} + a_1(t)\begin{vmatrix} x_1 & x_2 \\ x'_1 & x'_2 \end{vmatrix}$$

$$= \begin{vmatrix} x_1 & x_2 \\ x''_1 + a_1(t)x'_1 & x''_2 + a_1(t)x'_2 \end{vmatrix} = 0,$$

而 $x_1(t)\neq 0$ 是已知方程的解,则有

$$\begin{vmatrix} x_1 & x_2 \\ -a_2(t)x_1 & x''_2 + a_1(t)x'_2 \end{vmatrix} = x_1\begin{vmatrix} 1 & x_2 \\ -a_2(t) & x''_2 + a_1(t)x'_2 \end{vmatrix} = 0,$$

故有 $$x_2''+a_1(t)x_2'+a_2(t)x_2=0,$$

即 $x_2(t)$是已知方程的解.

必要性:$W[x_1,x_2]$是方程的解 $x_1(t),x_2(t)$的朗斯基行列式,所以

$$W'[x_1,x_2]=\begin{vmatrix} x_1 & x_2 \\ x_1'' & x_2'' \end{vmatrix}=\begin{vmatrix} x_1 & x_2 \\ x_1''+a_2(t)x_1 & x_2''+a_2(t)x_2 \end{vmatrix}$$

$$=\begin{vmatrix} 1 & x_2 \\ -a_1(t)x'_1 & a_1(t)x'_2 \end{vmatrix}$$

$$=-a_1(t)\begin{vmatrix} x_1 & x_2 \\ x_1' & x_2' \end{vmatrix}=-a_1(t)W[x_1,x_2],$$

即 $W[x_1,x_2]$满足 $W'[x_1,x_2]+a_1(t)W[x_1,x_2]=0$.

(2)因为 x_1,x_2 为方程解,则由刘维尔公式

$$\begin{vmatrix} x_1 & x_2 \\ x_1' & x_2' \end{vmatrix}=W(t_0)\mathrm{e}^{-\int_{t_0}^{t}a_1(s)\mathrm{d}s},$$

即 $$x_1x_2'-x_1'x_2=W(t_0)\mathrm{e}^{-\int_{t_0}^{t}a_1(s)\mathrm{d}s}.$$

方程两边同乘以$\frac{1}{x_1^2}$,则有 $\frac{\mathrm{d}\left(\frac{x_2}{x_1}\right)}{\mathrm{d}t}=\frac{W(t_0)}{x_1^2}\mathrm{e}^{-\int_{t_0}^{t}a_1(s)\mathrm{d}s}$,于是

$$\frac{x_2}{x_1}c_1\int\frac{1}{x_1^2}\mathrm{e}^{-\int_{t_0}^{t}a_1(s)\mathrm{d}s}\mathrm{d}t+c_2,$$

即 $$x_2=\left(c_1\int\frac{1}{x^2}\mathrm{e}^{-\int_{t_0}^{t}a_1(s)\mathrm{d}s}\mathrm{d}t+c_2\right)x_1.$$

取 $c_1=1,c_2=0$,得

$$x_2=x_1\int\frac{1}{x_1^2}\mathrm{e}^{-\int_{t_0}^{t}a_1(s)\mathrm{d}s}\mathrm{d}t,$$

又 $$W(t)=\begin{vmatrix} x_1 & x_2 \\ x'_1 & x'_2 \end{vmatrix}=\mathrm{e}^{-\int_{t_0}^{t}a_1(s)\mathrm{d}s}\neq 0,$$

从而原方程的通解可以表示为

$$x=x_1\left[c_1\int\frac{1}{x_1^2}\exp\left(-\int_{t_0}^{t}a_1(s)\mathrm{d}s\right)\mathrm{d}t+c_2\right],$$

其中 c_1,c_2 为常数,$t_0,t\in[a,b]$.

7 试证 n 阶非齐次线性微分方程(4.1)存在且最多存在 $n+1$ 个线性无关解.

证 明 n 阶非齐次线性微分方程(4.1)对应的齐次方程(4.2)存在 n 个线性无关的解,设它们为 $x_1(t),x_2(t),\cdots,x_n(t)$,并设 $\bar{x}(t)$是方程(4.1)的特解.下证 $x_1(t)+\bar{x}(t),\cdots,x_n(t)+\bar{x}(t),\bar{x}(t)$是方程(4.1)的 $n+1$ 个解,且线性无关.显然 $x_1(t)+\bar{x}(t),\cdots,x_n(t)+\bar{x}(t)$是方程(4.1)的解.设存在不全为零的数 $c_1,c_2,\cdots,c_{n+1}$,使得

$$c_1(x_1+\bar{x})+c_2(x_2+\bar{x})+\cdots+c_n(x_n+\bar{x})+c_{n+1}\bar{x}=0,$$

即 $$(c_1x_1+c_2x_2+\cdots+c_nx_n)+(c_1+c_2+\cdots+c_{n+1})\bar{x}=0,$$

则必有 $c_1+c_2+\cdots+c_{n+1}=0$,否则,$\bar{x}$ 可由 $x_1,x_2,\cdots,x_n$ 线性表出,即与 $\bar{x}$ 是(4.1)的特解矛盾.从而

$$c_1x_1+c_2x_2+\cdots+c_nx_n=0,$$

由于 $x_1(t),x_2(t),\cdots,x_n(t)$线性无关,故

$$c_1=c_2=\cdots=c_n=c_{n+1}=0.$$

所以,$x_1(t)+\bar{x}(t),x_2(t)+\bar{x}(t),\cdots,x_n(t)+\bar{x}(t),\bar{x}(t)$是方程(4.1)的 $n+1$ 个线性无关解.

接着证明方程(4.1)最多存在 $n+1$ 个线性无关的解.设 $x_1(t),x_2(t),\cdots,x_{n+2}(t)$是(4.1)的任意 $n+2$ 个解,显然,$x_1(t)-x_{n+2}(t),x_2(t)-x_{n+2}(t)\cdots,x_{n+1}(t)-x_{n+2}(t)$是齐次方程(4.2)的$n+1$个解.由定理 6 及其推论,这 $n+1$ 个解一定线性相关,即存在不全为零的数 $c_1,c_2,\cdots,c_{n+1}$使得

$$c_1[x_1(t)-x_{n+2}(t)]+c_2[x_1(t)-x_{n+2}(t)]+\cdots+c_{n+1}[x_{n+1}(t)-x_{n+2}(t)]\equiv0,$$

即
$$c_1x_1(t)+c_2x_2(t)+\cdots+c_{n+1}x_{n+1}(t)-(c_1+c_2+\cdots+c_{n+1})x_{n+2}(t)\equiv0,$$

所以这 $n+2$ 个解是线性相关的,即证明了最多有 $n+1$ 个线性无关解.

习题 4.2

1 证明定理 8 和定理 9.

证　明　定理 8 的证明如下:

已知 $x=z(t)=\varphi(t)+i\psi(t)$是教材中方程(4.2)的复值解,则有

$$z'(t)=\frac{\mathrm{d}z(t)}{\mathrm{d}t}=\varphi'(t)+i\psi'(t),$$

$$z''(t)=\varphi''(t)+i\psi''(t),\cdots,z^{(n)}(t)=\varphi^{(n)}(t)+i\psi^{(n)}(t).$$

由于 $z(t)=\varphi(t)+i\psi(t)$是方程(4.2)的解,则

$$z^{(n)}(t)+a_1(t)z^{(n-1)}(t)+\cdots+a_{n-1}z'(t)+a_n(t)z(t)=0,$$

即
$$[\varphi^{(n)}(t)+a_1(t)\varphi^{(n-1)}(t)+\cdots+a_n(t)\varphi(t)]+i[\varphi^{(n)}(t)+a_1(t)\psi^{(n-1)}(t)+\cdots+a_n(t)\psi(t)]=0.$$

所以
$$\varphi^{(n)}(t)+a_1(t)\varphi^{(n-1)}(t)+\cdots+a_n(t)\varphi(t)=0, \qquad ①$$

$$\psi^{(n)}(t)a_1(t)\psi^{(n-1)}(t)+\cdots+a_n(t)\psi(t)=0. \qquad ②$$

另外,①式加②式的$(-i)$倍,得到

$$(\varphi^{(n)}(t)-i\psi^{(n)}(t))+a_1(t)(\varphi^{(n-1)}(t)-i\psi^{(n-1)}(t)+\cdots+a_n(t)(\varphi(t)-i\psi(t))=0,$$

即
$$\frac{\mathrm{d}^n\bar{z}}{\mathrm{d}t^n}+a_1\frac{\mathrm{d}^{n-1}\bar{z}}{\mathrm{d}t^{n-1}}+\cdots+a_{n-1}\frac{\mathrm{d}\bar{z}}{\mathrm{d}t}+a_n\bar{z}=0. \qquad ③$$

①、②、③式即证明了 $z(t)$的实部 $\varphi(t)$,虚部 $\psi(t)$和共轭复值函数 $\bar{z}(t)$也是方程的解.

定理 9 的证明如下:

由于 $x=U(t)+iV(t)$,则

$$x'=U'(t)+iV'(t),x''=V''(t)+iV''(t),\cdots,x^{(n)}=U^{(n)}(t)+iV^{(n)}(t).$$

于是由 $x=U(t)+iV(t)$ 是方程

$$\frac{d^n x}{dt^n}+a_1(t)\frac{d^{n-1}x}{dt^{n-1}}+\cdots+a_{n-1}(t)\frac{dx}{dt}+a_n(t)x=u(t)+iv(t)$$

的复值解，可得

$$\left[\frac{d^n U}{dt^n}+a_1(t)\frac{d^{(n-1)}U}{dt^{n-1}}+\cdots+a_n(t)U\right]+i\left[\frac{d^n V}{dt^n}+a_1(t)\frac{d^{n-1}tV}{dt^{n-1}}+\cdots+a_n(t)V\right]$$
$$=u(t)+iv(t).$$

由于两个复数相等的条件是实部与虚部 $V(t)$ 分别是方程

$$\frac{d^n x}{dt^n}+a_1(t)\frac{d^{n-1}x}{dt^{n-1}}+\cdots+a_{n-1}(t)\frac{dx}{dt}+a_n(t)x=u(t),$$

和
$$\frac{d^n x}{dt^n}+a_1(t)\frac{d^{n-1}x}{dt^{n-1}}+\cdots+a_{n-1}(t)\frac{dx}{dt}+a_n(t)x=v(t)$$

的解.

2 求解下列常系数线性微分方程：

(1) $x^{(4)}-5x''+4x=0$；

(2) $x'''-3ax''+3a^2x'-a^3x=0$；

(3) $x^{(5)}-4x'''=0$；

(4) $x''+x'+x=0$；

(5) $s''-a^2s=t+1$；

(6) $x'''-4x''+5x'-2x=2t+3$；

(7) $x^{(4)}-2x''+x=t^2-3$；

(8) $x'''-x=\cos t$；

(9) $x''+x'-2x=8\sin 2t$；

(10) $x'''-x=e^t$；

(11) $s''+2as'+a^2s=e^t$；

(12) $x''+6x'+5x=e^{2t}$

(13) $x''-2x'+3x=e^{-t}\cos t$；

(14) $x''+x=\sin t-\cos 2t$；

(15) $x''-4x'+4x=e^t+e^{2t}+1$

(16) $x''+9x=t\sin 3t$；

(17) $x''-2x'+2x=te^t\cos t$；

(18) $x''+2x'+5x=4e^{-t}+17\sin 2t$；

(19) $x''+x=\dfrac{1}{\sin^3 t}$；

(20) $x''+x=1-\dfrac{1}{\sin t}$.

解题过程 (1)特征方程为 $\lambda^4-5\lambda^2+4=0$ 或 $(\lambda^2-1)(\lambda^2-4)=0$，即得 $\lambda_1=1,\lambda_2=-1,\lambda_3=2$，$\lambda_4=-2$共 4 个单根，于是方程的通解为

$$x=c_1e^t+c_2e^{-t}+c_3e^{2t}+c_4e^{-2t},$$

其中 c_1,c_2,c_3,c_4 为任意常数.

(2)特征方程为 $\lambda^3-2a\lambda^2+3a^2\lambda-a^3=0$ 或 $(\lambda-a)^3=0$，即得特征根为 $\lambda_1=\lambda_2=\lambda_3=0$，$\lambda_4=2,\lambda_5=-2$.

所以方程的通解为

$$x=c_1+c_2t+c_3t^2+c_4e^{2t}+c_5e^{-2t},$$

这里 c_1,c_2,c_3,c_4,c_5 是任意常数.

(4)特征方程为 $\lambda^2+\lambda+1=0$，即得特征根为 $\lambda_1=-\frac{1}{2}+\frac{\sqrt{3}}{2}i,\lambda_2=-\frac{1}{2}-\frac{\sqrt{3}}{2}i$.

所以方程的通解为

$$x=e^{-\frac{1}{2}t}\left(c_1\cos\frac{\sqrt{3}}{2}t+c_2\sin\frac{\sqrt{3}}{2}t\right),$$

这里 c_1,c_2 是任意常数.

(5)特征方程为 $\lambda^2-n^2=0$,即得 $\lambda_1=a,\lambda_2=-a$.

当 $a\neq 0$ 时,设方程有特解 $\bar{s}=At+B$,代入方程得到

$$A=B=-\frac{1}{a^2},$$

所以方程的解为

$$s=c_1e^{at}+c_2e^{-at}-\frac{1}{a^2}(t+1).$$

当 $a=0$ 时,原方程化为 $s''=t+1$,对方程两次积分,即得

$$s=\frac{t^3}{6}+\frac{t^2}{2}+c_2t+c_2,$$

这里 c_1,c_2 是任意常数.

(6)对应齐次方程的特征方程为

$$\lambda^3-4\lambda^2+5\lambda-2=0.$$

即得特征根为 $\lambda_1=\lambda_2=1,\lambda_2=2$.

设方程有特解 $\bar{x}=At+B$,代入原方程则得到

$$A=-1,B=-4,$$

所以原方程的通解为

$$x=(c_1+c_2t)e^t+c_3e^{2t}-t-4.$$

这里 c_1,c_2,c_3 为任意常数.

(7)对应齐次方程的特征方程为

$$\lambda^4-2\lambda^2+1=0,$$

即得特征根为 $\lambda_1=\lambda_2=1,\lambda_3=\lambda_4=-1$.

令方程的一个特解为 $\bar{x}=At^2+Bt+C$,代入原方程则

$$A=1,B=0,C=1,$$

于是原方程的通解为

$$x=e^t(c_1+c_2t)+e^{-t}(c_3+c_4t)+t^2+1,$$

这里 c_1,c_2,c_3,c_4 是任意常数.

(8)对应齐次方程的特征方程为

$$\lambda^3-1=0,$$

即得特征根为 $\lambda_1=1,\lambda_2=\frac{-1+\sqrt{3}i}{2},\lambda_3=\frac{-1-\sqrt{3}i}{2}$.

令方程的一个特解为 $\bar{x}=A\cos t+B\sin t$,代入方程得到

$$A=B=-\frac{1}{2},$$

于是方程的通解为

$$x=c_1\mathrm{e}^t+\mathrm{e}^{-\frac{1}{2}t}\left(c_2\cos\frac{\sqrt{3}}{2}t+c_3\sin\frac{\sqrt{3}}{2}t\right)-\frac{1}{2}(\cos t+\sin t),$$

这里 c_1,c_2,c_3 是任意常数.

(9)对应齐次方程的特征方程为

$$\lambda^2+\lambda-2=0,$$

即得特征根为 $\lambda_1=1,\lambda_2=-2$.

令方程的一个特解为 $\bar{x}=A\sin 2t+B\cos 2t$,代入方程得到

$$A=-\frac{6}{5},B=-\frac{2}{5},$$

即特解为 $\quad \bar{x}=-\frac{6}{5}\sin 2t-\frac{2}{5}\cos 2t,$

于是方程的通解为

$$x=c_1\mathrm{e}^t+c_2\mathrm{e}^{-2t}-\frac{6}{5}\sin 2t-\frac{2}{5}\cos 2t.$$

(10)对应齐次方程的特征方程为

$$\lambda^3-1=0,$$

即得特征根为 $\lambda_1=1,\lambda_2=\frac{-1+\sqrt{3}i}{2},\lambda_3=\frac{-1-\sqrt{3}i}{2}$.

令方程的一个特解为 $\bar{x}=At\mathrm{e}^t$,代入方程得到

$$A=\frac{1}{3},$$

即特解为 $\quad \bar{x}=\frac{1}{3}t\mathrm{e}^t,$

于是方程的通解为

$$x=c_1\mathrm{e}^t+\mathrm{e}^{-\frac{1}{2}t}\left(c_2\cos\frac{\sqrt{3}}{2}t+c_3\sin\frac{\sqrt{3}}{2}t\right)+\frac{1}{3}t\mathrm{e}^t.$$

(11)对应齐次方程的特征方程为

$$\lambda^2+2a\lambda+a^2=0,$$

即得特征根为 $\lambda_1=\lambda_2=-a$.

①当 $a=-1$,即 $-a=1$ 时,令方程的一个特解为 $\bar{s}=At^2\mathrm{e}^t$,代入原方程,则得到

$$A=\frac{1}{2},$$

即方程的一个特解为

$$\bar{s}=\frac{1}{2}t^2\mathrm{e}^t.$$

于是方程的通解为

$$s=\mathrm{e}^t(c_1+c_2t)+\frac{1}{2}t^2\mathrm{e}^t.$$

②当 $a\neq -1$，即 $-a\neq 1$ 时，令方程的一个特解为 $\bar{s}=Ae^t$，代入方程得到

$$A=\frac{1}{(a+1)^2},$$

即特解为 $\bar{s}=\frac{1}{(a+1)^2}e^t$，

于是方程的通解为

$$s=e^{-at}(c_1+c_2t)+\frac{1}{(a+1)^2}e^t.$$

(12)对应齐次方程的特征方程为

$$\lambda^2+6\lambda+5=0,$$

即得特征根为 $\lambda_1=-1,\lambda_2=-5$.

令方程的一个特解为 $\bar{x}=Ae^{2t}$，代入方程得到

$$A=\frac{1}{21},$$

即特解为 $\bar{x}=\frac{1}{2}e^{2t}$.

(13)对应齐次方程的特征方程为

$$\lambda^2-2\lambda+3=0,$$

即得特征根为 $\lambda_1=1+\sqrt{2}i,\lambda_2=1-\sqrt{2}i$.

令方程的一个特解为 $\bar{x}=e^{-t}(A\cos t+B\sin t)$，代入方程则得到

$$A=\frac{5}{41},B=-\frac{4}{41},$$

即特解为 $\bar{x}=\frac{1}{41}(5\cos t-4\sin t)e^{-t}$，

于是方程的通解为

$$x=e^t(c_1\cos\sqrt{2}t+c_2\sin\sqrt{2}t)+\frac{1}{41}(5\cos t-4\sin t)e^{-t}.$$

(14) 对应的齐次方程的特征方程为

$$\lambda^2+1=0,$$

即特征根为 $\lambda_1=i,\lambda_2=-i$.

①对于方程 $x''+x=\sin t$，可以设其特解为 $\bar{x}=t(A\sin t+B\cos t)$，代入方程得到

$$A=0,B=-\frac{1}{2},$$

即方程 $x''+x=\sin t$ 的一个特解为 $\bar{x}=-\frac{1}{2}t\cos t$.

②对于方程 $x''+x=-\cos 2t$，可以设其特解为 $\bar{x}=A\cos 2t+B\sin 2t$，代入方程得到

$$A=\frac{1}{3},B=0,$$

即方程 $x''+x=-\cos 2t$ 的一个特解为 $\bar{x}=\frac{1}{3}\cos 2t$.

于是原方程的通解为

$$x=c_1\cos t+c_2\sin t-\frac{1}{2}t\cos t+\frac{1}{3}\cos 2t.$$

(15)对应的齐次方程的特征方程为

$$\lambda^2-4\lambda+4=0,$$

即得特征根为 $\lambda_1=\lambda_2=2$.

①对于方程 $x''-4x'+4x=e^t$,设其特解为 $\bar{x}=A\cdot e^t$,代入方程得到

$$A=1,$$

即方程 $x''-4x'+4x=e^t$ 的一个特解为 $\bar{x}=e^t$.

②对于方程 $x''-4x'+4x=e^{2t}$,设其特解为 $\bar{x}=Bt^2e^{2t}$,代入方程得到

$$B=\frac{1}{2},$$

即方程 $x''-4x'+4x=e^{2t}$ 有一特解为 $\bar{x}=\frac{1}{2}t^2e^{2t}$.

③对于方程 $x''-4x'+4x=1$,设其特解为 $\bar{x}=C$,代入方程得到

$$C=\frac{1}{4},$$

即方程 $x''-4x'+4x=1$ 有一特解为 $\bar{x}=\frac{1}{4}$.

所以,原方程的通解为

$$x=e^{2t}(c_1+c_2t)+e^t+\frac{1}{2}t^2e^{2t}+\frac{1}{4},$$

这里 c_1,c_2 是任意常数.

(16)对应线性齐次方程的特征方程为

$$\lambda^2+9=0,$$

即得到特征根为 $\lambda_1=3i,\lambda_2=-3i.$

设方程的一个特解为 $\bar{x}=t[(At+B)\cos 3t+(Et+F)\sin 3t]$,代入方程得到

$$A=-\frac{1}{12},F=\frac{1}{36},B=E=0,$$

即方程的一个特解为

$$\bar{x}=-\frac{1}{12}t^2\cos 3t+\frac{1}{36}t\sin 3t,$$

于是方程的通解为

$$x=c_1\cos 3t+c_2\sin 3t-\frac{1}{12}t^2\cos 3t+\frac{1}{36}t\sin 3t,$$

这里 c_1,c_2 是任意常数.

(17)对应齐次方程的特征方程为

$$\lambda^2-2\lambda+2=0,$$

即得特征根为 $\lambda_1=1+i,\lambda_2=1-i.$

先求方程 $x''-2x'+2x=te^{(1+i)t}$ 的特解.

设其特解为 $\bar{x}=t(At+B)e^{(1+i)t}$，将它代入方程并消去因子 $e^{(1+i)t}$，得到

$$A=-\frac{i}{4},B=+\frac{1}{4},$$

于是方程 $x''-2x'+2x=te^{(1+i)t}$ 的一个特解为

$$\bar{x}=-\frac{i}{4}(t^2+ti)e^{(1+i)t},$$

分出它的实部 $Re\{\bar{x}\}=\frac{1}{4}(t^2\sin t-t\cos t)e^t$，根据定理 9 这就是原方程的特解，于是原方程的通解为

$$x=e^t(c_1\cos t+c_2\sin t)+\frac{1}{4}te^t(\cos t+t\sin t).$$

(18)对应齐次方程的特征方程为

$$\lambda^2+2\lambda+5=0,$$

即得到特征根为 $\lambda_1=-1+2i,\lambda_2=-1-2i$.

①首先求方程 $x''+2x'+5x=4e^{-t}$ 的一个特解.

设其特解为 $x_1=Ae^{-t}$，代入方程得到

$$A=1,$$

即方程 $x''+2x'+5x=4e^{-t}$ 的一个特解为 $x_1=e^{-t}$.

②再求方程 $x''+2x'+5x=17\sin2t$ 的一个特解. 设其特解为 $x_2=B\cos2t+D\sin2t$，代入方程得到

$$B=-4,D=1,$$

即方程 $x''+2x'+5x=17\sin2t$ 的一个特解为 $x_2=-4\cos2t+\sin2t$,

所以，原方程的通解为

$$x=e^{-t}(c_1\cos2t+c_2\sin2t)+e^{-t}-4\cos2t+\sin2t,$$

这里 c_1,c_2 是任意常数.

(19)对应齐次方程的特征方程为

$$\lambda^2+1=0,$$

即得特征根为 $\lambda_1=i,\lambda_2=-i$.

也就是对应齐次方程的通解为 $x=c_1\cos t+c_2\sin t$.

现在用常数变易法求已知方程形如

$$x_1=c_1(t)\cos t+c(t)\sin t$$

的一个特解. 可得 $c'_1(t),c'_2(t)$满足的代数方程组

$$\begin{cases}c_1'(t)\cos t+c_2'(t)\sin t=0,\\-c_1'(t)\sin t+c_2'(t)\cos t=\dfrac{1}{\sin^3t}.\end{cases}$$

解之，得 $c_1'(t)=-\dfrac{1}{\sin^2t},c_2'(t)=\dfrac{\cos t}{\sin^3t},$

于是 $c_1(t)=\cot t, c_2(t)=-\dfrac{1}{2\sin^2 t}$.

故所求通解为

$$x=c_1\cos t+c_2\sin t+\cot t\cos t-\frac{1}{2\sin t},$$

这里 c_1,c_2 是任意常数.

(20)由于 $x''+x=0$ 的通解为 $x=c_1\cos t+c_2\sin t$,现在利用常数变易法,求已知方程形如

$$x_1=c_1(t)\cos t+c_2(t)\sin t$$

的一个特解,可得到 $c'_1(t),c'_2(t)$满足的代数方程组

$$\begin{cases}c_1'(t)\cos t+c_2'(t)\sin t=0,\\-c_1'(t)\sin t+c_2'(t)\cos t=1-\dfrac{1}{\sin t},\end{cases}$$

解之得 $c_1'(t)=1-\sin t, c_1(t)=t+\cos t$,

$$c_2'(t)=\cos t-\cot t, c_2(t)=\sin t-\ln|\sin t|,$$

故原方程的通解为

$$x=c_1\cos t+c_2\sin t+(t+\cos t)\cos t+(\sin t-\ln|\sin t|)\sin t,$$

化简得 $x=c_1\cos t+c_2\sin t+1+t\cos t-\sin t\ln|\sin t|$.

3 求下列方程的通解:

(1)$t^2x''+tx'-x=0$;　(2)$t^2x''-4tx'+6x=t$;

(3)$t^2x''-3tx'-8x=t\ln t$;　(4)$t^2x''-tx'+2x=18t\cos(\ln t)$.

解题过程 (1)设 $x=t^k$,得到 k 应满足的方程

$$k(k-1)+k-1=0 \text{ 或 } k^2-1=0,$$

故 $k_1=1,k_2=-1$,而方程的通解为

$$x=c_1t+c_2\cdot\frac{1}{t}.$$

(2)先求方程 $t^2x''-4tx'+6x=0$ 的通解.

设 $x=t^k$,则得到 k 应满足的方程

$$k(k-1)-4k+6=0 \text{ 或} (k-2)(k-3)=0,$$

故 $k_1=2,k_2=3$,而方程 $t^2x''-4tx'+6x=0$ 的通解为

$$x=c_1t^2+c_2t^3.$$

故利用常数变易法,求已知方程的形如

$$x_1=c_1(t)t^2+t^3c_2(t)$$

的一个特解,可得到 $c'_1(t)$和 $c'_2(t)$满足的代数方程组

$$\begin{cases}t^2c'_1(t)+t^3c'_2(t)=0,\\2tc'_1(t)+3t^2c'_2(t)=\dfrac{1}{t},\end{cases}$$

解得 $c'_1(t)=-\dfrac{1}{t^2}, c_1(t)=\dfrac{1}{t}$,

$$c'_2(t)=\frac{1}{t^3},c_2(t)=-\frac{1}{2t^2},$$

故方程的通解为

$$x=c_1t^2+c_2t^3+t-\frac{1}{2}t,$$

化简得 $\quad x=c_1t^2+c_2t^3+\frac{1}{2}t.$

(3)先求齐次方程 $t^2x''-3tx'-8x=0$ 的通解.

设 $x=t^k$，则得到 k 应满足的方程

$$k(k-1)-3k-8=0 \text{ 或 } k^2-4k-8=0,$$

故 $k_1=2+2\sqrt{3},k_2=2-2\sqrt{3}$，因而方程 $t^2x''-3tx'-8x=0$ 的通解为

$$x=c_1\cdot t^{2+2\sqrt{3}}+c_2\cdot t^{2-2\sqrt{3}}.$$

利用常数变易法，求已知方程的形如

$$x_1=c_1(t)\cdot t^{2+2\sqrt{3}}+c_2\cdot t^{2-2\sqrt{3}}.$$

的一个特解，可得到 $c'_1(t)$ 和 $c'_2(t)$ 满足的代数方程组

$$\begin{cases}t^{2+2\sqrt{3}}c_1'(t)+t^{2-2\sqrt{3}}=0,\\(2+2\sqrt{3})t^{1+2\sqrt{3}}c_1'(t)+(2-2\sqrt{3})t^{1-2\sqrt{3}}c_2'(t)=\frac{1}{t}\ln t,\end{cases}$$

解得 $\quad c_1'(t)=\frac{\ln t}{4\sqrt{3}t^{2+2\sqrt{3}}},c_2'(t)=\frac{\ln t}{-4\sqrt{3}t^{2-2\sqrt{3}}},$

故方程通解为

$$x=c_1t^{2+2\sqrt{3}}+c_2t^{2-2\sqrt{3}}+t^{2+2\sqrt{3}}\int\frac{\ln t}{4\sqrt{3}t^{2+2\sqrt{3}}}\mathrm{d}t+t^{2-2\sqrt{3}}\int\frac{\ln t}{-4\sqrt{3}t^{2-2\sqrt{3}}}\mathrm{d}t.$$

(4)先求齐次方程 $t^2x''-tx'+2x=0$ 的通解.

设 $x=t^k$，则得到 k 应满足的方程

$$k(k-1)-k+2=0 \text{ 或 } k^2-2k+2=0,$$

故 $k_1=1+i,k_2=1-i$，因而方程 $t^2x''-tx'+2x=0$ 的解为

$$x=c_1t\cos(\ln|t|)+c_2t\sin(\ln|t|).$$

利用常数易法，求已知方程的形如

$$x(t)=c_1(t)t\cos(\ln|t|)+c_2(t)t\sin(\ln|t|)$$

的一个特解，可得到 $c'_1(t)$ 和 $c'_2(t)$ 满足的代数方程组

$$\begin{cases}c'_1(t)t\cos(\ln|t|)+c'_2(t)t\sin(\ln|t|)=0,\\(\cos(\ln|t|)-\sin(\ln|t|))c'_1(t)+(\sin(\ln|t|)+\cos(\ln|t|))c'_2(t)\\\qquad=\frac{18}{t}\cos(\ln t),\end{cases}$$

解得 $\quad c_1'(t)=-\frac{9}{t}\sin(2\ln t),c_1(t)=\frac{9}{2}\cos(2\ln t),$

$$c_2'(t)=\frac{18}{t}\cos^2(\ln t),c_2(t)=\frac{9}{2}\sin(2\ln t)+9\ln t,$$

故原方程的通解为

$$x=t[c_1\cos(\ln t)+c_2\sin(\ln t)]+\frac{9}{2}t\cos(\ln t)+9t\ln t\sin(\ln t),$$

化简,得 $x=t[c_1\cos(\ln t)+c_2\sin(\ln t)]+9t\ln t\sin(\ln t)$,

这里 c_1,c_2 是任意常数.

4 求下组初值问题的解:

(1) $x''+9x=6e^{3t}$, $x(0)=x'(0)=0$;

(2) $x^{(4)}+x=2e^t$, $x(0)=x'(0)=x''(0)=x'''(0)=1$.

解题过程 (1)对方程两边进行拉普拉斯变换得

$$(s^2+9)X(s)=\frac{6}{s-3},$$

由此得 $X(s)=\frac{1}{3}\left[\frac{1}{s-3}-\frac{s}{s^2+9}\right]-\frac{1}{s^3+9}$.

对上式右端各项分别求出(查表)其原函数,则它们的和就是 $X(s)$ 的原函数

$$x(t)=\frac{1}{3}(e^{3t}-\cos3t-\sin3t),$$

这就是所要求的解.

(2)对方程两边进行拉普拉斯变换得

$$s^4X(s)-s^3-s^2-s-1+X(s)=\frac{2}{s-1},$$

由此得 $X(s)=\frac{1}{s-1}$.

对上式右端查表求出其原函数,则 $X(s)$ 的原函数为

$$x(t)=e^t,$$

这就是所要求的解.

5 火车沿水平的道路行驶.火车的质量是 P,机车的牵引力是 F,运动时的阻力 $W=a+bV$,其中 a,b 是常数,而 V 是火车的速度;S 是走过的路程.试确定火车的运动规律,设 $t=0$ 时 $S=0,V=0$.

解题过程 根据牛顿运动定律,设路程 S 是时间 t 的函数,记作 $S(t)$,则 $V(t)=S'(t)$, $S''(t)$ 即是加速度函数,并且火车运动满足的微分方程

$$S''+\frac{b}{P}SX(s)=\frac{F-a}{P}\cdot\frac{1}{S}.$$

由此,得 $X(s)=\frac{F-a}{P}\left[-\left(\frac{P}{b}\right)^2\cdot\frac{1}{S}+\left(\frac{P}{b}\right)\cdot\frac{1}{S^2}+\left(\frac{P}{b}\right)^2\cdot\frac{1}{S+\frac{b}{P}}\right]$.

对上式右端查表求出其原函数,则 $X(s)$ 的原函数为

$$S(t)=-\frac{(F-a)P}{b^2}+\frac{F-a}{b}t+\frac{(F-a)P}{b^2}e^{-\frac{b}{P}}t,$$

这就是火车的运动函数.

6 设 $\varphi(t)$ 是方程 $x''+k^2x=f(x)$ 的解,其中 k 为常数,函数 $f(t)$ 于 $0\leqslant t<+\infty$ 连续,试证:

(1)当 $k\neq 0$ 时,能够选择常数 c_1,c_2 的值,使得

$$\varphi(t)=c_1\cos kt+\frac{c_2}{k}\int_0^t \sin k(t-s)\cdot f(s)\mathrm{d}s\ (0\leqslant t<+\infty)$$

(2)当 $k=0$ 时,方程的通解可表示为

$$x=c_1+c_2t+\int_0^t (t-s)f(s)\mathrm{d}s\ (0\leqslant t<+\infty),$$

其中,c_1,c_2 为任意常数.

证　明　齐次方程 $x''+k^2x=0$ 的通解为 $x=c_1\cos kt+c_2\sin kt$.

(1)当 $k\neq 0$ 时,利用常数变易法求出方程 $x''+k^2x=f(t)$ 的解,

设方程的一个特解为 $\bar{x}=c_1(t)\cos kt+c_2(t)\sin kt$,代入方程得到决定 $c'_1(t)$ 和 $c'_2(t)$ 的方程组

$$\begin{cases}\cos kt c'_1(t)+\sin kt c'_2(t)=0,\\ -k\sin kt c'_1(t)+k\cos kt c'_2(t)=f(t),\end{cases}$$

解得　$$c'_1(t)=-\frac{1}{k}f(t)\sin kt, c_1(t)=-\frac{1}{k}\int_0^t f(s)\sin ks\mathrm{d}s,$$

$$c'_2(t)=\frac{1}{k}f(t)\cos kt, c_2(t)=\frac{1}{k}\int_0^t f(s)\cos ks\mathrm{d}s,$$

即得方程的通解为

$$x=c_1\cos kt+c_2\sin kt+\cos kt\cdot\left(-\frac{1}{k}\right)\int_0^t f(s)\sin ks\mathrm{d}s+\sin kt\cdot\left(\frac{1}{k}\right)\int_0^t f(s)\cos ks\mathrm{d}s.$$

又由已知 $\varphi(t)$ 是方程的解,所以一定能够选择常数 c_1,c_2 的值,使得

$$\varphi(t)=c_1\cos kt+\frac{c_2}{k}\sin kt-\frac{1}{k}\cos kt\int_0^t f(s)\sin ks\mathrm{d}s+\frac{1}{k}\sin kt\int_0^t f(s)\cos kt\mathrm{d}s,$$

化简上式右端即得

$$\varphi(t)=c_1\cos kt+\frac{c_2}{k}\sin kt+\frac{1}{k}\int_0^t \sin k(t-s)\cdot f(s)\mathrm{d}s.$$

(2)当 $k=0$ 时,原方程变为 $x''=f(t)$,而齐次方程 $x''=0$ 的通解为

$$x=c_1+c_2t.$$

利用常数变易法求非齐次方程 $x''=f(t)$ 的一个特解,设方程的一个特解为 $\bar{x}=c_1(t)+c_2(t)\cdot t$,代入方程得到决定 $c_1'(t)$ 和 $c_2'(t)$ 的代数方程组

$$\begin{cases}c'_1(t)+tc'_2(t)=0,\\ c'_2(t)=f(t),\end{cases}$$

解得　$$c'_1(t)=-tf(t), c_1(t)=-\int_0^t sf(s)\mathrm{d}s,$$

$$c'_2(t)=f(t), c_2(t)=\int_0^t f(s)\mathrm{d}s,$$

所以原方程的通解为

$$x=c_1+c_2(t)-\int_0^t sf(s)\mathrm{d}s+t\int_0^t f(s)\mathrm{d}s,$$

化简得 $$x=c_1+c_2t+\int_0^t (t-s)f(s)\mathrm{d}s,$$

其中 c_1,c_2 为任意常数.

7 给定方程 $x'''+5x''+6x'=f(t)$，其中 $f(t)$ 在 $-\infty\leqslant t\leqslant+\infty$ 上连续，设 $\varphi_1(t),\varphi_2(t)$ 是上述方程的两个解，证明极限 $\lim\limits_{t\to\infty}[\varphi_1(t)-\varphi_2(t)]$ 存在.

证　明 齐次方程 $x'''+5x''+6x'=0$ 的特征方程为

$$\lambda^3+5\lambda^2+6\lambda=0,$$

得到特征根为 $\lambda_1=0,\lambda_2=-2,\lambda_3=-3$. 所以齐次方程的通解为

$$x=c_1+c_2\mathrm{e}^{-2t}+c_3\mathrm{e}^{-3t}.$$

因为 $\varphi_1(t),\varphi_2(t)$ 是非齐次方程的两个解，由教材中性质 2 知 $\varphi_1(t)-\varphi_2(t)$ 是对应齐次方程的解，即存在适当的常数 c_1,c_2,c_3 使得

$$\varphi_1(t)-\varphi_2(t)=c_1+c_2\mathrm{e}^{-2t}+c_3\mathrm{e}^{-3t}.$$

从而 $$\lim_{t\to\infty}[\varphi_1(t)-\varphi_2(t)]=\lim_{t\to\infty}[c_1+c_2\mathrm{e}^{-2t}+c_3\mathrm{e}^{-3t}].$$

显然等式右端的极限存在且为 c_1.

习题 4.3

1 求解下列方程：

(1) $x''=\dfrac{1}{2x'}$ $\left(\text{这里 } x'=\dfrac{\mathrm{d}x}{\mathrm{d}t},x''=\dfrac{\mathrm{d}^2x}{\mathrm{d}t^2}\text{，以下同}\right)$；　(2) $xx''-(x')^2+(x')^3=0$；

(3) $x''+\dfrac{2}{1-x}(x')^2=0$；　(4) $x''+\sqrt{1-(x')^2}=0$；

(5) $ax''+[1+(x')^2]^{3/2}=0$（常数 $a\neq0$）；　(6) $x''-\dfrac{1}{t}x'+(x')^2=0$（提示：方程两端除以 x'）.

解题过程 (1) 方程可以变形为

$$2x'x''=1,$$

即 $$\mathrm{d}[(x')^2]=\mathrm{d}t.$$

两边积分后得

$$(x'(t))^2=t+c_1 \text{ 或 } x'(t)=\pm\sqrt{t+c_1}.$$

再次积分，得到

$$x(t)=\pm\frac{2}{3}(t+c_1)^{\frac{3}{2}}+c_2,$$

这里 c_1,c_2 是任意常数.

(2) 令 $x'=y$，则方程化为

$$xy\frac{\mathrm{d}y}{\mathrm{d}x}-y^2+y^3=0,$$

得到

$$y=0\text{ 或者}\frac{\mathrm{d}y}{\mathrm{d}x}=\frac{y-y^2}{x},$$

积分后得 $\frac{y}{1-y}=c_1x,(c_1\neq 0)$

即 $\frac{x'}{1-x'}=c_1x,$

再次积分得到

$$x+\frac{1}{c_1}\ln|x|=t+c_2.$$

当 $y=0$ 时，得 $x'=0$，故 $x=c$.

综上所述，方程的解为

$$x+\frac{1}{c_1}\ln|x|=t+c_2\text{ 或 }x=c,$$

这里 c_1,c_2,c 是任意常数.

(3)令 $x'=y$，则方程化为

$$y\frac{\mathrm{d}y}{\mathrm{d}x}+\frac{2y^2}{1-x}=0,$$

得到 $y=0$ 或者 $\frac{\mathrm{d}y}{\mathrm{d}x}=\frac{2y}{x-1}$.

①当 $y=0$ 时，即 $x'=0$，得到 $x=c$，c 是任意常数.

②当 $\frac{\mathrm{d}y}{\mathrm{d}x}=\frac{2y}{x-1}$ 且 $y\neq 0$ 时，两边积分可得 $y=c_1(x-1)^2$，

即 $x'=c_1(x-1)^2.$

再次积分则得到

$$-\frac{1}{x-1}=c_1t+c_2,$$

或写成 $(x-1)(c_1t+c_2)=-1.$

注意当取 $c_1=0$ 时，$y=0$，所以第②种情况包括第①种情况，因此综上所述，得原方程的解为

$$(x-1)(c_1t+c_2)=-1,$$

这里 c_1,c_2 是任意常数.

(4)令 $x'=y$，则方程化为

$$y\frac{\mathrm{d}y}{\mathrm{d}x}+\sqrt{1-y^2}=0.$$

当 $y=\pm 1$ 时，即 $x'=\pm t+c_1$.

当 $y\neq\pm 1$ 时，方程又可以化为

$$\frac{y\mathrm{d}y}{\sqrt{1-y^2}}=-\mathrm{d}x,$$

积分后得到 $\sqrt{1-y^2}=x+c$,

也就是 $\sqrt{1-x'^2}=x+c$,或者 $x'=\pm\sqrt{1-(x+c)^2}$,

再次积分则得到

①当 $x'=+\sqrt{1-(x+c)^2}$ 时,$x=\sin(t+c_1)-c$;

②当 $x'=-\sqrt{1-(x+c)^2}$ 时,$x=\cos(t+c_1)-c$.

综合以上几种情况,即得原方程的解为

$x=\sin(t+c_1)-c$ 或 $x=\cos(t+c_1)-c$,以及 $x=\pm t+c_1$,

这里 c_1,c 是任意常数.

(5)令 $x'=y$,则方程化为

$$ay\frac{\mathrm{d}y}{\mathrm{d}x}+(1+y^2)^{3/2}=0,$$

即 $$\frac{ay\mathrm{d}y}{(1+y^2)^{3/2}}=-\mathrm{d}x,$$

两边积分得到

$$a(1+y^2)^{-\frac{1}{2}}=x+c_1,$$

从而 $$x'=y=\pm\sqrt{\left(\frac{x+c_1}{a}\right)^2-1},$$

积分后可得

$$\sqrt{a^2-(x+c_1)^2}=\pm(t+c_2),$$

或者 $$(x+c_1)^2+(t+c_2)^2=a^2,$$

这里 c_1,c_2 是任意常数(当然可以看出 $|c_1|\leqslant a,|c_2|\leqslant a$).

(6)当 $x'\neq 0$ 时,方程两边同除以 x',则得到

$$\frac{x''}{x'}-\frac{1}{t}+x'=0,$$

即 $$\mathrm{d}(\ln|x'|-\ln|t|+x)=0,$$

两边积分可得

$$\ln\left|\frac{x'}{t}\right|+x=c_1,$$

解出 x',则有

$$x'=t(\mathrm{e}^{-x+c_1}),$$

再次积分可得

$$\mathrm{e}^x=\mathrm{e}^{c_1}\left(\frac{t^2}{2}\right)+c_2.$$

由于这里的 c_1,c_2 是任意的常数,所以可以写成

$$\mathrm{e}^x=c_1(t^2+c_2).$$

当 $x'=0$ 时，即得 $x=c$，显然它也是原方程的解.

综上所述，方程的解是

$$e^{x}=c_1(t^2+c_2) \text{或} x=c.$$

2 用幂级数解法求解下列方程：

(1) $x''+tx'+x=0, x(0)=0, x'(0)=1$； (2) $(1-t)x''+x=0$；

(3) $x''-tx'-x=0$.

解题过程 (1)设 $x=a_0+a_1t+a_2t^2+\cdots+a_nt^n+\cdots$ 是方程的解，利用初值条件，可以得到 $a_0=0$，$a_1=1$，因而

$$x=t+a_2t^2+a_3t^3+\cdots+a_nt^n+\cdots,$$

$$x'=1+2a_2t+3a_3t^2+\cdots+na_nt^{n-1}+\cdots,$$

$$x''=2a_2+3\cdot 2a_3t+\cdots+n\cdot(n-1)a_nt^{n-2}+\cdots.$$

将 x,x',x'' 的表达式代入原方程，合并 t 的各同次幂的项，并令各项系数等于零，得到

$$a_2=0, a_3=-\frac{1}{3}, a_4=0, a_5=\frac{1}{15}, \cdots, a_n=-\frac{a_{n-2}}{n}, \cdots$$

因而， $a_6=0, a_7=(-1)^3\dfrac{1}{7\cdot 5\cdot 3}, a_8=0, \cdots$

最后得到 $a_{2k}=0$，

$$a_{2k+1}=(-1)^k\cdot\frac{1}{(2k+1)(2k-1)\cdots 5\cdot 3}$$

对一切正整数 k 成立.

将 $a_i(i=0,1,2,\cdots)$ 的值回代所设的级数就得到

$$x=t-\frac{1}{3}t^3+\frac{1}{5\cdot 3}t^5-\frac{1}{7\cdot 5\cdot 3}t^7+\cdots+(-1)^n\frac{t^{2n+1}}{1\cdot 3\cdot 5\cdots(2''+1)}+\cdots.$$

(2)设 $x=a_0+a_1t+a_2t^2+a_3t^3+\cdots+a_nt^n+\cdots$ 是方程的解，则

$$x'=a_1+2a_2t+3a_3t^2+\cdots+na_nt^{n-1}+\cdots.$$

$$x''=2a_2+3\cdot 2a_3t+\cdots+n(n-1)a_nt^{n-2}+\cdots.$$

把 x_1,x',x'' 的表达式代入原方程，合并 t 的各同次幂的项，并令各项系数等于零，得到

$$\begin{cases}a_0+2a_2=0,\\ a_1-2a_2+3\cdot 2a_3=0,\\ n(n-1)a_n-(n-1)(n-2)a_{n-1}+a_{n-2}=0.\end{cases} \qquad ①$$

由于本题设有初值条件，所以求出的应该是方程的通解，为此，需要找到两个线性无关的解.

我们设 $x_1(t)$ 和 $x_2(t)$ 是满足初值条件 $x_1(0)=0, x'_1(0)=1, x_2(0)=1, x'_2(0)=0$ 的两个解.

对于 $x_1(t)$，显然有 $a_0=0, a_1=1$，代入①式，可得

$$a_2=0, a_3=\frac{-1}{3\cdot 2}, a_4=\frac{-1}{4\cdot 3}=\frac{-2}{4\cdot 3\cdot 2}, a_5=\frac{-5}{5\cdot 4\cdot 3\cdot 2}, \cdots$$

$$a_n=\frac{(n-1)(n-2)a_{n-1}-a_{n-2}}{n(n-1)},$$

即 $$x_1(t)=t-\frac{t^3}{3!}-\frac{2}{4!}t^4-\frac{5}{5!}t^5\cdots.$$

对于 $x_2(t)$，显然有 $a_0=1,a_1=0$，代入①式，可得

$$a_2=-\frac{1}{2},a_3=\frac{-1}{3\cdot 2},a_4=\frac{-1}{4\cdot 3\cdot 2},\cdots$$

$$a_n=\frac{(n-1)(n-2)a_{n-1}-a_{n-2}}{n(n-1)},$$

即 $$x_2(t)=1-\frac{1}{2!}t^2-\frac{1}{3!}t^3-\frac{1}{4!}t^4-\cdots.$$

所以方程的通解为

$$x=c_1x_1(t)+c_2x_2(t)$$
$$=c_1\left(t-\frac{1}{3!}t^3-\frac{2}{4!}t^4-\frac{5}{5!}t^5\cdots\right)+c_2\left(1-\frac{1}{2!}t^2-\frac{1}{3!}t^3-\frac{1}{4!}t^4\cdots\right).$$

(3) 设 $x_1(t)=a_0+a_1(t)+a_2(t)^2+\cdots+a_nt^n+\cdots$ 是方程满足初值条件 $x_1(0)=1$，$x'_1(0)=0$的特解，则

$$x_1(t)=1+a_2t^2+a_3t^3+\cdots+a_nt^n+\cdots,$$
$$x'_1(t)=2a_2t+3a_3t^2+\cdots+na_na^{n-1}+\cdots,$$
$$x''_1(t)=2a_2+3\cdot 2a_3t+\cdots+n(n-1)a_nt^{n-2}+\cdots.$$

把 $x'_1(t)$，$x''_1(t)$及 $x_1(t)$的表达式代入方程，合并 t 的各同次幂的项，并令各项系数等于零，得到

$$a_0=1,a_1=0,a_2=\frac{1}{2},a_3=0,a_4=\frac{1}{4\cdot 2},$$

$$a_5=0,\cdots a_{n+2}=\frac{a_n}{n+2},\cdots$$

$$a_{2k+1}=0,$$

$$a_{2k}=\frac{1}{2\cdot 4\cdot 6\cdots(2k)},$$

即得到 $$x_1(t)=1+\frac{1}{2}t^2+\frac{1}{2\cdot 4}t^4+\cdots+\frac{1}{2\cdot 4\cdot 6\cdots(2k)}t^2k+\cdots.$$

再设 $x_2(t)=b_0+b_1t+b_2t^2+\cdots+b_nt^n+\cdots$是方程满足初值条件 $x_2(0)=0,x'_2(0)=1$ 的特解.则

$$b_0=0,b_1=1,$$

并且有 $$x_2(t)t+b_2t^2+b_3t^3+\cdots+b_nt^n+\cdots,$$
$$x'_2(t)=1+2b_2t+3b_3t^2+\cdots+nb_nt^{n-1}+\cdots,$$
$$x''_2(t)=2b_2+3\cdot 2b_3t+\cdots+n(n-1)b_nt^{n-2}+\cdots.$$

把 $x_2(t)$，$x'_2(t)$，$x''_2(t)$的表达式代入方程，合并 t 的各同次幂的项，并令各项系数等于零，即有

$$b_2=0,b_3=\frac{1}{3},\cdots b_{n+2}=\frac{b_n}{n+2},\cdots$$

由此得 $b_{2k}=0,$

$$b_{2k+1}=\frac{1}{3\cdot5\cdot7\cdot\cdots(2k+1)}.$$

即得到 $x_2(t)=t+\frac{t^3}{3}+\frac{t^5}{3\cdot5}+\frac{t^7}{3\cdot5\cdot7}+\cdots.$

显然 $x_1(t)$ 和 $x_2(t)$ 是方程的两个线性无关解，故原方程通解为

$$\begin{aligned}x(t)&=c_1x_1(t)+c_2x_2(t)\\&=c_1\left(1+\frac{1}{2}t^2+\frac{1}{2\cdot4}t^4+\cdots\right)+c_2\left(t+\frac{t^3}{3}+\frac{t^5}{3\cdot5}+\frac{t^7}{3\cdot5\cdot7}+\cdots\right),\end{aligned}$$

其中 c_1,c_2 是任意常数.

3 求解贝塞尔方程

$$t^2x''+tx'+\left(t^2-\frac{1}{4}\right)x=0.$$

（提示：$\Gamma\left(\frac{1}{2}\right)=\sqrt{\pi}$.）

解题过程 这是 $n=\frac{1}{2}$ 时的贝塞尔方程.

$$\begin{aligned}J_{-\frac{1}{2}}&=\sum_{k=0}^{\infty}\frac{(-1)k}{k!\Gamma\left(-\frac{1}{2}+k+1\right)}\left(\frac{t}{2}\right)^{2k-\frac{1}{2}},\\&=\frac{\left(\frac{t}{2}\right)^{-\frac{1}{2}}}{\Gamma\left(\frac{1}{2}\right)}\left[1-\frac{t^3}{2!}+\frac{t^5}{4!}-\frac{t^7}{6!}+\cdots\right]\\&=\sqrt{\frac{2}{\pi t}}\cdot\cos t,\end{aligned}$$

$$\begin{aligned}J_{\frac{1}{2}}&=\sum_{k=0}^{\infty}\frac{(-1)k}{k!\Gamma\left(\frac{1}{2}+k+1\right)}\left(\frac{t}{2}\right)^{2k+\frac{1}{2}}\\&=\frac{\left(\frac{t}{2}\right)^{-\frac{1}{2}}}{\Gamma\left(\frac{1}{2}\right)}\left[t-\frac{t^3}{3!}+\frac{t^5}{5!}-\frac{t^7}{7!}+\cdots\right]\\&=\sqrt{\frac{2}{\pi t}}\cdot\sin t.\end{aligned}$$

所以此贝塞尔方程的通解为

$$x=c_1J_{\frac{1}{2}}+c_2J_{-\frac{1}{2}}=\sqrt{\frac{2}{\pi t}}(c_1\cos t+c_2\sin t),$$

这里 c_1,c_2 是任意常数.

4 一个物体在大气中降落，初速度为零，空气阻力与速度的平方成正比例，求该物体的运动规律.

解题过程 物体的位移记为 $x(t)$，t 是时间，速度记为 $v(t)$，加速度记为 $a(t)$，则由牛顿运动定律，有 $x'(t)=v(t)$，$x''(t)=v'(t)=a(t)$，且满足的运动方程为

$$m\frac{\mathrm{d}^2x}{\mathrm{d}t^2}=mg-k\left(\frac{\mathrm{d}x}{\mathrm{d}t}\right)^2,$$

初值条件为 $t=0$ 时，$x(0)=0$，$x'(0)=0$.

这是不显含 t 的二阶微分方程，用 $\frac{\mathrm{d}x}{\mathrm{d}t}=v(t)$，$x''(t)=v'(t)$ 代入该方程，则化为

$$v'(t)=g-\frac{k}{m}v^2.$$

这是可分离变量方程，容易积分得

$$\sqrt{\frac{m}{k}}\ln\left|\frac{\sqrt{\frac{k}{m}}v+g}{\sqrt{\frac{k}{m}}v-g}\right|=2gt+c_1,$$

把初值条件 $x'(0)=v(t)=0$ 代入得 $c_1=0$. 故

$$\ln\left|\frac{\sqrt{\frac{k}{m}}v+g}{\sqrt{\frac{k}{m}}v-g}\right|=2g\sqrt{\frac{m}{k}}t,$$

即
$$\frac{x'+g\sqrt{\frac{m}{k}}}{x'-g\sqrt{\frac{m}{k}}}=\mathrm{e}^{2g\sqrt{\frac{m}{k}}t},$$

即
$$x'(t)=\frac{g\sqrt{\frac{m}{k}}\left(\mathrm{e}^{2g\sqrt{\frac{m}{k}}t}+1\right)}{\mathrm{e}^{2g\sqrt{\frac{m}{k}}t}-1},$$

积分即得 $x(t)=\frac{m}{k}\ln\left[\mathrm{ch}\left(\sqrt{\frac{kg}{m}}t\right)\right].$

5 试证：对于二阶齐次线性微分方程

$$x''+p(t)x'+q(t)x=0,$$

其中 $p(t)$，$q(t)$ 为连续函数，

(1)若 $p(t)\equiv -tq(t)$，则 $x=t$ 是方程的解；

(2)若存在常数 m 使得 $m^2+mp(t)+q(t)\equiv 0$，则方程有解 $x=\mathrm{e}^{mt}$.

(3)若 $x_1(t)$，$x_2(t)$ 是方程的两个线性无关的解，则方程的系数 $p(t)$，$q(t)$ 由 $x_1(t)$，$x_2(t)$ 唯一确定，且 $x_1(t)$，$x_2(t)$ 没有共同的零点.

证　明 (1)若 $p(t)=-tq(t)$，把 $x=t$ 代入方程左端，则

$$x''+p(t)x'+q(t)x=p(t)+q(t)=0,$$

故 $x=t$ 是方程 $x''+p(t)x'+q(t)x=0$ 的解.

(2)若 $x=\mathrm{e}^{mt}$，则 $x'=m\mathrm{e}^{mt}$，$x''=m^2\mathrm{e}^{mt}$，因此

$$x''+p(t)x'+q(t)x=m^2e^{mt}+p(t)\cdot me^{mt}+q(t)e^{mt}$$
$$=e^{mt}(m^2+mp(t)+q(t)).$$

由于 m 满足条件 $m^2+mp(t)+q(t)\equiv 0$，故 $x=e^{mt}$ 是方程的解.

(3)由于 $x_1(t)$ 和 $x_2(t)$ 是方程的两个线性无关解，则有

$$\begin{cases} x''_1(t)+p(t)x'_1(t)+q(t)x_1(t)=0, \\ x''_2(t)+p(t)x'_2(t)+q(t)x_2(t)=0. \end{cases}$$

由于 $x_1(t),x_2(t)$ 是已知的，故 $x'_1(t),x''_1(t),x'_2(t),x''_2(t)$ 都是可以求出来的，我们认为它们也是已知的，这样，上面的方程组变成了关于 $p(t)$ 和 $q(t)$ 的二元一次代数方程组，由克莱姆法则可得

$$p(t)=\frac{\begin{vmatrix} -x''_1 & x_1 \\ -x''_2 & x_2 \end{vmatrix}}{\begin{vmatrix} x'_1 & x_1 \\ x'_2 & x_2 \end{vmatrix}},$$

$$q(t)=\frac{\begin{vmatrix} x'_1 & -x''_1 \\ x'_2 & -x''_2 \end{vmatrix}}{\begin{vmatrix} x'_1 & x_1 \\ x'_2 & x_2 \end{vmatrix}}.$$

已知条件 $x_1(t)$ 和 $x_2(t)$ 没有共同的零点保证了 $p(t)$、$q(t)$ 表达式中的分母不为零，从而 $p(t)$ 和 $q(t)$ 由 $x_1(t),x_2(t)$ 唯一确定.

6 求解方程 $tx''-2(1+t)x'+(2+t)x=0(t\neq 0)$.

解题过程 将方程变形为

$$x''-2\left(1+\frac{1}{t}\right)x'+\left(1+\frac{2}{t}\right)x=0,$$

利用第 5 题第(2)小题的结论，取 $m=1$，则有

$$m^2+mp(t)+q(t)=1+(-2)\left(1+\frac{1}{t}\right)+1+\frac{2}{t}=0,$$

所以方程有解

$$x=e^t.$$

再利用习题 4.1 中第 6 题第(2)小题的结论，可得方程的通解为

$$x=e^t\left[c_1\int\frac{1}{e^{2t}}\exp\left(\int 2\left(1+\frac{1}{t}\right)dt\right)dt+c_2\right],$$

化简得 $$x=e^t\left(\frac{1}{3}c_1t^3+c_2\right),$$

其中 c_1,c_2 是任意常数.

7 假设 $\varphi(t,c_1,c_2,\cdots,c_{n-k})$ 是教材中方程(4.58)的通解，而函数 $\varphi(t,c_1,c_2,\cdots,c_n)$ 是 $x^{(k)}=\varphi(t,c_1,c_2,\cdots,c_{n-k})$ 的通解，试证 $\psi(t,c_1,c_2,\cdots,c_n)$ 就是教材中方程(4.57)的通解，这里 $c_1,c_2,\cdots,c_{n-k},\cdots,c_n$ 为任意常数.

证　明　由于 $\psi(t,c_1,c_2,\cdots,c_n)$ 是 $x^{(k)}=\varphi(t,c_1,c_2,\cdots,c_{n-k})$ 的通解，则有

$$\psi^{(k)}(t,c_1,c_2,\cdots,c_n)=\varphi(t,c_1,c_2,\cdots,c_{n-k}),$$

于是有

$$\psi^{(k+1)}(t,c_1,c_2,\cdots,c_n)=\varphi'(t,c_1,c_2,\cdots,c_{n-k}),$$

$$\psi^{(k+2)}(t,c_1,c_2,\cdots,c_n)=\varphi''(t,c_1,c_2,\cdots,c_{n-k}),$$

$$\psi^{(n)}(t,c_1,c_2,\cdots,c_n)=\varphi^{(n-k)}(t,c_1,c_2,\cdots,c_{n-k}),$$

$\varphi(t,c_1,c_2,\cdots,c_{n-k})$ 是方程(4.58)的通解，将上面的表达式代入方程(4.57)，显然得到 $\psi(t,c_1,c_2,\cdots,c_n)$ 就是方程(4.57)的通解.

第五章 线性微分方程组

学习指南

1. 理解线性微分方程组，掌握其**基本概念与相关性质**；

2. 理解线性微分方程组解的存在唯一性定理，进一步熟悉和掌握逐步逼近法；

3. 掌握线性微分方程组的所有解的代数结构问题，深刻理解齐次线性微分方程组**基解矩阵**的概念；

4. 能够求取系数矩阵是常数矩阵的齐次线性微分方程组的基解矩阵；

5. 了解使用拉普拉斯变换法求解常系数线性微分方程组的初值问题；

6. 掌握高阶线性微分方程与线性微分方程组的关系.

知识回顾

1. 矩阵、向量的连续性

如果一个矩阵或一个向量的每一个元都是区间 $a\leqslant t\leqslant b$ 上的连续函数，则在区间 $a\leqslant t\leqslant b$ 上称为连续的.

2. 矩阵、向量的可微性

如果一个 $n\times n$ 矩阵 $\boldsymbol{B}(t)b_{ij}(t)_{n\times n}$ 或者一个 n 维列向量 $\boldsymbol{U}(t)=(u_1(t),u_2(t),\cdots,u_n(t))^{\mathrm{T}}$ 的每一个元都在区间 $a\leqslant t\leqslant b$ 上可微，则在区间 $a\leqslant t\leqslant b$ 上称为可微的，它们的导数定义如下：

$$\boldsymbol{B}'(t)=\begin{bmatrix} b'_{11}(t) & b'_{12}(t) & \cdots & b'_{1n}(t) \\ b'_{21}(t) & b'_{22}(t) & \cdots & b'_{2n}(t) \\ \vdots & \vdots & & \vdots \\ b'_{n1}(t) & b'_{n2}(t) & \cdots & b'_{nn}(t) \end{bmatrix},\boldsymbol{U}'(t)\begin{bmatrix} u'_1(t) \\ u'_2(t) \\ \vdots \\ u'_n(t) \end{bmatrix}.$$

若 $n\times n$ 矩阵 $\boldsymbol{A}(t),\boldsymbol{B}(t)$ 及 n 维向量 $\boldsymbol{U}(t),\boldsymbol{V}(t)$ 是可微的，则下列等式成立：

(1) $[\boldsymbol{A}(t)+\boldsymbol{B}(t)]'=\boldsymbol{A}'(t)+\boldsymbol{B}(t)$；

$[\boldsymbol{U}(t)+\boldsymbol{V}(t)]'=\boldsymbol{U}'(t)+\boldsymbol{V}'(t)$；

(2) $[\boldsymbol{A}(t)\cdot\boldsymbol{B}(t)]'=\boldsymbol{A}'(t)\boldsymbol{B}(t)+\boldsymbol{A}(t)\boldsymbol{B}'(t)$；

(3) $[\boldsymbol{A}(t)\cdot\boldsymbol{V}(t)]'=\boldsymbol{A}'(t)\boldsymbol{V}(t)+\boldsymbol{A}(t)\boldsymbol{V}'(t)$.

3. 矩阵、向量的可积性

矩阵 $\boldsymbol{B}(t)=(b_{ij})_{n\times n}$ 或者向量 $\boldsymbol{U}(t)=(u_1(t),u_2(t)\cdots,u_n(t))^{\mathrm{T}}$，如果它的每一个元都在区间 $a\leqslant t\leqslant b$ 上可积，则在区间 $a\leqslant t\leqslant b$ 上称为可积的，它们的积分分别由下式给出

$$\int_a^b \boldsymbol{B}(t)\mathrm{d}t=\begin{bmatrix} \int_a^b b_{11}(t)\mathrm{d}t & \int_a^b b_{12}(t)\mathrm{d}t & \cdots & \int_a^b b_{1n}(t)\mathrm{d}t \\ \int_a^b b_{21}(t)\mathrm{d}t & \int_a^b b_{22}(t)\mathrm{d}t & \cdots & \int_a^b b_{2n}(t)\mathrm{d}t \\ \vdots & \vdots & & \vdots \\ \int_a^b b_{n1}(t)\mathrm{d}t & \int_a^b b_{n2}(t)\mathrm{d}t & \cdots & \int_a^b b_{nn}(t)\mathrm{d}t \end{bmatrix}$$

$$\int_a^b \boldsymbol{U}(t)\mathrm{d}t=\begin{bmatrix} \int_a^b u_1(t)\mathrm{d}t \\ \int_a^b u_2(t)\mathrm{d}t \\ \vdots \\ \int_a^b u_n(t)\mathrm{d}t \end{bmatrix}$$

4. 矩阵、向量的范数

对于 $n\times n$ 矩阵 $\boldsymbol{A}=[a_{ij}]_{n\times n}$ 和 $\boldsymbol{n}$ 维向量 $\boldsymbol{x}=(x_1,x_2,\cdots,x_n)^{\mathrm{T}}$，定义它们的范数分别为 $\|\boldsymbol{A}\|=\sum_{i\cdot j=1}^{n}|a_{ij}|$，$\|\boldsymbol{x}\|=\sum_{i=1}^{n}|\boldsymbol{x}i|$.

设 $\boldsymbol{A}$、$\boldsymbol{B}$ 是 $n\times n$ 矩阵，$\boldsymbol{x}$、$\boldsymbol{y}$ 是 n 维向量，则

(1) $\|\boldsymbol{AB}\|\leqslant\|\boldsymbol{A}\|\cdot\|\boldsymbol{B}\|$，$\|\boldsymbol{Ax}\|\leqslant\|\boldsymbol{A}\|\cdot\|\boldsymbol{x}\|$；

(2) $\|\boldsymbol{A}+\boldsymbol{B}\|\leqslant\|\boldsymbol{A}\|+\|\boldsymbol{B}\|$，$\|\boldsymbol{x}+\boldsymbol{y}\|\leqslant\|\boldsymbol{x}\|+\|\boldsymbol{y}\|$.

5. 向量序列的收敛性

向量序列 $\{\boldsymbol{x}_k\}$ 如果对每一个 $i(i=1,2\cdots,n)$ 数列 $\{x_{ik}\}$ 都是收敛的，则 $\boldsymbol{x}_k=(x_{1k},x_{2k},\cdots,x_{nk})^{\mathrm{T}}$ 称为收敛的.

6. 向量函数序列的收敛性、一致收敛性

向量函数序列$\{\boldsymbol{x}_k(t)\}$，$\boldsymbol{x}_k(t)=(x_{1k}(t),x_{2k}(t),\cdots x_{nk}(t))^T$称为在区间$a\leqslant t\leqslant b$上收敛的（一致收敛的），如果对于每一个$i(i=1,2,\cdots n)$函数序列$\{x_{ik}(t)\}$在区间$a\leqslant t\leqslant b$上是收敛的（一致收敛的）．易知，区间$a\leqslant t\leqslant b$上的连续向量函数序列$\{x_k(t)\}$的一致收敛极限向量函数仍是连续的．

7. 向量函数级数的收敛性、一致收敛性

向量函数级数$\sum\limits_{k=1}^{\infty}\boldsymbol{x}k(t)$称为在区间$a\leqslant t\leqslant b$上是收敛的（一致收敛的），如果其部分和组成的向量函数序列在区间$a\leqslant t\leqslant b$上是收敛的（一致收敛的）．

若$\|xk(t)\|\leqslant M_k$，$a\leqslant t\leqslant b$，而级数$\sum\limits_{k=1}^{\infty}M_k$是收敛的，则$\sum\limits_{k=l}^{\infty}\boldsymbol{x}k(t)$在区间$a\leqslant t\leqslant b$上是一致收敛的．

8. 一阶线性微分方程组的解

设$\boldsymbol{A}(t)$是区间$a\leqslant t\leqslant b$上的连续$n\times n$矩阵，$\boldsymbol{f}(t)$是同一区间$a\leqslant t\leqslant b$上的连续n维向量．一阶线性方程组$\boldsymbol{x}'=\boldsymbol{A}(t)\boldsymbol{x}+\boldsymbol{f}(t)$在某区间$\alpha\leqslant t\leqslant\beta([\alpha,\beta]\subset[a,b])$的解就是向量$\boldsymbol{U}(t)$的导数$\boldsymbol{U}'(t)$在区间$\alpha\leqslant t\leqslant\beta$上连续且满足$\boldsymbol{U}'(t)=\boldsymbol{A}(t)\boldsymbol{U}(t)+\boldsymbol{f}(t)$，$\alpha\leqslant t\leqslant\beta$．另外，每一个$n$阶线性微分方程都可化为$n$个一阶线性方程构成的方程组，反之却不成立．

9. 一阶线性微分方程组初值问题的解

线性方程组初值问题$\boldsymbol{x}'=\boldsymbol{A}(t)x+\boldsymbol{f}(t)$，$\boldsymbol{x}(t_0)=\boldsymbol{\eta}$就是方程组$\boldsymbol{x}'=\boldsymbol{A}(t)\boldsymbol{x}+\boldsymbol{f}(t)$在包含$t_0$的区间$\alpha\leqslant t\leqslant\beta$上的解$\boldsymbol{U}(t)$，使得$\boldsymbol{U}(t_0)=\boldsymbol{\eta}$．

10. 微分方程组的解的存在唯一性定理

如果$\boldsymbol{A}(t)$是$n\times n$矩阵，$\boldsymbol{f}(t)$是n维列向量，它们都在区间$a\leqslant t\leqslant b$上连续，则对于区间$a\leqslant t\leqslant b$上的任何数t_0及任一常数n维列向量$\boldsymbol{\eta}$，方程组$\boldsymbol{x}'=\boldsymbol{A}(t)\boldsymbol{x}+\boldsymbol{f}(t)$存在唯一解$\boldsymbol{\varphi}(t)$，定义于整个区间$a\leqslant t\leqslant b$上且满足初值条件$\boldsymbol{\varphi}(t_0)=\boldsymbol{\eta}$．

11.（非）齐次线性微分方程组

对于线性微分方程组$\boldsymbol{x}'=\boldsymbol{A}(t)\boldsymbol{x}+\boldsymbol{f}(t)$，若$\boldsymbol{f}(t)\neq 0$，则称它为非齐次线性的，若$\boldsymbol{f}(t)=\boldsymbol{0}$，即$\boldsymbol{x}'=\boldsymbol{A}(t)\boldsymbol{x}$称为齐次线性的．

12. 向量函数的线性相关与线性无关

对定义在区间$a\leqslant t\leqslant b$上的向量函数$\boldsymbol{x}_i(t)(i=1,2\cdots,m)$，如果存在不全为零的常数$c_i(i=1,2\cdots m)$，使得在整个区间$a\leqslant t\leqslant b$上恒成立$c_1\boldsymbol{x}_1(t)+c_2\boldsymbol{x}_2(t)+\cdots+c_m\boldsymbol{x}_m(t)=0$，则称$\boldsymbol{x}_i(t)(i=1,2\cdots,m)$在区间$a\leqslant t\leqslant b$上线性相关；否则，称$\boldsymbol{x}_i(t)(i=1,2,\cdots,m)$在区间$a\leqslant t\leqslant b$上线性无关．

13. 向量函数的朗斯基行列式

n 个向量函数 $\boldsymbol{x}_1(t),\boldsymbol{x}_2(t)\cdots,\boldsymbol{x}_n(t)$ 构成的行列式

$$\boldsymbol{W}[\boldsymbol{x}_1(t,)\boldsymbol{x}_2(t),\cdots x_n(t)]=\boldsymbol{W}(t)$$

$$=\begin{bmatrix} x_{11} & x_{12}(t) & \cdots & x_{1n}(t) \\ x_{21} & x_{22}(t) & \cdots & x_{2n}(t) \\ \vdots & \vdots & & \vdots \\ x_{n1} & x_{n2} & \cdots & x_{nn}(t) \end{bmatrix}$$

称为这些向量函数的朗斯基行列式.

14. 基本解组、基解矩阵

称齐次线性方程组 $\boldsymbol{x}'=\boldsymbol{A}(t)x$ 的 n 个线性无关的解 $\boldsymbol{x}_1(t),\boldsymbol{x}_2(t),\cdots,\boldsymbol{x}_n(t)$ 为它的一个基本解组，如果一个 $n\times n$ 矩阵的每一列都是方程组 $\boldsymbol{x}'=\boldsymbol{A}(t)\boldsymbol{x}$ 的解，则称此矩阵为它的解矩阵，若解矩阵的列在 $a\leqslant t\leqslant b$ 上是线性无关的，则称此解矩阵为方程组 $\boldsymbol{x}'=\boldsymbol{A}(t)\boldsymbol{x}$ 的基解矩阵.

15. 齐次线性方程组 $\boldsymbol{x}'=\boldsymbol{A}(t)\boldsymbol{x}$①的基本性质，其中 $\boldsymbol{x}=(x_1,x_2\cdots,x_n)^{\mathrm{T}}$.

(1)叠加原理：如果 $\boldsymbol{x}_1(t),\boldsymbol{x}_2(t),\cdots\boldsymbol{x}_k(t)$ 是方程组①的 k 个解，则它们的线性组合 $c_1\boldsymbol{x}_1(t)+c_2\boldsymbol{x}_2(t)+\cdots+c_k\boldsymbol{x}_k(t)$ 也是方程组①的解，其中 $c_1,c_2,\cdots,c_k$ 为任意常数.

(2)若向量函数 $\boldsymbol{x}_1(t),\boldsymbol{x}_2(t),\cdots,\boldsymbol{x}_n(t)$ 在区间 $a\leqslant t\leqslant b$ 上线性相关；则它们的朗斯基行列式 $\boldsymbol{W}(t)=0(a\leqslant t\leqslant b)$.

(3)如果方程组①的解 $\boldsymbol{x}_1(t),\boldsymbol{x}_2(t)\cdots\boldsymbol{x}_n(t)$ 线性无关，则它们的朗斯基行列式 $\boldsymbol{W}(t)\neq 0(a\leqslant t\leqslant b)$.

(4)齐次线性方程组①一定存在 n 个线性无关的解 $\boldsymbol{x}_1(t),\boldsymbol{x}_2(t),\cdots,\boldsymbol{x}_n(t)$.

(5)若 $\boldsymbol{x}_1(t),\boldsymbol{x}_2(t)\cdots\boldsymbol{x}_n(t)$ 是方程组①的 n 个线性无关的解，则方程组①的任一解 $\boldsymbol{x}(t)$ 均可表示为 $\boldsymbol{x}(t)=c_1\boldsymbol{x}_1(t)+c_2\boldsymbol{x}_2(t)+\cdots+c_n\boldsymbol{x}_n(t)$，其中 $c_1,c_2\cdots,c_n$ 是相应的确定常数，由此易知，方程组①的线性无关解的最大个数等于 n，从而，它的所有解的集合构成一个 n 维线性空间.

(6)方程组①一定存在一个基解矩阵 $\boldsymbol{\Phi}(t)$，如果 $\boldsymbol{\psi}(t)$ 是方程组①的任一解，则 $\boldsymbol{\psi}(t)=\boldsymbol{\Phi}(t)c$，其中 c 是确定的 n 维常数列向量.

(7)方程组①的一个解矩阵 $\boldsymbol{\Phi}(t)$ 是基解矩阵的充要条件是 $\det\boldsymbol{\Phi}\neq 0(a\leqslant 1\leqslant b)$；而且，如果对某一个 $t_0\in[a,b]$，$\det\boldsymbol{\Phi}(t_0)\neq 0$，则 $\det\boldsymbol{\Phi}(t)\neq 0(a\leqslant t\leqslant b)$.

(8)若 $\boldsymbol{\Phi}(t)$ 是方程组①在区间 $a\leqslant t\leqslant b$ 上的基解矩阵，$\boldsymbol{C}$ 是非奇异 $n\times n$ 常数矩阵，那么，$\boldsymbol{\Phi}(t)\boldsymbol{C}$ 也是方程组①在区间 $a\leqslant t\leqslant b$ 上的基解矩阵. 如果 $\boldsymbol{\Phi}(t)$，$\boldsymbol{\psi}(t)$ 是方程组①在区间 $a\leqslant t\leqslant b$ 上的两个基解矩阵，则存在一个非奇异 $n\times n$ 常数矩阵 $\boldsymbol{C}$，使得在区间 $a\leqslant t\leqslant b$ 上 $\boldsymbol{\psi}(t)=\boldsymbol{\Phi}(t)\boldsymbol{C}$.

16. 非齐次线性方程组 $\boldsymbol{x}'=\boldsymbol{A}(t)\boldsymbol{x}+\boldsymbol{f}(t)$②的基本性质.

(1)如果 $\boldsymbol{\varphi}(t)$ 是方程组②的解，$\boldsymbol{\psi}(t)$ 是方程组①的解，则 $\boldsymbol{\varphi}(t)+\boldsymbol{\psi}(t)$ 是方程组②的解，如果 $\tilde{\varphi}(t)$ 和 $\bar{\varphi}(t)$ 是方程组②的两个解，则 $\tilde{\varphi}(t)-\bar{\varphi}(t)$ 是方程组①的解.

(2)设 $\boldsymbol{\Phi}(t)$ 是方程组①的基解矩阵，$\bar{\varphi}(t)$ 是方程组②的某一解，则方程组②的任一解 $\boldsymbol{\varphi}(t)$ 都可以表示为 $\boldsymbol{\varphi}(t)=\boldsymbol{\Phi}(t)c+\bar{\varphi}(t)$，这里 c 是确定的常数列向量.

(3)常数变易法：当已知方程组①的一个基解矩阵 $\boldsymbol{\Phi}(t)$ 时，可用常数变易法求得方程组②的解 $x=\boldsymbol{\Phi}(t)\boldsymbol{\Phi}^{-1}(t_0)\boldsymbol{\eta}+\boldsymbol{\Phi}(t)\int_{t_0}^{t}\boldsymbol{\Phi}^{-1}(s)\boldsymbol{f}(s)\mathrm{d}s, t_0, t\in[a,b]$. 上式称为非齐次线性方程组②的常数变易公式.

(4)非齐次线性高阶方程当 $\eta=0$ 时的特解的常数变易公式为 $\boldsymbol{\varphi}(t)=\sum_{k=1}^{n}\boldsymbol{x}_k(t)\int_{t_0}^{t}\frac{\boldsymbol{W}_k[\boldsymbol{x}_1(s)\cdots,\boldsymbol{x}_n(s)]}{\boldsymbol{W}[\boldsymbol{x}_1(s),\cdots\boldsymbol{x}_n(s)]}f(s)\mathrm{d}s$，其中 $\boldsymbol{x}_1(t),\boldsymbol{x}_2(t),\cdots\boldsymbol{x}_n(t)$ 为齐次线性高阶方程的一个基本解组，$\boldsymbol{W}$ 为朗斯基行列式，$\boldsymbol{W}_k$ 为 $\boldsymbol{W}$ 的第 k 列代以 $(0,0,\cdots,0,1)^T$ 后所得的行列式. 从而，非齐次线性高阶方程的通解则可以表示为

$\boldsymbol{x}=c_1x_1(t)+c_2\boldsymbol{x}_2(t)+\cdots+c_n\boldsymbol{x}_n(t)+\varphi(t)$，其中 $c_1,c_2\cdots,c_n$ 为任意常数.

当 $n=2$ 时，常数变易公式变为

$$\boldsymbol{\varphi}(t)=\int_{t_0}^{t}\frac{\boldsymbol{x}_2\boldsymbol{x}(t)\boldsymbol{x}_1(s)-\boldsymbol{x}_1(t)\boldsymbol{x}_2(s)}{\boldsymbol{W}[\boldsymbol{x}_1(s),\boldsymbol{x}_2(s)]}f(s)\mathrm{d}s.$$

17. 矩阵指数 exp*A* 的定义和性质

定义：$n\times n$ 阶常数矩阵 $\boldsymbol{A}$ 的矩阵指数定义为 $\mathrm{e}^{A}\equiv\exp\boldsymbol{A}\equiv\sum_{k=0}^{\infty}\frac{\boldsymbol{A}^K}{k!}=\boldsymbol{E}+\boldsymbol{A}+\frac{\boldsymbol{A}^2}{2!}+\cdots\frac{\boldsymbol{A}^m}{m!}+\cdots$，其中 $\boldsymbol{A}^0=E$ 为单位矩阵.

矩阵指数 $\exp\boldsymbol{A}$ 有如下性质：

(a) $\mathrm{e}^{At}\equiv\exp(\boldsymbol{A}t)=\sum_{k=0}^{\infty}\frac{\boldsymbol{A}^kt^k}{k!}$ 在 t 的任意有限区间上一致收敛；

(b)当矩阵，$\boldsymbol{A},\boldsymbol{B}$ 可交换，即 $\boldsymbol{AB}=\boldsymbol{BA}$ 时有 $\exp(\boldsymbol{A}+\boldsymbol{B})=\exp\boldsymbol{A}\cdot\exp\boldsymbol{B}$；

(c) $(\exp\boldsymbol{A})^{-1}$ 存在且 $(\exp\boldsymbol{A})^{-1}=\exp(-\boldsymbol{A})$；

(d)如果 $\boldsymbol{T}$ 为非奇异矩阵，即 $\det\boldsymbol{T}\neq0$，则 $\exp(\boldsymbol{T}^{-1}\boldsymbol{AT})=\boldsymbol{T}^{-1}(\exp\boldsymbol{A})\boldsymbol{T}$.

18. 基解矩阵

$\boldsymbol{\Phi}(t)\exp(\boldsymbol{A}t)$ 是常数线性方程组 $\frac{\mathrm{d}\boldsymbol{x}}{\mathrm{d}t}=\boldsymbol{Ax}$ 的标准基解矩阵，$\boldsymbol{\Phi}(0)=\boldsymbol{E}$. 方程组 $\frac{\mathrm{d}\boldsymbol{x}}{\mathrm{d}t}=\boldsymbol{Ax}$ 的任一解均可表示为 $[\exp(\boldsymbol{A}t)]c$.

19. 特征值与特征向量及用其表示基解矩阵

(1)对 $n\times n$ 阶常数矩阵 $\boldsymbol{A}$，n 次多项式 $p(\lambda)=\det(\lambda\boldsymbol{E}-\boldsymbol{A})$ 称为 $\boldsymbol{A}$ 的特征多项式. n 次代数方程 $p(\lambda)=0$ 称为 A 的特征方程，亦称为线性微分方程组 $\frac{\mathrm{d}\boldsymbol{x}}{\mathrm{d}t}=\boldsymbol{Ax}$ 的特征方程. 特征方程的根 λ 称为特征值或特征根. 而线性代数方程组 $(\lambda\boldsymbol{E}-\boldsymbol{A})u=0$ 的非零解 u 称为对应特征值 λ 的特征向量.

(2) n 次特征方程有 n 个特征值(包括重数),若 $p(\lambda)$ 含因子 $(\lambda-\lambda_0)^k$ 而不含因子 $(\lambda-\lambda_0)^{k+1}$,则称特值 λ_0 为 k 重根. $k=1$ 时称 λ_0 为单根,特征值 λ_0 可以是实数,也可以是复数时,则其共轭复数 $\bar{\lambda}_0$ 的也是特征值.

(3) 如果 $\boldsymbol{A}$ 有 n 个线性无关的特征向量 $\boldsymbol{v}_1,\cdots \boldsymbol{v}_n$,它们对应的特征值为 $\lambda_1,\lambda_2,\cdots\lambda_n$(可以相同),则常系数线性方程组 $\frac{\mathrm{d}\boldsymbol{x}}{\mathrm{d}t}=\boldsymbol{A}\boldsymbol{x}$ 的基解矩阵可以表示为 $\boldsymbol{\Phi}(t)=[\mathrm{e}^{\lambda_1 t}\boldsymbol{v}_1,\mathrm{e}^{\lambda 2t}\ \boldsymbol{v}_n](-\infty<t<+\infty)$,且 $\mathrm{e}\boldsymbol{A}=\boldsymbol{\Phi}(t)\boldsymbol{\Phi}(t)\boldsymbol{\Phi}^{-1}(0)$.

20. 子空间

设 $\lambda_1,\cdots\lambda_k$ 分别是矩阵 A 的 $n_1,\cdots n_k$ 重特征值,且 $n_1+\cdots+n_k=n$,则线性代数方程组 $(\boldsymbol{A}-\lambda_j\boldsymbol{E})_j^n\boldsymbol{u}=0$ 的非零解 $\boldsymbol{u}_j$ 的全体构成欧几里得空间 U 的一个 n_j 维子空间 $U_j(j=1,\cdots k)$. $U=U_1\oplus U_2\oplus\cdots\oplus U_k$,即 $u=u_1+\cdots+u_k$.

21. 常系数线性方程组 $\frac{\mathrm{d}\boldsymbol{x}}{\mathrm{d}t}=\boldsymbol{A}\boldsymbol{x}$ 的解

在欧几里得空间 U 中初值向量分别为 $\boldsymbol{v}_1+\cdots+\boldsymbol{v}_k$, $\boldsymbol{v}_j\in U_j(j=1,\cdots,k)$,则有 $(\boldsymbol{A}-\lambda_j\boldsymbol{E})^t\boldsymbol{v}_j=0(t\geqslant n_j,\ j=1,\ \cdots,\ k)$. 常系数线性方程组 $\frac{\mathrm{d}x}{\mathrm{d}t}=\boldsymbol{A}\boldsymbol{x}$ 有满足 $\boldsymbol{\varphi}(0)=$ 的解

$$\varphi(t)\sum_{j=1}^{k}\mathrm{e}_j^{\lambda t}\left[\sum_{i=0}^{n_j-1}\frac{t^i}{i\,!}(\boldsymbol{A}-\lambda\boldsymbol{E})^i\right].$$

22. 常数线性方程组 $\frac{\mathrm{d}\boldsymbol{x}}{\mathrm{d}t}=\boldsymbol{A}\boldsymbol{x}$③的解的渐近尾态

(a) 当 $\boldsymbol{A}$ 的特征值均具负实部时,③的任一解当 $t\to+\infty$ 时均趋于零;

(b) 当 $\boldsymbol{A}$ 的特征值的实部都是非正的,且实部为零的特征值都是简单特征值时,③的任一解当 $t\to+\infty$ 时都保持有界;

(c) 当 $\boldsymbol{A}$ 的特征征值至少一个具有正实部时,则③至少有一个解当 $t\to+\infty$ 时趋于无穷.

23. 若尔当标准型

对矩阵 $\boldsymbol{A}$ 必存在非奇矩阵 $\boldsymbol{T}$ 使得 $\boldsymbol{T}^{-1}\boldsymbol{A}\boldsymbol{T}=\boldsymbol{J}$, $\boldsymbol{J}$ 为若尔当标准型:

$$\boldsymbol{J}\begin{bmatrix}\boldsymbol{J} & & \\ & \ddots & \\ & & \boldsymbol{J}_k\end{bmatrix},\begin{bmatrix}\lambda_i & 1 & & \\ & \lambda_j & \ddots & \\ & & \ddots & 1 \\ & & & \lambda_j\end{bmatrix},j=1,\cdots,k,$$

其中 $\boldsymbol{J}_i$ 为 n_j 阶矩阵, $n_1+\cdots+n_k=n$,而 k 为矩阵 $\boldsymbol{A}-\lambda\boldsymbol{E}$ 的初级因子的个数, $\lambda_1,\cdots\lambda_k$ 是矩阵 $\boldsymbol{A}$ 的特征值,矩阵中未标出的元素均为零,于是,方程组③的基解矩阵为 $\exp(\boldsymbol{A}t)=\boldsymbol{T}[\exp(\boldsymbol{J}t)]\boldsymbol{T}^{-1}$ 或 $\boldsymbol{\psi}(t)=\boldsymbol{T}\exp(\boldsymbol{J}t)$,

$$\text{其中}\quad \exp(\boldsymbol{J}t)\begin{pmatrix}\exp(\boldsymbol{J}_1t) & & \\ & \ddots & \\ & & \exp(\boldsymbol{J}_kt)\end{pmatrix}$$

$$\exp(\boldsymbol{J}_i t)=\begin{bmatrix}1 & t & \cdots & \dfrac{t^{n_j-1}}{(n_j-1)!}\\ & 1 & \cdots & \dfrac{t^{n_j-2}}{(n_j-2)!}\\ & & \ddots & \vdots\\ & & & 1\end{bmatrix}e^{\lambda_j t}$$

24. 拉普拉斯变换

对向量函数 $\boldsymbol{f}(t)$，如果满足条件，$\|\boldsymbol{f}(t)\|\leqslant Me^{\alpha t}$，则非齐次常数线性微分方程组初值问题 $\boldsymbol{x}'=\boldsymbol{A}\boldsymbol{x}+\boldsymbol{f}(t)$，$\boldsymbol{x}(0)=\boldsymbol{\eta}$ 的解 $\boldsymbol{x}(t)$ 及其导数 $\boldsymbol{x}'(t)$ 和函数 $\boldsymbol{f}(t)$ 均存在拉普拉斯变换，因此，对非齐次常系数线性微分方程组的初值问题，可以用拉普拉斯变换化为代数方程组，求解代数方程组后再通过拉普拉斯逆变换求得微分方程组满足初值条件的解.

典型例题与解题技巧

基本题型Ⅰ：将高阶微分方程(组)化为相等的一阶微分方程组

例 1 将二阶微分方程 $\ddot{x}+f(t)\dot{x}+g(t)=0$ 化为一阶微分方程组.

解题过程 令 $y_1=x$，$y_2=\dot{x}$，则 $y'_2=\dfrac{dy_2}{dt}=\ddot{x}$，则原方程可化为方程组

$$\begin{cases}\dfrac{dy_1}{dt}=y_2,\\ \dfrac{dy_2}{dt}=-f(t)y_2-g(t).\end{cases}$$

基本题型Ⅱ：求常系数齐次线性方程组的基解矩阵

思路点拨 利用基解矩阵计算公式 $e^{At}=e^{\lambda t}\sum\limits_{i=0}^{n-1}\dfrac{ti}{t!}(\boldsymbol{A}-\lambda\boldsymbol{E})^i$ 求解.

例 2 求方程组 $x'=\boldsymbol{A}\boldsymbol{x}$ 的标准基解矩阵，其中 $\boldsymbol{A}=\begin{bmatrix}4 & -1 & 0\\ 3 & 1 & -1\\ 1 & 0 & 1\end{bmatrix}$.

解题过程 由于 $|\lambda\boldsymbol{E}-\boldsymbol{A}|=\begin{vmatrix}\lambda-4 & 1 & 0\\ -3 & \lambda-1 & 1\\ -1 & 0 & \lambda-1\end{vmatrix}=(\lambda-2)^3=0$ 知特征根为 2，是三重根，这里 $\lambda=2$，

$n=3$,则标准基解矩阵为

$$\mathrm{e}^{At}=\mathrm{e}^{2t}\sum_{i=0}^{2}\frac{ti}{i\,!}(\boldsymbol{A}-\lambda\boldsymbol{E})^{i}$$

$$=\mathrm{e}^{2t}\left\{\boldsymbol{E}+\frac{t}{1!}\begin{bmatrix}2&-1&0\\3&-1&-1\\1&0&-1\end{bmatrix}+\frac{t^2}{2!}\begin{bmatrix}1&-1&1\\2&-2&2\\1&-1&1\end{bmatrix}\right\}$$

$$=\mathrm{e}^{2t}\begin{bmatrix}1+2t+\frac{t^2}{2!}&-t-\frac{t^2}{2!}&\frac{t^2}{2!}\\3t+t^2&1-t-t^2&-t+t^2\\t+\frac{t^2}{2!}&-\frac{t^2}{2!}&1-t+\frac{t^2}{2!}\end{bmatrix}.$$

■ 基本题型Ⅲ:求解非齐次线性方程组

思路点拨 利用常数变异法求解.

例 3 求解微分方程组 $\begin{cases}x'=2x-4y+1+\mathrm{e}^t\\y'=y-x+t^2.\end{cases}$

解题过程 对应的齐次微分方程组 $\begin{cases}x'=-2x-4y,\\y'=y-x\end{cases}$ 的特征方程为

$$\det(\lambda\boldsymbol{E}-\boldsymbol{A})\begin{vmatrix}\lambda+2&4\\1&\lambda-1\end{vmatrix}=(\lambda-2)(\lambda+3)=0.$$

解得特征值 $\lambda=2,\lambda=-3$.

对应于 $\lambda=2$ 的特征向量 $\boldsymbol{u}=[u_1,u_2]^{\mathrm{T}}$ 满足 $(\lambda\boldsymbol{E}-\boldsymbol{A})\boldsymbol{u}=\begin{bmatrix}4&4\\1&1\end{bmatrix}\begin{bmatrix}u_1\\u_2\end{bmatrix}=\begin{bmatrix}4u_1+4u_2\\u_1+u_2\end{bmatrix}=0$,

取得特征向量 $\boldsymbol{u}=[1,-1]^{\mathrm{T}}$.

对应于 $\lambda=-3$ 的特征向量 $\boldsymbol{u}=[u_1,u_2]^{\mathrm{T}}$ 满足

$$(\lambda\boldsymbol{E}-\boldsymbol{A})\boldsymbol{u}\begin{bmatrix}-1&4\\1&-4\end{bmatrix}\begin{bmatrix}u_1\\u_2\end{bmatrix}=\begin{bmatrix}-u_1+4u_2\\u_1-4u_2\end{bmatrix}=0,$$

取特征向量 $\boldsymbol{u}[4,1]^{T}$.

对应的齐次微分方程组有通解 $\begin{cases}x=c_1\mathrm{e}^{2t}+4c_2\mathrm{e}^{-3t},\\y=-c_1\mathrm{e}^{2t}+c_2\mathrm{e}^{-3t},\end{cases}$

用常数易法,设非齐次方程组的解为 $\begin{cases}x=c_1(t)\mathrm{e}^{2t}+4c_2(t)\mathrm{e}^{-3t},\\y=-c_1(t)\mathrm{e}^{2t}+c_2(t)\mathrm{e}^{-3t}.\end{cases}$ 代入方程组得

$\begin{cases}c'(t)\mathrm{e}^{2t}+4c'_2(t)^{-3t}=1+\mathrm{e}^t,\\-c'_1(t)\mathrm{e}^{2t}+c'_2(t)^{-3t}=t^2.\end{cases}$ 解得 $\begin{cases}c'_1(t)=(1-4t^2+\mathrm{e}^t)\frac{1}{5}\mathrm{e}^{-2t},\\c'2(t)=(1+t^2+\mathrm{e}^t)\frac{1}{5}\mathrm{e}^{2t}.\end{cases}$

积分得 $\begin{cases} c_1(t)=\dfrac{1}{10}[(1+2t)^2\mathrm{e}^{-2t}-2\mathrm{e}^{-t}]+\tilde{c}_1, \\ c_2(t)=\dfrac{1}{540}[(44-24t+36t^2)\mathrm{e}^{3t}+27\mathrm{e}^{4t}]+\tilde{c}_2, \end{cases}$

其中 $\tilde{c}_1,\tilde{c}_2$ 为任意常数，取 $\tilde{c}_1=\tilde{c}_2=0$ 是非齐次方程组的特解

$$\begin{cases} x=\dfrac{1}{54}(23+12t+36t^2), \\ y=\dfrac{1}{108}[27\mathrm{e}^t-(2+48t+36t^2)]. \end{cases}$$

故非齐次方程组的通解为

$$\begin{cases} x=c_1\mathrm{e}^{2t}+4c_2\mathrm{e}^{-3t}+\dfrac{1}{54}(23+12t+36t^2), \\ y=-c_1\mathrm{e}^{2t}+c_2\mathrm{e}^{-3t}+\dfrac{1}{108}[27\mathrm{e}^t-(2+48t+36t^2)], \end{cases}$$

其中 c_1,c_2 为任意常数.

基题本型Ⅳ：使用拉普拉斯变换法求解方程组初值问题

例 4 试求方程 $\begin{cases} x'=2x_1+x_2 \\ x'_2=-x_1+4x_2 \end{cases}$ 满足初值条件 $\varphi_1(0)=0,\varphi_2(0)=1$ 的解.

解题过程 令 $x_1(s)=\mathscr{L}[x_1(t)],x_2(s)=\mathscr{L}[x_2(t)]$. 对方程组进行拉普拉斯变换，可得

$$\begin{cases} sx_1(s)-\varphi_1(0)=2x_1(s)+x_2(s), \\ sx_2(s)-\varphi_2(0)=-x_1(s)+4x_2(s). \end{cases}$$

即 $\begin{cases} (s-2)x_1(s)-x_2(s)=\varphi_1(0)=0, \\ x_1(s)+(s-4)x_2(s)=\varphi_2(0)=1, \end{cases}$

解得 $x_1(s)=\dfrac{1}{(s-3)^2},x_2(s)=\dfrac{1}{(s-3)}+\dfrac{1}{(s-3)^2},$

应用拉普拉斯变换的逆变换，得到满足初值条件 $\varphi_1(0)=0,\varphi_2(0)=1$ 的解 $\varphi_1(t)=t\mathrm{e}^{3t}$，$\varphi_2(t)=\mathrm{e}^{3t}+t\mathrm{e}^{3t}=(1+t)\mathrm{e}^{3t}$.

为了求基解矩阵，再求满足初值条件 $\psi_1(0)=1,\psi_2(0)=0$ 的解$(\psi_1(t),\psi_2(t))$.

同理可得 $\begin{cases} (s-2)x_1(s)-x_2(s)=\psi_1(0)=1, \\ x_1(s)+(s-4)x_2(s)=\psi_2(0)=0, \end{cases}$

解之，得 $x_1(s)=\dfrac{1}{s-3}-\dfrac{1}{(s-3)^2},x_2(s)=\dfrac{1}{(s-3)^2}.$

从而有 $\psi_1(t)=(1-t)\mathrm{e}^{3t},\psi_2(t)=-t\mathrm{e}^{3t}.$

所以，所求的基解矩阵为 $\boldsymbol{\Phi}(t)=\begin{bmatrix} \psi_1(t) & \varphi_2(t) \\ \psi_2(t) & \varphi_2(t) \end{bmatrix}=\mathrm{e}^{3t}\begin{bmatrix} 1-t & t \\ -t & 1+t \end{bmatrix}.$

基本题型Ⅴ:讨论微分方程组解的渐进性态

思路点拨 依据方程组特征值的不同特点,来判断的渐近性态.

例 5 讨论微分方程组$\begin{cases}\dfrac{dx}{dt}=\mu x-y,\\ \dfrac{dy}{dx}=\mu y-z,\\ \dfrac{dz}{dt}=\mu z-x,\end{cases}$.($\mu$为常数)的解当$t\to+\infty$时的渐近性态.

解题过程 令线性微分方程组的特征方程为

$$|\lambda \boldsymbol{E}-\boldsymbol{A}|=\begin{vmatrix}\lambda-\mu & 1 & 0\\ 0 & \lambda-\mu & 1\\ 1 & 0 & \lambda-\mu\end{vmatrix}=(\lambda-\mu)^3+1=0.$$

解得三个不同的牲值$\lambda_1=\mu-1,\lambda_2=\mu+\dfrac{1}{2}+\dfrac{\sqrt{3}}{2}\mathrm{i},\lambda_3=\mu+\dfrac{1}{2}-\dfrac{\sqrt{3}}{2}\mathrm{i}$.

当$\mu<-\dfrac{1}{2}$时三个特征值均为负实部,由教材定理 11 知,方程组的任一解当$t\to+\infty$时均趋于零;

当$\mu>-\dfrac{1}{2}$时存在含有正实部的特征值,则方程组有解,当$t\to+\infty$时趋于无穷;

当$\mu=-\dfrac{1}{2}$时三个特征值为具有零实部和负实部的不同特征值,则方程组的任一解当$t\to+\infty$时均有界.

课后习题全解

习题 5.1

1 给定方程组

$$\boldsymbol{x}'=\begin{bmatrix}0 & 1\\ -1 & 0\end{bmatrix}\boldsymbol{x},\boldsymbol{x}=\begin{bmatrix}x_1\\ x_2\end{bmatrix}, \qquad (*)$$

(1)试验证$\boldsymbol{u}(t)\begin{bmatrix}\cos t\\ -\sin t\end{bmatrix},\boldsymbol{v}(t)=\begin{bmatrix}\sin t\\ \cos t\end{bmatrix}$分别是方程组($*$)的满足初值条件$\boldsymbol{u}(0)=\begin{bmatrix}1\\ 0\end{bmatrix},\boldsymbol{v}(0)=\begin{bmatrix}0\\ 1\end{bmatrix}$的解;

(2)试验证 $\boldsymbol{w}(t)=c_1\boldsymbol{u}(t)+c_2\boldsymbol{v}(t)$ 是方程组(*)的满足初值条件 $\boldsymbol{w}(0)=\begin{bmatrix}c_1\\c_2\end{bmatrix}$ 的解，其中 c_1,c_2 是任意常数.

解题过程 (1)
$$\boldsymbol{u}(0)=\begin{pmatrix}\cos 0\\-\sin 0\end{pmatrix}=\begin{pmatrix}1\\0\end{pmatrix},\boldsymbol{v}(0)=\begin{pmatrix}\sin 0\\\cos 0\end{pmatrix}=\begin{pmatrix}0\\1\end{pmatrix},$$
$$\boldsymbol{u}'(t)=\begin{pmatrix}(\cos t)'\\(-\sin t)'\end{pmatrix}=\begin{pmatrix}-\sin t\\-\cos t\end{pmatrix}$$
$$=\begin{pmatrix}0&1\\-1&0\end{pmatrix}\begin{pmatrix}\cos t\\-\sin t\end{pmatrix}=\begin{pmatrix}0&1\\-1&0\end{pmatrix}\boldsymbol{u}(t),$$
$$\boldsymbol{v}(t)=\begin{pmatrix}\cos t\\-\sin t\end{pmatrix}=\begin{pmatrix}0&1\\-1&0\end{pmatrix}\begin{pmatrix}\sin t\\\cos t\end{pmatrix}=\begin{pmatrix}0&1\\-1&0\end{pmatrix}\boldsymbol{v}(t),$$

因此 $\boldsymbol{u}(t)=\begin{pmatrix}\cos t\\-\sin t\end{pmatrix},\boldsymbol{v}(t)=\begin{pmatrix}\sin t\\\cos t\end{pmatrix}$ 分别是方程组(*)的满足条件 $\boldsymbol{u}(0)=\begin{pmatrix}1\\0\end{pmatrix}$，$\boldsymbol{v}(0)=\begin{pmatrix}0\\1\end{pmatrix}$ 的解.

(2)
$$\boldsymbol{W}(0)=c_1\boldsymbol{u}(0)+c_2\boldsymbol{v}(0)=c_1\begin{pmatrix}1\\0\end{pmatrix}+c_2\begin{pmatrix}0\\1\end{pmatrix}$$
$$=\begin{pmatrix}c_1\\0\end{pmatrix}+\begin{pmatrix}0\\c_2\end{pmatrix}=\begin{pmatrix}c_1\\c_2\end{pmatrix},$$
$$\boldsymbol{W}(t)c_1\boldsymbol{u}'(t)+c_2\boldsymbol{v}'(t)=c_1\begin{pmatrix}0&1\\-1&0\end{pmatrix}\boldsymbol{u}(t)+c_2\begin{pmatrix}0&1\\-1&0\end{pmatrix}\boldsymbol{v}(t)$$
$$=\begin{pmatrix}0&1\\-1&0\end{pmatrix}[c_1\boldsymbol{u}(t)+c_2\boldsymbol{v}(t)]$$
$$=\begin{pmatrix}0&1\\-1&0\end{pmatrix}\boldsymbol{w}(t),$$

因此 $\boldsymbol{W}(t)=c_1\boldsymbol{u}(t)+c_2\boldsymbol{v}(t)$ 是方程组(*)的满足初值条件 $\boldsymbol{w}(0)=\begin{pmatrix}c_1\\c_2\end{pmatrix}$ 的解，c_1,c_2 是任意常数.

2 将下面的初值问题化为与之等价的一阶方程组的初值问题：

(1) $x''+2x'+7tx=\mathrm{e}^{-t},x(1)=7,x'(1)=-2$；

(2) $x^{(4)}+x=t\mathrm{e}^t,x(0)=1,x'(0)=-1,x''(0)=2,x'''(0)=0$；

(3) $\begin{cases}x''+5y'-7x+6y=\mathrm{e}^t,\\y''-2y+13y'-15x=\cos t,\end{cases}$

$x(0)=1,x'(0)=0,y(0)=0,y'(0)=1.$

(提示：令 $w_1=x,w_2=x',w_3=y,w_4=y'$.)

解题过程 (1)令 $x_1=x,x_2=x'$，则原方程化为方程组

$$\begin{bmatrix}x_1\\x_2\end{bmatrix}=\begin{pmatrix}0&1\\-7t&-2\end{pmatrix}\begin{bmatrix}x_1\\x_2\end{bmatrix}+\begin{bmatrix}0\\e^{-t}\end{bmatrix},$$

初值条件为$x_1(1)=7,x_2(1)=-2$.

(2)令 $x_1=x,x_2=x',x_3=x'',x_4=x'''$,则化为方程组

$$\begin{pmatrix}x_1\\x_2\\x_3\\x_4\end{pmatrix}=\begin{pmatrix}0&1&0&0\\0&0&1&0\\0&0&0&1\\-1&0&0&0\end{pmatrix}\begin{pmatrix}x_1\\x_2\\x_3\\x_4\end{pmatrix}+\begin{pmatrix}0\\0\\0\\te^t\end{pmatrix},$$

初值条件为 $x_1(0)=1,x_2(0)=-1,x^3(0)=2,x_4(0)=0$.

(3)令 $w_1=x,w_2=x',w_3=y,w_4=y'$,则原方程组

$$\begin{pmatrix}w_1\\w_2\\w_3\\w_4\end{pmatrix}=\begin{pmatrix}0&1&0&0\\7&0&-6&-5\\0&0&0&1\\15&0&2&-13\end{pmatrix}\begin{pmatrix}w_1\\w_2\\w_3\\w_4\end{pmatrix}+\begin{pmatrix}0\\e^t\\0\\\cos t\end{pmatrix},$$

初值条件为 $w_1(0)=1,w_2(0)=0,w_3(0)=0,w_4(0)=1$.

3 试用逐步逼近法求方程组

$$\boldsymbol{x}'=\begin{bmatrix}0&1\\-1&0\end{bmatrix}\boldsymbol{x}$$

满足初值条件 $x(0)=\begin{bmatrix}0\\1\end{bmatrix}$的第三次近似解.

解题过程

$$\boldsymbol{\varphi}_0(t)=\begin{bmatrix}0\\1\end{bmatrix},$$

$$\boldsymbol{\varphi}_1(t)=\begin{bmatrix}0\\1\end{bmatrix}+\int_1^0\begin{bmatrix}0&1\\-1&0\end{bmatrix}\begin{bmatrix}0\\1\end{bmatrix}ds$$

$$=\begin{bmatrix}0\\1\end{bmatrix}+\int_0^t\begin{bmatrix}1\\0\end{bmatrix}ds$$

$$=\begin{bmatrix}0\\1\end{bmatrix}+\begin{bmatrix}t\\0\end{bmatrix}=\begin{bmatrix}t\\1\end{bmatrix},$$

$$\boldsymbol{\varphi}_2(t)=\begin{bmatrix}0\\1\end{bmatrix}+\int_0^t\begin{bmatrix}0&1\\-1&0\end{bmatrix}\begin{bmatrix}t\\1\end{bmatrix}dt$$

$$=\begin{bmatrix}0\\1\end{bmatrix}+\int_0^t\begin{bmatrix}1\\-t\end{bmatrix}dt$$

$$=\begin{bmatrix}0\\1\end{bmatrix}+\begin{bmatrix}t\\-\frac{1}{2}t^2\end{bmatrix}=\begin{bmatrix}t\\1-\frac{1}{2}t^2\end{bmatrix},$$

$$\boldsymbol{\varphi}_3(t)\begin{bmatrix}0\\1\end{bmatrix}+\int_0^t\begin{bmatrix}0&1\\-1&0\end{bmatrix}\begin{bmatrix}s\\1-\frac{1}{2}s^2\end{bmatrix}\mathrm{d}s=\begin{bmatrix}0\\1\end{bmatrix}+\int_0^t\begin{bmatrix}1-\frac{1}{2}s^2\\-s\end{bmatrix}\mathrm{d}s$$

$$=\begin{bmatrix}0\\1\end{bmatrix}+\begin{pmatrix}t-\frac{1}{6}t^3\\-\frac{1}{2}t^2\end{pmatrix}=\begin{bmatrix}t-\frac{1}{6}t^3\\1-\frac{1}{2}t^2\end{bmatrix},$$

所以满足初值条件 $\boldsymbol{x}(0)=\begin{bmatrix}0\\1\end{bmatrix}$ 的第三次近似解为

$$\boldsymbol{\varphi}_3(t)=\begin{bmatrix}t-\frac{1}{6}t^3\\1-\frac{1}{2}t^2\end{bmatrix}$$

习题 5.2

1 试验证

$$\boldsymbol{\Phi}(t)=\begin{bmatrix}t^2&t\\2t&1\end{bmatrix}$$

是方程组

$$\boldsymbol{x}'=\begin{bmatrix}0&1\\-\frac{2}{t^2}&\frac{2}{t}\end{bmatrix}\boldsymbol{x}$$

在任何不包含原点的区间 $a\leqslant t\leqslant b$ 上的基解矩阵.

解题过程 由于

$$\begin{bmatrix}t^2\\2t\end{bmatrix}'=\begin{bmatrix}2t\\2\end{bmatrix}=\begin{bmatrix}0&1\\-\frac{2}{t^2}&\frac{2}{t}\end{bmatrix}\begin{bmatrix}t^2\\2t\end{bmatrix},$$

$$\begin{bmatrix}t\\1\end{bmatrix}=\begin{bmatrix}1\\0\end{bmatrix}=\begin{bmatrix}0&1\\-\frac{2}{t^2}&\frac{2}{t}\end{bmatrix}\begin{bmatrix}t\\1\end{bmatrix},$$

所以 $\begin{bmatrix}t^2\\2t\end{bmatrix}$，$\begin{bmatrix}t\\1\end{bmatrix}$ 是方程的两个解，且当 $t\neq0$ 时

$$\det\boldsymbol{\Phi}(t)=\begin{vmatrix}t^2&t\\2t&1\end{vmatrix}=-t^2\neq0,$$

所以 $\begin{bmatrix}t^2\\2t\end{bmatrix}$，$\begin{bmatrix}t\\1\end{bmatrix}$ 在 $t\neq0$ 的区间 $a\leqslant t\leqslant b$ 上线性无关，从而可以作为基解矩阵.

2 考虑方程组

$$\boldsymbol{x}'=\boldsymbol{A}(t)x, \tag{5.15}$$

其中 $\boldsymbol{A}(t)$ 是区间 $a\leqslant t\leqslant b$ 上的连续 $n\times n$ 矩阵，它的元为 $a_{ij}(t)(i,j=1,2\cdots n)$.

(1)如果 $\boldsymbol{x}_1(t),\boldsymbol{x}_2(t)\cdots,\boldsymbol{x}_n(t)$ 是(5.15)的任意 n 个解，那么它们的朗斯基行列式 $W[x_1(t),x_2(t),\cdots,x_n(t)]\equiv W(t)$ 满足下面的一阶线性微分方程

$$W'=[a_{11}(t)+a_{22}(t)+\cdots+a_{nn}(t)]W;$$

(提示：利用行列式的微分公式，求出 W' 的表达式.)

(2)解上面的一阶线性微分方程，证明下面的公式：

$$W(t)=W(t_0)e^{\int_{t_0}^{t}[a_{11}(s)+a_{22}(s)+\cdots+a_{nn}(s)]ds},\ t_0,t\in[a,b].$$

解题过程 (1)将 $\boldsymbol{x}_1(t),x_2(t),\cdots\boldsymbol{x}_n(t)$ 用向量的形式表示，并写出它们的朗斯基行列式为

$$W(t)=\begin{vmatrix} x_{11}(t) & x_{12}(t) & \cdots & x_{1n}(t) \\ x_{21}(t) & x_{22}(t) & \cdots & x_{2n}(t) \\ \cdots & \cdots & \cdots & \cdots \\ x_{n1}(t) & x_{n2}(t) & \cdots & x_{nn}(t) \end{vmatrix},$$

对 $W(t)$ 求导得

$$\frac{dW(t)}{dt}=\frac{d}{dt}\begin{vmatrix} x_{11}(t) & x_{12}(t) & \cdots & x_{1n}(t) \\ x_{21}(t) & x_{22}(t) & \cdots & x_{2n}(t) \\ \cdots & \cdots & \cdots & \cdots \\ x_{n1}(t) & x_{n2}(t) & \cdots & x_{nn}(t) \end{vmatrix}$$

$$=\begin{vmatrix} x'_{11}(t) & x'_{12}(t) & x'_{13}(t) & \cdots & x'_{1n}(t) \\ x_{21}(t) & x_{22}(t) & x_{23}(t) & \cdots & x_{2n}(t) \\ \cdots & \cdots & \cdots & \cdots & \cdots \\ x_{n1}(t) & x_{n2}(t) & x_{n3}(t) & \cdots & x_{nn}(t) \end{vmatrix}$$

$$+\begin{vmatrix} x_{11}(t) & x_{12}(t) & x_{13}(t) & \cdots & x_{1n}(t) \\ x'_{21}(t) & x'_{22}(t) & x'_{23}(t) & \cdots & x'_{2n}(t) \\ \cdots & \cdots & \cdots & \cdots & \cdots \\ x_{n1}(t) & x_{n2}(t) & x_{n3}(t) & \cdots & x_{nn}(t) \end{vmatrix}$$

$$+\cdots+\begin{vmatrix} x_{11}(t) & x_{12}(t) & x_{13}(t) & \cdots & x_{1n}(t) \\ x_{21}(t) & x_{22}(t) & x_{23}(t) & \cdots & x_{2n}(t) \\ \cdots & \cdots & \cdots & \cdots & \cdots \\ x'_{n1}(t) & x'_{n2}(t) & x'_{n3}(t) & \cdots & x'_{nn}(t) \end{vmatrix}. \tag{①}$$

由于
$$x'_{11}=a_{11}x_{11}+a_{12}x_{21}+\cdots+a_{1n}x_{n1},$$
$$x'_{12}=a_{11}x_{12}+a_{12}x_{22}+\cdots+a_{1n}x_{n2},$$
$$\cdots\cdots\cdots\cdots$$
$$x'_{1n}=a_{11}x_{1n}+a_{12}x_{2n}+\cdots+a_{1n}x_{nn},$$

所以，由行列式的性质有

$$\begin{vmatrix} x'_{11}(t) & x'_{12}(t) & x'_{13}(t) & \cdots & x'_{1n}(t) \\ x_{21}(t) & x_{22}(t) & x_{23}(t) & \cdots & x_{2n}(t) \\ \cdots & \cdots & \cdots & \cdots & \cdots \\ x_{n1}(t) & x_{n2}(t) & x_{n3}(t) & \cdots & x_{nn}(t) \end{vmatrix}$$

$$=\begin{vmatrix} a_{11}x_{11}(t) & a_{11}x_{12}(t) & a_{11}x_{13}(t) & \cdots & a_{11}x_{1n}(t) \\ x_{21}(t) & x_{22}(t) & x_{23}(t) & \cdots & x_{2n}(t) \\ \cdots & \cdots & \cdots & \cdots & \cdots \\ x_{n1}(t) & x_{n2}(t) & x_{n3}(t) & \cdots & x_{nn}(t) \end{vmatrix}$$

$$+\begin{vmatrix} a_{12}x_{21}(t) & a_{12}x_{22}(t) & a_{12}x_{23}(t) & \cdots & a_{12}x_{2n}(t) \\ x_{21}(t) & x_{22}(t) & x_{23}(t) & \cdots & x_{2n}(t) \\ \cdots & \cdots & \cdots & \cdots & \cdots \\ x_{n1}(t) & x_{n2}(t) & x_{n3}(t) & \cdots & x_{nn}(t) \end{vmatrix}$$

$$+\cdots+\begin{vmatrix} a_{1n}x_{n1}(t) & a_{1n}x_{n2}(t) & a_{1n}x_{n3}(t) & \cdots & a_{1n}x_{nn}(t) \\ x_{21}(t) & x_{22}(t) & x_{23}(t) & \cdots & x_{2n}(t) \\ \cdots & \cdots & \cdots & \cdots & \cdots \\ x_{n1}(t) & x_{n2}(t) & x_{n3}(t) & \cdots & x_{nn}(t) \end{vmatrix}$$

$$=a_{11}(t)W(t).$$

同理，①式中右端第 2 个行列式等于 $a_{22}(t)W(t)$，第 3 个行列式等于 $a_{33}(t)W(t)$，…第 n 个行列式等于 $a_{nn}(t)W(t)$因此，得到

$$\frac{\mathrm{d}W(t)}{\mathrm{d}t}W'(t)=[a_{11}(t)+a_{22}(t)+\cdots+\cdots a_{nn}(t)]W(t),$$

(2)将上面的一阶线微分方程化为

$$\frac{\mathrm{d}W}{w}=[a_n(t)+a_{22}(t)\cdots+\cdots+a_{nn}(t)]\mathrm{d}t,$$

从 t_0 到 t 的积分得到

$$\ln|W(t)|-\ln|W(t_0)|=\int_{t_0}^{t}[a_{11}(s)+a_{22}(s)+\cdots+a_{nn}(s)]\mathrm{d}s,$$

两边再用指数函数得到

$$W(t)=W(t_0)\mathrm{e}^{\int_{t_0}^{0}[a_{11}(s)+a_{22}(s)\cdots+a_{nn}(s)]}\mathrm{d}s,$$

3 设 $\boldsymbol{A}(t)$为区间 $a\leqslant t\leqslant b$ 上的连续 $n\times n$ 实矩阵，$\boldsymbol{\Phi}(t)$为方程 $x'=\boldsymbol{A}(t)\boldsymbol{x}$ 的基解矩阵，而 $\boldsymbol{x}=\boldsymbol{\varphi}(t)$为其一解．试证：

(1)对于方程 $\boldsymbol{y}'=-\boldsymbol{A}^{\mathrm{T}}(t)\boldsymbol{y}$ 的任一解 $\boldsymbol{y}=\boldsymbol{\psi}(t)$必有 $\boldsymbol{\psi}^{\mathrm{T}}(t)\boldsymbol{\varphi}(t)=$常数；

(2)$\boldsymbol{\psi}(t)$为方程 $\boldsymbol{y}'=-\boldsymbol{A}^{\mathrm{T}}(t)\boldsymbol{y}$ 的基解矩阵的充要条件是存在非奇异的常数矩阵 C，使 $\boldsymbol{\psi}^{\mathrm{T}}(t)\boldsymbol{\Phi}(t)=C$.

解题过程 (1)由于 $\boldsymbol{\varphi}(t)$是 $\boldsymbol{x}'=\boldsymbol{A}(t)x$ 的解，则有

$$\boldsymbol{\varphi}'(t)=\begin{pmatrix}\varphi'_1(t)\\ \varphi'_2(t)\\ \vdots\\ \varphi'_n(t)\end{pmatrix}=\begin{pmatrix}a_{11} & a_{12} & \cdots & a_{1n}\\ a_{21} & a_{22} & \cdots & a_{2n}\\ \cdots & \cdots & \cdots & \cdots\\ a_{n1} & a_{n2} & \cdots & a_{nn}\end{pmatrix}\begin{pmatrix}\varphi_1(t)\\ \varphi_2(t)\\ \vdots\\ \varphi_n(t)\end{pmatrix}=\begin{pmatrix}\sum_{k=1}^{n}a_{1k}\varphi_k\\ \sum_{k=1}^{n}a_{2k}\varphi_k\\ \vdots\\ \sum_{k=1}^{n}a_{nk}\varphi_k\end{pmatrix}.$$

同理,由于 $\boldsymbol{\psi}(t)$ 是方程 $\boldsymbol{y}'=-\boldsymbol{A}^{\mathrm{T}}\boldsymbol{y}$ 的解,有

$$\boldsymbol{\psi}'(t)=\begin{pmatrix}\psi'_1(t)\\ \psi'_2(t)\\ \vdots\\ \psi'_n(t)\end{pmatrix}=-\begin{pmatrix}a_{11} & a_{21} & \cdots & a_{n1}\\ a_{12} & a_{22} & \cdots & a_{n2}\\ \cdots & \cdots & \cdots & \cdots\\ a_{1n} & a_{2n} & \cdots & a_{nn}\end{pmatrix}\begin{pmatrix}\psi_1(t)\\ \psi_2(t)\\ \vdots\\ \psi_n(t)\end{pmatrix}=-\begin{pmatrix}\sum_{k=1}^{n}a_{k1}\psi_k\\ \sum_{k=1}^{n}a_{k2}\psi_k\\ \vdots\\ \sum_{k=1}^{n}a_{kn}\psi_k\end{pmatrix}$$

对 $\boldsymbol{\psi}^T(t)\boldsymbol{\varphi}(t)$ 求导数得

$$\begin{aligned}\frac{\mathrm{d}(\boldsymbol{\psi}^{\mathrm{T}}(t)\boldsymbol{\varphi}(t))}{\mathrm{d}t}&=\frac{\mathrm{d}\boldsymbol{\psi}^{\mathrm{T}}(t)}{\mathrm{d}t}\boldsymbol{\varphi}(t)+\boldsymbol{\psi}^{\mathrm{T}}(t)\frac{\mathrm{d}\boldsymbol{\varphi}(t)}{\mathrm{d}t}\\
&=-\left(\sum_{k=1}^{n}a_{k1}\psi_k,\sum_{k=1}^{n}a_{k2}\psi_k,\cdots,\sum_{k=1}^{n}a_{kn}\psi_k\right)\begin{pmatrix}\varphi_1(t)\\ \varphi_2(t)\\ \vdots\\ \varphi_n(t)\end{pmatrix}\\
&\quad+(\psi_1(t),\psi_2(t)\cdots\psi_n(t))\begin{pmatrix}\sum_{k=1}^{n}a_{1k}\varphi_k\\ \sum_{k=1}^{n}a_{2k}\varphi_k\\ \vdots\\ \sum_{k=1}^{n}a_{nk}\varphi_k\end{pmatrix}\\
&=-\left[\sum_{k=1}^{n}a_{k1}\psi_k\varphi_1+\sum_{k=1}^{n}a_{k2}\psi_k\varphi_2+\cdots+\sum_{k=1}^{n}a_{kn}\psi_k\varphi_n\right]\\
&\quad+\left[\sum_{k=1}^{n}\psi_1a_{1k}\varphi_k+\sum_{k=1}^{n}\psi_2a_{2k}\varphi_k+\cdots+\sum_{k=1}^{n}\psi_ka_{nk}\varphi_k\right]\\
&=-\sum_{k=1}^{n}\sum_{i=1}^{n}(a_{ki}\psi_k\varphi_i)+\sum_{k=1}^{n}\sum_{i=1}^{n}(\psi_ia_{ik}\varphi_k)\\
&=-\sum_{k=1}^{n}\sum_{i=1}^{n}(a_{ki}\psi_k\varphi_i)+\sum_{i=1}^{n}\sum_{k=1}^{n}(a_{ik}\psi_i\varphi_k)=0.\end{aligned}$$

所以 $\boldsymbol{\psi}^T\boldsymbol{\varphi}(t)=$常数.

(2)充分性:存在非奇异矩阵 C,使得 $\boldsymbol{\Psi}^{\mathrm{T}}(t)\boldsymbol{\Phi}(t)=C$,由于 $\boldsymbol{\Phi}(t)$是方程 $\boldsymbol{x}'=\boldsymbol{A}(t)\boldsymbol{x}$ 的基解矩阵,故 $\boldsymbol{\Phi}^{-1}(t)$存在,所以 $\boldsymbol{\Psi}^{\mathrm{T}}(t)=C\cdot\boldsymbol{\Phi}^{-1}(t)$且 $\det(\boldsymbol{\Psi}^{\mathrm{T}}(t))=\det(C\cdot\boldsymbol{\Phi}^{-1}(t))\neq 0$. 因此,$\boldsymbol{\Psi}(t)$是基解矩阵.

必要性:$\boldsymbol{\Psi}(t)$是基解矩阵,则 $\boldsymbol{\Psi}(t)$的每一个列向量 $\psi_1(t),\psi_2(t),\cdots\psi_n(t)$与 $\boldsymbol{\Phi}(t)$的每一个列向量 $\varphi_1(t),\varphi_2(t),\cdots\varphi_n(t)$满足 $\psi_i^{\mathrm{T}}(t)\varphi_j(t)=$常数,$i=1,2\cdots n,j=1,2,\cdots n$. 则 $\boldsymbol{\Psi}^{\mathrm{T}}(t)\boldsymbol{\Phi}(t)$是常数矩阵,记为 c,另外由于 $\boldsymbol{\Phi}(t)$,$\boldsymbol{\Psi}(t)$分别是基解矩阵,从而 $\det(\boldsymbol{\Phi}(t))\neq 0$,$\det(\boldsymbol{\psi}^{\mathrm{T}}(t))\neq 0$,则 $\det C=\det(\boldsymbol{\Phi}(t))\cdot\det(\boldsymbol{\Psi}^{\mathrm{T}}(t))\neq 0$ 即矩阵 $\boldsymbol{C}$ 是非奇异的.

4 设方程组(5.15)有一个非零解 $\boldsymbol{x}(t)=(\varphi_1(t),\varphi_2(t),\cdots,\varphi_n(t))^T$,其中 $\varphi_n(t)\neq 0$ 证明(5.15)经变换

$$y_i=x_i-\frac{\varphi i(t)}{\varphi n(t)}x_n(i=1,2,\cdots,n-1),y_n=\frac{1}{\varphi n(t)}x_n$$

可化为关于 $n-1$ 个未知函数 $y_1,y_2,\cdots,y_{n-1}$ 的线性方程组,它只含 $n-1$ 个方程,且不含 y_n.

解题过程 当 $i=1,2,\cdots n-1$ 时,由 $y_i=x_i-\frac{\varphi_i}{\varphi_n}x_n$ 可得

$$\begin{aligned}
y'_i&=x'_i-\frac{\varphi'_i\varphi_n-\varphi_i\varphi'_n}{\varphi_n^2}x_n-\frac{\varphi_i}{\varphi_n}x'_n\\
&=x'_i-\frac{xn}{\varphi_n}\varphi'_i+\frac{\varphi_i x_n}{\varphi_n^2}\varphi'_n-\frac{\varphi_i}{\varphi_n}x'_n\\
&=\sum_{j=1}^{n}a_{ij}x_j-\frac{x_n}{\varphi_n}\cdot\sum_{j=1}^{n}a_{ij}\varphi_j+\frac{\varphi_i x_n}{\varphi_n^2}\cdot\sum_{j=1}^{n}a_{nj}\varphi_j-\frac{\varphi_i}{\varphi_n}\sum_{j=1}^{n}a_{nj}x_j\\
&=\sum_{j=1}^{n}a_{ij}\left(x_j-\frac{\varphi_j}{\varphi_n}x_n\right)+\sum_{j=1}^{n}a_{nj}\cdot\frac{-\varphi_i}{\varphi_n}\left(x_j-\frac{\varphi_j}{\varphi n}x_n\right)\\
&=\sum_{j=1}^{n-1}a_{ij}\left(x_j-\frac{\varphi_j}{\varphi_n}x_n\right)+a_{in}\left(x_n-\frac{\varphi_n}{\varphi_n}x_n\right)\\
&\quad+\sum_{j=1}^{n-1}a_{ij}\cdot\frac{-\varphi_i}{\varphi_n}\left(x_j-\frac{\varphi_j}{\varphi_n}x_n\right)+a_{nn}\cdot\frac{-\varphi_i}{\varphi_n}\left(x_n-\frac{\varphi_n}{\varphi_n}x_n\right)\\
&=\sum_{j=1}^{n-1}\left(a_{ij}-a_{nj}\frac{\varphi_i}{\varphi_n}\right)y_j
\end{aligned}$$

当 $i=n$ 时,由 $y_n=\frac{1}{\varphi_n}x_n$ 可得

$$\begin{aligned}
y'_n&=\frac{x'_n\varphi_n-x_n\varphi'_n}{\varphi_n^2}\\
&=\frac{1}{\varphi_n}\sum_{j=1}^{n-1}a_{ij}x_j-\frac{x_n}{\varphi_n^2}\cdot\sum_{j=1}^{n}a_{nj}\varphi_j\\
&=\frac{1}{\varphi_n}\sum_{j=1}^{n}a_{nj}\left(x_j-\frac{\varphi_j}{\varphi_n}x_n\right)
\end{aligned}$$

$$=\frac{1}{\varphi_n}\sum_{j=1}^{n-1}a_{nj}\left(x_j-\frac{\varphi_j}{\varphi_n}x_n\right)+\frac{1}{\varphi_n}a_{nn}\left(x_n-\frac{\varphi_n}{\varphi_n}x_n\right)$$

$$=\frac{1}{\varphi_n}\sum_{j=1}^{n-1}a_{nj}y_j.$$

从上面的两个式子可以看到 $y_i'(i=1,2,\cdots n)$ 可以由 $y_1,y_2,\cdots y_{n-1}$ 线性表示，则命题得证.

5 设 $\boldsymbol{\Phi}(t)$ 为方程 $\boldsymbol{x}'=\boldsymbol{A}\boldsymbol{x}$（$\boldsymbol{A}$ 为 $n\times n$ 常数矩阵）的标准基解矩阵（即 $\boldsymbol{\Phi}(0)=\boldsymbol{E}$），证明：

$$\boldsymbol{\Phi}(t)\boldsymbol{\Phi}^{-1}(t_0)=\boldsymbol{\Phi}(t-t_0)，其中\ t_0\ 为某一值.$$

解题过程 由于 $\boldsymbol{A}$ 是 $n\times n$ 常数矩阵. 所以方程 $x'=\boldsymbol{A}x$ 的基解矩阵 $\boldsymbol{\Phi}(t)$ 满足

$$\frac{\mathrm{d}\boldsymbol{\Phi}(t)}{\mathrm{d}t}=\boldsymbol{A}\cdot\boldsymbol{\Phi}(t),$$

解得 $\boldsymbol{\Phi}(t)=\mathrm{e}^{At}$，可见 $\boldsymbol{\Phi}(t)$ 是指数型的，又根据指函数的特点知道 $\boldsymbol{\Phi}^{-1}(t)=\mathrm{e}^{-At}$，从而

$$\boldsymbol{\Phi}(t)\boldsymbol{\Phi}^{-1}(t_0)=\mathrm{e}^{At}\mathrm{e}^{-At_0}=\mathrm{e}^{A(t-t_0)}=\boldsymbol{\Phi}(t-t_0).$$

命题得证.

6 设 $\boldsymbol{A}(t)$，$\boldsymbol{f}(t)$ 分别为在区间 $a\leqslant t\leqslant b$ 上的连续 $n\times n$ 矩阵和 n 维列向量，证明方程组

$$\boldsymbol{x}'=\boldsymbol{A}(t)\boldsymbol{x}+\boldsymbol{f}(t)$$

存在且最多存在 $n+1$ 个线性无关解.

解题过程 对于齐次方程 $\boldsymbol{x}'=\boldsymbol{A}(t)\boldsymbol{x}$，由教材中定理 5 知道，一定存在线性无关的 n 个解，且这 n 个解可以作为方程的基解矩阵；由教材中定理 8 知道至少存在非齐次方程 $\boldsymbol{x}'=\boldsymbol{A}(t)x'=\boldsymbol{A}(t)x+\boldsymbol{f}(t)$ 的一个特解.

①设 $\boldsymbol{x}_1(t),\boldsymbol{x}_2(t),\cdots,\boldsymbol{x}_n(t)$ 是齐次方程 $\boldsymbol{x}'=\boldsymbol{A}(t)\boldsymbol{x}$ 的 n 个线性无关解，而 $\boldsymbol{x}_0(t)$ 是非齐次方程 $\boldsymbol{x}'=\boldsymbol{A}(t)\boldsymbol{x}+\boldsymbol{f}(t)$ 的一个特解，则 $\boldsymbol{x}_1(t)+\boldsymbol{x}_0(t),\boldsymbol{x}_2(t)+\boldsymbol{x}_0(t),\cdots,\boldsymbol{x}_n(t)+\boldsymbol{x}_0(t)$，$\boldsymbol{x}_0(t)$ 是上述非齐次方程的 $n+1$ 个线性无关解. 因为，若存在常数 $k_1,k_2,\cdots,k_n,k_0$ 使得

$$k_1(\boldsymbol{x}_1(t)+\boldsymbol{x}_0(t))+k_2(\boldsymbol{x}_2(t)+\boldsymbol{x}_0(t))+\cdots+k_n(\boldsymbol{x}_n(t)+\boldsymbol{x}_0(t))+k_0\boldsymbol{x}_0(t)\equiv0,$$

则一定有 $k_1+k_2+\cdots+k_n+k_0=0$. 否则，有

$$\boldsymbol{x}_0(t)=\frac{-k_1}{k_1+k_2+\cdots+k_n+k_0}\boldsymbol{x}_1(t)+\cdots+\frac{-k_n}{k_1+k_2+\cdots+k_n+k_0}\boldsymbol{x}_n(t),$$

这与 $\boldsymbol{x}_0(t)$ 是非齐次方程的解矛盾，故

$$k_1\boldsymbol{x}_1(t)+k_2\boldsymbol{x}_2(t)+\cdots+k_n\boldsymbol{x}_n(t)\equiv0$$

由假设可知，$k_1=k_2=\cdots=k_n=0$，而且 $k_0=0$.

因此，非齐次方程 $\boldsymbol{x}'=\boldsymbol{A}(t)\boldsymbol{x}(t)\boldsymbol{x}+\boldsymbol{f}(t)$ 存在 $n+1$ 个线性无关解.

②假设方程 $\boldsymbol{x}'=\boldsymbol{A}(t)\boldsymbol{x}+\boldsymbol{f}(t)$ 存在 $n+2$ 个线性无关解，分别为 $\boldsymbol{\varphi}_1(t),\boldsymbol{\varphi}_2(t),\cdots\boldsymbol{\varphi}_{n+1}(t)$，$\boldsymbol{\varphi}_{n+2}(t)$，则由教材中性质 2 知 $\boldsymbol{\varphi}_2(t)-\boldsymbol{\varphi}_1(t),\boldsymbol{\varphi}_3(t)-\boldsymbol{\varphi}_1(t),\cdots\boldsymbol{\varphi}_{n+1}(t)-\boldsymbol{\varphi}_1(t),\boldsymbol{\varphi}_{n+2}(t)-\boldsymbol{\varphi}_1(t)$ 是对应齐次方程的 $n+1$ 个线性无关解，与教材中推论 1 矛盾，故假设方程 $\boldsymbol{x}'=\boldsymbol{A}(t)\boldsymbol{x}+\boldsymbol{f}(t)$ 存在 $n+2$ 个线性无关解是错误的，即证明了方程最多有 $n+1$ 个线性无关解.

综上所述，方程 $\boldsymbol{x}'=\boldsymbol{A}(t)\boldsymbol{x}+\boldsymbol{f}(t)$ 存在且最多存在 $n+1$ 个线性无关解得证.

7 试证非齐次线性微分方程组的叠加原型：

设 $\boldsymbol{x}_1(t)$，$\boldsymbol{x}_2(t)$ 分别是方程组

$$\boldsymbol{x}'=\boldsymbol{A}(t)\boldsymbol{x}+\boldsymbol{f}_1(t),$$
$$\boldsymbol{x}'=\boldsymbol{A}(t)\boldsymbol{x}+\boldsymbol{f}_2(t)$$

的解，则 $\boldsymbol{x}_1(t)+\boldsymbol{x}_2(t)$ 是方程组

$$\boldsymbol{x}'=\boldsymbol{A}(t)\boldsymbol{x}+\boldsymbol{f}_1(t)+\boldsymbol{f}_2(t)$$

的解.

解题过程 设 $\boldsymbol{x}(t)=\boldsymbol{x}_1(t)+\boldsymbol{x}_2(t)$，由已知可得

$$\begin{aligned}\frac{\mathrm{d}(\boldsymbol{x}_1(t)+\boldsymbol{x}_2(t))}{\mathrm{d}t}&=\frac{\mathrm{d}\boldsymbol{x}_1(t)}{\mathrm{d}t}+\frac{\mathrm{d}\boldsymbol{x}_2(t)}{\mathrm{d}t}\\&=\boldsymbol{A}(t)\boldsymbol{x}_1(t)+\boldsymbol{f}_1(t)+\boldsymbol{A}(t)\boldsymbol{x}_2(t)+\boldsymbol{f}_2(t)\\&=\boldsymbol{A}(t)\boldsymbol{x}_1(t)+\boldsymbol{x}_2(t))+(\boldsymbol{f}_1(t)+\boldsymbol{f}_2(t)),\end{aligned}$$

即
$$\frac{\mathrm{d}\boldsymbol{x}}{\mathrm{d}t}=\boldsymbol{A}(t)\boldsymbol{x}(t)+\boldsymbol{f}_1(t)+\boldsymbol{f}_2(t).$$

因而 $\boldsymbol{x}(t)=\boldsymbol{x}_1(t)+\boldsymbol{x}_2(t)$ 是方程组 $\boldsymbol{x}'(t)=\boldsymbol{A}(t)\boldsymbol{x}(t)+\boldsymbol{f}_1(t)+\boldsymbol{f}_2(t)$ 的解.

8 考虑方程组 $\boldsymbol{x}'=\boldsymbol{A}\boldsymbol{x}+\boldsymbol{f}(t)$ 其中

$$\boldsymbol{A}=\begin{bmatrix}2&1\\0&2\end{bmatrix},\boldsymbol{f}(t)=\begin{bmatrix}\sin t\\\cos t\end{bmatrix},$$

(1)试验证

$$\boldsymbol{\Phi}(t)=\begin{bmatrix}\mathrm{e}^{2t}&t\mathrm{e}^{2t}\\0&\mathrm{e}^{2t}\end{bmatrix}$$

是 $\boldsymbol{x}'=\boldsymbol{A}\boldsymbol{x}$ 的基解矩阵；

(2)试求 $\boldsymbol{x}'=\boldsymbol{A}\boldsymbol{x}+\boldsymbol{f}(t)$ 的满足初值条件 $\boldsymbol{\varphi}(0)=\begin{bmatrix}1\\-1\end{bmatrix}$ 的解 $\boldsymbol{\varphi}(t)$.

解题过程 (1)将 $\begin{bmatrix}\mathrm{e}^{2t}\\0\end{bmatrix}$ 代入方程组的相应齐次线性方程组，

则左边 $=\begin{bmatrix}2\mathrm{e}^{2t}\\0\end{bmatrix}$，右边 $=\begin{bmatrix}2&1\\0&2\end{bmatrix}\begin{bmatrix}\mathrm{e}^{2t}\\0\end{bmatrix}=\begin{bmatrix}2\mathrm{e}^{2t}\\0\end{bmatrix}$，

所以 $\begin{bmatrix}\mathrm{e}^{2t}\\0\end{bmatrix}$ 是齐次方程组的解.

同理，将 $\begin{bmatrix}t\mathrm{e}^{2t}\\\mathrm{e}^{2t}\end{bmatrix}$ 代入齐次线性方程组，

左边 $=\begin{bmatrix}\mathrm{e}^{2t}+t\mathrm{e}^{2t}\\2\mathrm{e}^{2t}\end{bmatrix}$，右边 $\begin{bmatrix}2&1\\0&2\end{bmatrix}\begin{bmatrix}t\mathrm{e}^{2t}\\\mathrm{e}^{2t}\end{bmatrix}=\begin{bmatrix}2t\mathrm{e}^{2t}+\mathrm{e}^{2t}\\2\mathrm{e}^{2t}\end{bmatrix}$，

所以 $\begin{bmatrix}t\mathrm{e}^{2t}\\\mathrm{e}^{2t}\end{bmatrix}$ 是齐次方程组的解，且由于

$$\begin{vmatrix} e^{2t} & te^{2t} \\ 0 & e^{2t} \end{vmatrix} = e^{4t} \neq 0,$$

所以$\begin{bmatrix} e^{2t} & te^{2t} \\ 0 & e^{2t} \end{bmatrix}$是齐次方程组 $\boldsymbol{x}'=\boldsymbol{A}\boldsymbol{x}$ 的基解矩阵.

(2)用常数变易法求原方程的特解.

设$\begin{bmatrix} x_1 \\ x_2 \end{bmatrix}=C_1(t)\begin{bmatrix} e^{2t} \\ 0 \end{bmatrix}+C_2(t)\begin{bmatrix} te^{2t} \\ e^{2t} \end{bmatrix}$代入原方程组得

$$\begin{bmatrix} \dfrac{dC_1(t)}{dt} \\ \dfrac{dC_1(t)}{dt} \end{bmatrix}=\begin{bmatrix} e^{-2t}\sin t-te^{-2t}\cos t \\ e^{-2t}\cos t \end{bmatrix},$$

求得 $$\begin{bmatrix} C_1(t) \\ C_2(t) \end{bmatrix}=\begin{bmatrix} -\frac{2}{25}e^{-2t}\cos t-\frac{14}{25}e^{-2t}\sin t+\frac{2}{5}e^{-2t}t\cos t-\frac{1}{5}e^{-2t}t\sin t \\ -\frac{2}{5}e^{-2t}\cos t+\frac{1}{5}e^{-2t}\sin t \end{bmatrix}.$$

因此原方程的通解为

$$\begin{bmatrix} x_1 \\ x_2 \end{bmatrix}=C_1\begin{bmatrix} e^{2t} \\ 0 \end{bmatrix}+C_2\begin{bmatrix} te^{2t} \\ e^{2t} \end{bmatrix}+\left[-\frac{2}{5}e^{-2t}\cos t+\frac{1}{5}e^{-2t}\sin t\right]\begin{bmatrix} te^{2t} \\ e^{2t} \end{bmatrix}$$
$$+\left[-\frac{2}{25}e^{-2t}\cos t-\frac{14}{25}e^{-2t}\sin t+\frac{2}{5}e^{-2t}t\cos t-\frac{1}{5}e^{-2t}t\sin t\right]\begin{bmatrix} e^{2t} \\ 0 \end{bmatrix},$$

其中,C_1,C_2 是任意常数.

以 $t=0,x_1=1,x_2=-1$ 代入通解,得 $C_1=\frac{27}{25},C_2=-\frac{3}{5}$,所以满足初值条件 $\boldsymbol{\varphi}(0)=\begin{bmatrix} 1 \\ -1 \end{bmatrix}$的特解为

$$\begin{bmatrix} x_1 \\ x_2 \end{bmatrix}=\begin{bmatrix} -\frac{2}{25}\cos t-\frac{14}{25}\sin t+\frac{27}{25}e^{2t}-\frac{3}{5}te^{2t} \\ -\frac{2}{5}\cos t+\frac{1}{5}\sin t-\frac{3}{5}e^{2t} \end{bmatrix}.$$

9 试求 $\boldsymbol{x}'=\boldsymbol{A}\boldsymbol{x}+\boldsymbol{f}(t)$其中

$$\boldsymbol{A}=\begin{bmatrix} 2 & 1 \\ 0 & 2 \end{bmatrix},\boldsymbol{f}(t)=\begin{bmatrix} 0 \\ e^{2t} \end{bmatrix},$$

满足初值条件 $\boldsymbol{\varphi}(0)=\begin{bmatrix} 1 \\ -1 \end{bmatrix}$的解 $\boldsymbol{\varphi}(t)$.

解题过程 由上题知,相应齐次线性方程组

$\begin{bmatrix} x'_1 \\ x'_2 \end{bmatrix}=\begin{bmatrix} 2 & 1 \\ 0 & 2 \end{bmatrix}\begin{bmatrix} x_1 \\ x_2 \end{bmatrix}$的通解为

$$\begin{bmatrix} x_1 \\ x_2 \end{bmatrix}=\begin{bmatrix} (C_1+C_2t)e^{2t} \\ C_2e^{2t} \end{bmatrix}.$$

现用常数变易法求原方程组的特解，设

$$\begin{bmatrix} x_1(t) \\ x_2(t) \end{bmatrix} = C_1(t)\begin{bmatrix} e^{2t} \\ 0 \end{bmatrix} + C_2(t)\begin{bmatrix} te^{2t} \\ e^{2t} \end{bmatrix},$$

代入原方程组得

$$\begin{bmatrix} C'_1(t) \\ C'_2(t) \end{bmatrix} = \begin{bmatrix} -t \\ 1 \end{bmatrix},$$

于是$\begin{bmatrix} C_1(t) \\ C_2(t) \end{bmatrix} = \begin{bmatrix} -\frac{t^2}{2}+C_1 \\ t+C_2 \end{bmatrix}$，所以原方程组的通解为

$$\begin{bmatrix} x_1(t) \\ x_2(t) \end{bmatrix} = C_1\begin{bmatrix} e^{2t} \\ 0 \end{bmatrix} + C_2\begin{bmatrix} te^{2t} \\ e^{2t} \end{bmatrix} + \begin{pmatrix} \frac{t^2}{2}e^{2t} \\ te^{2t} \end{pmatrix}$$

以 $t=0, x_1=1, x_2=-1$ 代入上式可得到

$$\begin{bmatrix} 1 \\ -1 \end{bmatrix} = C_1\begin{bmatrix} 1 \\ 0 \end{bmatrix} + C_2\begin{bmatrix} 0 \\ 1 \end{bmatrix}$$

求得 $C_1=1, C_2=-1$ 则

$$\boldsymbol{\varphi}(t) = \begin{pmatrix} \frac{1}{2}t^2e^{2t} - te^{2t} + e^{2t} \\ te^{2t} - e^{2t} \end{pmatrix}$$

10 试求下列方程的通解：

(1)$x''+x=\sec t\left(-\frac{\pi}{2}<t<\frac{\pi}{2}\right)$；　　(2)$x'''-8x=e^{2t}$；

(3)$x''-6x'+9x=e^t$.

解题过程 (1)齐次线性微分方程 $x''+x=0$ 的基本解组易知为 $x_1(t)=\cos t, x_2(t)=\sin t$，直接利用教材中公式(5.31)来求方程的一个特解. 这时

$$W[x_1(t), x_2(t)] = \begin{vmatrix} \cos t & \sin t \\ -\sin t & \cos t \end{vmatrix} = 1.$$

由公式(5.31)即得(取 $t_0=0$)

$$\begin{aligned} \varphi(t) &= \int_0^t (\sin t\cos s - \cos t\sin s)\sec s\mathrm{d}s \\ &= \sin t\int_0^t 1\cdot \mathrm{d}s - \cos\int_0^t \tan s\mathrm{d}s \\ &= t\sin t + \cos t\cdot \ln|\cos t|. \end{aligned}$$

则原方程的通解为

$$x=C_1\cos t+C_2\sin t+t\sin t+\cos t\cdot\ln|\cos t|$$

(2)齐次方程 $x'''-8x=0$ 的特征方程为

$$\lambda^3-8=0,$$

解得　$\lambda_1=2, \lambda_2=-1+\sqrt{3}i, \lambda_3=-1-\sqrt{3}i.$

所以齐次方程的通解为

$$x=C_1\mathrm{e}^{2t}+C_2\mathrm{e}^{-t}\cos\sqrt{3}t+C_3\mathrm{e}^{-t}\sin\sqrt{3}t$$

令原方程的一个特解为 $x_1=At\mathrm{e}^{2t}$，代入原方程则得到

$$A=\frac{1}{12},$$

得特解为 $x_1=\frac{1}{12}t\mathrm{e}^{2t}$，则原方程的通解为

$$x(t)=C_1\mathrm{e}^{2t}+C_2\mathrm{e}^{-t}\cos\sqrt{3}t+C_3\mathrm{e}^{-t}\sin\sqrt{3}t+\frac{1}{12}t\mathrm{e}^{2t}$$

(3)齐次方程 $x''-6x'+9x=0$ 的特征方程为

$$\lambda^2-6\lambda+9=0,$$

解得 $\lambda_1=\lambda_2=3.$

故齐次方程的通解为

$$x=(C_1+C_2t)\mathrm{e}^{3t}.$$

令原方程的一个特解为 $x_1=A\mathrm{e}^t$，代入原方程则得到 $A=\frac{1}{4}$，得特解为 $x_1=\frac{1}{4}\mathrm{e}^t$ 则原方程的通解为

$$x(t)=(C_1+C_2t)\mathrm{e}^{3t}+\frac{1}{4}\mathrm{e}^t$$

11 已知方程组

$$\begin{cases}\dfrac{\mathrm{d}x_1}{\mathrm{d}t}=x_1\cos^2t-x_2(1-\sin t\cos t)\\ \dfrac{\mathrm{d}x_2}{\mathrm{d}t}=x_1(1+\sin t\cos t)+x_2\sin^2t\end{cases}$$

有解 $x_1=-\sin t, x_2=\cos t$，求其通解.

解题过程 设 $x_1=\varphi_1(t), x_2=\varphi_2(t)$ 是方程的满足初值 $\varphi_1(0)=1, \varphi_2(0)=0$ 的一组解，由刘维尔(Liouville)公式，即第 2 题的结论，可知

$$\begin{vmatrix}\varphi_1(t) & -\sin t\\ \varphi_2(t) & \cos t\end{vmatrix}=\begin{vmatrix}1 & 0\\ 0 & 1\end{vmatrix}\cdot\mathrm{e}^{\int_0^t(\cos^2t+\sin^2t)\mathrm{d}t}=\mathrm{e}^t,$$

解得 $\varphi_2(t)=\dfrac{\mathrm{e}^t-\varphi_1(t)\cos t}{\sin t},$

代入方程组第一个方程得

$$\varphi'_1(t)=\varphi_1(t)\cos t+\mathrm{e}^t(\cos t-\csc t).$$

这是一个一阶线性微分方程，由公式(2.31)可得

$$\varphi_1(t)=\mathrm{e}^{\int_0^t\cot s\mathrm{d}s}\left[\int_0^t\mathrm{e}^s(\cos s-\csc s)\mathrm{e}^{-\int_0^s\cot\tau\mathrm{d}\tau}\mathrm{d}s+1\right],$$

即 $\varphi_1(t)=\mathrm{e}^t\cos t$，从而 $\varphi_2(t)=\mathrm{e}^t\sin t.$

所以，原方程的为通解为

$$\begin{bmatrix}x_1\\x_2\end{bmatrix}=C_1\begin{bmatrix}-\sin t\\\cos t\end{bmatrix}+C_2\begin{bmatrix}e^t\cos t\\e^t\sin t\end{bmatrix}.$$

12 已知方程组

$$\begin{cases}\dfrac{dx_1}{dt}=\dfrac{1}{t}x_1-x_2+t,\\\dfrac{dx_2}{dt}=\dfrac{1}{t^2}x_1+\dfrac{2}{t}x_2-t^2,\end{cases}\quad t>0$$

的对应齐次方程组有解 $x_1=t^2,x_2=-t$,求其通解.

解题过程 设 $x_1=\varphi_1(t),x_2=\varphi_2(t)$ 是对应的齐次方程的满足初值条件 $\varphi_1(1)=C_1,\varphi_2(1)=C_2$ 的一组解,C_1,C_2 是任意常数,由刘维尔公式可知

$$\begin{vmatrix}t^2&\varphi_1(t)\\-t&\varphi_2(t)\end{vmatrix}=\begin{vmatrix}1&C_1\\-1&C_2\end{vmatrix}\cdot e^{\int_1^t\frac{3}{t}dt}=(C_1+C_2)\cdot t^3,$$

解得 $\qquad \varphi_1(t)=(C_1+C_2)t^2-t\varphi_2(t),$

代入对应齐次方程第二个方程组

$$\varphi'_2(t)=\frac{1}{t}\varphi_2(t)+(C_1+C_2),$$

这是一个一阶线性微分方程,由公式(2.31)可得

$$\begin{aligned}\varphi_2(t)&=e^{\int_1^t\frac{1}{s}ds}\left[\int_1^t(C_1+C_2)e^{-\int_1^s\frac{1}{\tau}d\tau}ds+C_2\right]\\&=t[(C_1+C_2)\ln t+C_2],\end{aligned}$$

从而 $\qquad \varphi_1(t)=(C_1+C_2)t^2-t^2[(C_1+C_2)\ln t+C_2].$

再令 $C_1=1,C_2=0$,则

$$\begin{bmatrix}\varphi_1(t)\\\varphi_2(t)\end{bmatrix}=\begin{bmatrix}t^2-t^2\ln t\\t\ln t\end{bmatrix},$$

又由于 $\qquad \begin{vmatrix}t^2&t^2-t^2\ln t\\-t&t\ln t\end{vmatrix}=t^3\neq0,$

则矩阵 $\boldsymbol{\Phi}(t)\begin{bmatrix}t^2&t^2-t^2\ln t\\-t&t\ln t\end{bmatrix}$ 可以作为齐次方程的基解矩阵,并且

$$\boldsymbol{\Phi}^{-1}(t)=\frac{1}{t^3}\begin{bmatrix}t\ln t&t^2\ln t-t^2\\t&t^2\end{bmatrix},$$

根据教材中定理 8,可得原方程的解

$$\begin{aligned}\begin{bmatrix}x_1\\x_2\end{bmatrix}&=\boldsymbol{\Phi}(t)\cdot\begin{bmatrix}C_1\\C_2\end{bmatrix}+\boldsymbol{\Phi}(t)\int_1^t\boldsymbol{\Phi}^{-1}(s)f(s)ds\\&=\begin{bmatrix}t^2&t^2-t^2\ln t\\-t&t\ln t\end{bmatrix}\begin{bmatrix}C_1\\C_2\end{bmatrix}\\&\quad+\begin{bmatrix}t^2&t^2-t^2\ln t\\-t&t\ln t\end{bmatrix}\cdot\int_1^t\frac{1}{t^3}\begin{bmatrix}t\ln t&t^2\ln t-t^2\\t&t^2\end{bmatrix}\cdot\begin{bmatrix}t\\-t^2\end{bmatrix}dt\end{aligned}$$

$$= \begin{bmatrix} t^2 & t^2 - t^2\ln t \\ -t & t\ln t \end{bmatrix}\begin{bmatrix} C_1 \\ C_2 \end{bmatrix} + \begin{bmatrix} \frac{t^2}{2}\ln t - \frac{t^2}{2}(\ln t)^2 + \frac{t^4}{4} - \frac{t^2}{4} \\ \frac{t}{2}(\ln t)^2 + \frac{t}{2}\ln t - \frac{3}{4}t^3 + \frac{3}{4}t \end{bmatrix}$$

原方程的通解,其中 C_1, C_2 是任意常数.

13 给定方程

$$x'' + 8x' + 7x = f(x),$$

其中 $f(t)$ 在 $0 \leqslant t < +\infty$ 上连续,试利用常数变易公式,证明:

(1)如果 $f(t)$ 在 $0 \leqslant t < \infty$ 上有界,则方程的每一个解在 $0 \leqslant t < \infty$ 上有界;

(2)如果当 $t \to \infty$ 时,$f(t) \to 0$,则方程的每一个解 $\varphi(t)$ 满足 $\varphi(t) \to 0$(当 $t \to \infty$ 时).

解题过程 (1)对应齐次方程 $x'' + 8x' + 7x = 0$ 的特征方程为

$$\lambda^2 + 8\lambda + 7 = 0,$$

解得 $\lambda_1 = -1, \lambda_2 = -7.$

故齐次方程的通解为 $x = C_1 e^{-t} + C_2 e^{-7t}$,$C_1, C_2$ 为任意常数.

再利用常数变易法求原方程的解.

设原方程有一个形如 $x_1 = C_1(t)e^{-t} + C_2(t)e^{-7t}$ 的特解,代入原方程则得到可以解出 $C_1'(t)$ 和 $C_2'(t)$ 的代数方程组

$$\begin{cases} e^{-t}C_1'(t) + e^{-7t}C_2'(t) = 0, \\ -e^{-t}C_1'(t) - 7e^{-7t}C_2'(t) = f(t), \end{cases}$$

解得

$$C'_1(t) = \frac{1}{6}e^t f(t),\quad C_1(t) = \frac{1}{6}\int e^t f(t)\,dt,$$

$$C'_2(t) = -\frac{1}{6}e^{7t} f(t),\quad C_2(t) - \frac{1}{6}\int e^{7t} f(t)\,dt,$$

所以

$$x_1(t) = \frac{1}{6}e^{-t}\int_0^t e^s f(s)\,ds - \frac{1}{6}e^{-7t}\int_0^t e^{7s} f(s)\,ds$$

$$= \frac{1}{6}\int_0^t e^{-(t-s)} f(s)\,ds - \frac{1}{6}\int e^{-7(t-s)} f(t)\,ds.$$

因此,原方程的通解为

$$x(t) = C_1 e^{-t} + C_2 e^{-7t} + x_1(t)$$

$$= C_1 e + C_2 e^{-7t} + \frac{1}{6}\int_0^t e^{-(t-s)} f(s)\,ds - \frac{1}{6}\int_0^t e^{-7(t-s)} f(s)\,ds.$$

从而

$$|x(t)| \leqslant |C_1 e^{-t}| + |C_2 e^{-7t}| + \frac{1}{6}\left|\int_0^t e^{-(t-s)} f(s)\,ds\right| + \frac{1}{6}\left|\int_0^t e^{-7(t-s)} f(s)\,ds\right|$$

$$\leqslant |C_1| + |C_2| + \frac{1}{6}|f(x)| \cdot \left|\int_0^t e^{-(t-s)}\,ds\right|$$

$$+ \frac{1}{6}|f(t)| \cdot \left|\int_0^t e^{-7(t-s)}\,ds\right|.$$

(1)$f(t)$ 在 $0 \leqslant t < \infty$ 上有界,不妨设 $|f(t)| \leqslant M_1$,注意到

$$\left|\int_0^t e^{-(t-s)}\,ds\right| = |1 - e^{-t}| \leqslant 1,$$

$$\left|\int_0^t e^{-7(t-s)}ds\right| = \frac{1}{7}\mid 1-e^{-7t}\mid \leqslant \frac{1}{7} < 1,$$

则容易得到$|x(t)|\leqslant|C_1|+|C_2|+\frac{1}{3}M_1 \xlongequal{\triangle} M.$

由于C_1,C_2是任意的常数，从而方程的每一个解在$0\leqslant t<\infty$上有界.

(2)当$t\to\infty$时，显然$C_1e^{-t}\to 0, C_2e^{-7t}\to 0$，并且

$$\left|\int_0^t e^{-(t-s)}f(s)ds\right| \leqslant \mid f(t)\mid \cdot \int_0^t e^{-(t-s)}ds \leqslant \mid f(t)\mid,$$

$$\left|\int_0^t e^{-7(t-s)}f(s)ds\right| \leqslant \mid f(t)\mid \cdot \int_0^t e^{-7(t-s)}ds \leqslant \mid f(t)\mid,$$

从而当$t\to\infty$时，$f(t)\to 0$时，$\int_0^t e^{-(t-s)}f(s)ds\to 0, \int_0^t e^{-7(t-s)}f(s)ds\to 0$，所以由方程通解表达式容易得到方程的每一个解$\varphi(t)$满足$\varphi(t)\to 0$(当$t\to\infty$时).

14 给定方程组

$$\boldsymbol{x}'=\boldsymbol{A}(t)\boldsymbol{x}, \tag{5.15}$$

这里$\boldsymbol{A}(t)$是区间$a\leqslant t\leqslant b$上的连续$n\times n$矩阵，设$\boldsymbol{\Phi}(t)$是(5.15)的一个基解矩阵，n维向量函数$\boldsymbol{F}(t,\boldsymbol{x})$在$a\leqslant t\leqslant b$，$\| x\|<\infty$上连续，$t_0\in[a,b]$，试证明初值问题

$$\begin{cases}\boldsymbol{x}'=\boldsymbol{A}(t)\boldsymbol{x}+\boldsymbol{F}(t,x)\\ \boldsymbol{\varphi}(t_0)=\boldsymbol{\eta}\end{cases} \tag{$*$}$$

的唯一解$\boldsymbol{\varphi}(t)$是积分方程组

$$\boldsymbol{x}(t)=\boldsymbol{\Phi}(t)\boldsymbol{\Phi}^{-1}(t_0)\boldsymbol{\eta}+\int_{t_0}^t \boldsymbol{\Phi}(t)\boldsymbol{\Phi}^{-1}(s)\boldsymbol{F}(s,\boldsymbol{x}(s))ds \tag{$**$}$$

的连续解. 反之，($**$)的连续解也是初值问题($*$)的解，

解题过程 已知$\boldsymbol{\Phi}(t)$是(5.15)式的一个基解矩阵，令

$$\boldsymbol{x}(t)=\boldsymbol{\Phi}(t)\boldsymbol{C}(t) \qquad ①$$

其中$\boldsymbol{C}(t)$是待定的n维列向量函数.

假设($*$)有形如①的解，将①代入($*$)中的方程组得

$$\boldsymbol{\Phi}'(t)\boldsymbol{C}(t)+\boldsymbol{\Phi}(t)\boldsymbol{C}'(t)=\boldsymbol{A}(t)\boldsymbol{\Phi}(t)+\boldsymbol{F}(t,x)$$

又因为$\boldsymbol{\Phi}'(t)=\boldsymbol{A}(t)\boldsymbol{\Phi}(t)$，则

$$\boldsymbol{\Phi}(t)\boldsymbol{C}'(t)=\boldsymbol{F}(t,x). \qquad ②$$

因为在$\boldsymbol{\Phi}(t)[a,b]$是非奇异的，所以$\boldsymbol{\Phi}^{-1}(t)$存在，用$\boldsymbol{\Phi}^{-1}(t)$乘②式两边后再积分可得

$$\boldsymbol{C}=\boldsymbol{C}+\int_{t_0}^t \boldsymbol{\Phi}^{-1}(s)\boldsymbol{F}(s,\boldsymbol{x}(s))ds, t_0,t\in[a,b]$$

$$\boldsymbol{C}=\boldsymbol{\Phi}^{-1}(t_0)\boldsymbol{\Phi}.$$

代回(5.15)式即得

$$\boldsymbol{x}(t)a=\boldsymbol{\Phi}(t)\boldsymbol{\Phi}^{-1}(t_0)\boldsymbol{\eta}+\int_{t_0}^t \boldsymbol{\Phi}(t)\boldsymbol{\Phi}^{-1}(s)\boldsymbol{F}(s,\boldsymbol{x}(s))ds,$$

则$\boldsymbol{x}(t)$也是($**$)的解.

反之，设$\boldsymbol{x}(t)$是($**$)的连续解，对($**$)式两边微分可得

$$\frac{\mathrm{d}\boldsymbol{x}(t)}{\mathrm{d}t}=\boldsymbol{A}(t)\boldsymbol{\Phi}(t)\boldsymbol{\Phi}^{-1}(t_0)\boldsymbol{\eta}+\boldsymbol{A}(t)\boldsymbol{\Phi}(t)\int_{t_0}^{t}\boldsymbol{\Phi}^{-1}(s)\boldsymbol{F}(s,\boldsymbol{x}(s))\mathrm{d}s$$
$$+\boldsymbol{\Phi}(t)\boldsymbol{\Phi}^{-1}(t)\boldsymbol{F}(t)\boldsymbol{F}(t,\boldsymbol{x}(t))$$
$$=\boldsymbol{A}(t)\boldsymbol{\Phi}(t)\boldsymbol{\Phi}^{-1}(t_0)\boldsymbol{\eta}+\boldsymbol{A}(t)\boldsymbol{\Phi}(t)\int_{0}^{t}\boldsymbol{\Phi}^{-1}(s)\boldsymbol{F}(s,\boldsymbol{x}(s))\mathrm{d}s+\boldsymbol{F}(t,\boldsymbol{x}(t))$$
$$=\boldsymbol{A}(t)\boldsymbol{x}(t)+\boldsymbol{F}(t,\boldsymbol{x}(t)),$$

而且 $\boldsymbol{x}(t_0)=\boldsymbol{\eta}$.

故式(**)的连续解也是初值问题(*)的解

习题 5.3

1 假设 $\boldsymbol{A}$ 是 $n\times n$ 矩阵,试证:

(1)对任意的常数 C_1,C_2 都有

$$\exp(c_1\boldsymbol{A}+c_2\boldsymbol{A})=\exp c_1\boldsymbol{A}\cdot\exp c_2\boldsymbol{A};$$

(2)对任意整数 k,都有

$$(\exp\boldsymbol{A})^t=\exp k\boldsymbol{A}.$$

(当 k 是负整数时,规定 $(\exp\boldsymbol{A})^k=[(\exp\boldsymbol{A})^{-1}]^{-k}$.)

解题过程 (1)

$$\text{左边}=\exp(c_1\boldsymbol{A}+c_2\boldsymbol{A})=\sum_{k=0}^{\infty}\frac{(c_1\boldsymbol{A}+c_2\boldsymbol{A})^k}{k!}$$
$$=\sum_{k=0}^{\infty}\left[\sum_{t=0}^{k}\frac{(c_1\boldsymbol{A})^t(c_2\boldsymbol{A})^{k-1}}{l!(k-l)!}\right],$$
$$\text{右边}=\exp c_1\boldsymbol{A}\cdot\exp c_2\boldsymbol{A}=\sum_{i=0}^{\infty}\frac{(c_1\boldsymbol{A})^i}{i!}\left(\sum_{i=0}^{\infty}\frac{(c_2\boldsymbol{A})^j}{j!}\right),$$
$$=\sum_{k=0}^{\infty}\left[\sum_{l=0}^{k}\frac{(c_1\boldsymbol{A})^t}{l!}\cdot\frac{(c_2\boldsymbol{A})^{k-1}}{(k-1)!}\right],$$

比较,易得出左边=右边.

(2)利用第(1)小题的结论,设 $c_1=c_2=1$,则有

$$\exp(2\boldsymbol{A})=\exp(\boldsymbol{A}+\boldsymbol{A})=\mathrm{epx}\boldsymbol{A}\cdot\exp\boldsymbol{A}=(\exp\boldsymbol{A})^2,$$
$$\exp(3\boldsymbol{A})=\exp(\boldsymbol{A}+2\boldsymbol{A})=\exp\boldsymbol{A}\cdot\exp2\boldsymbol{A}=(\exp\boldsymbol{A})^3,$$
$$\cdots$$
$$\exp(k\boldsymbol{A})=\exp[\boldsymbol{A}+(k-1)\boldsymbol{A}]=(\exp\boldsymbol{A})^k.$$

当 $k=0$ 时,

$$\text{右边}=(\exp\boldsymbol{A})^k=(\exp\boldsymbol{A})^0=\boldsymbol{E},$$
$$\text{左边}=\exp k\boldsymbol{A}=\exp0=\boldsymbol{E},$$

即 $k=0$ 时,等式成立.

当 $k=1$ 时,显然左边 $=\exp A=$ 右边,等式成立.

由数学归纳法,易知等式对所有的非负整数成立.

当 k 是负整数时，

$$(\exp \boldsymbol{A})^k[(\exp \boldsymbol{A})^{-1}]^{-k}=[\exp(-\boldsymbol{A})]^{-k}$$
$$=\exp(-k)(-\boldsymbol{A})=\exp k\boldsymbol{A}.$$

即 k 是负整数时，等式也成立.

综上所述，即证明了对任意整数 k，都有

$$(\exp \boldsymbol{A})^k=\exp k\boldsymbol{A}.$$

2 试证：如果 $\boldsymbol{\varphi}(t)$ 是 $x'=\boldsymbol{A}\boldsymbol{x}$ 满足初值条件 $\boldsymbol{\varphi}(t_0)=\boldsymbol{\eta}$ 的解，那么

$$\boldsymbol{\varphi}(t)=[\exp \boldsymbol{A}(t-t_0)]\boldsymbol{\eta},$$

解题过程 由教材中定理 9 可知，$\boldsymbol{\Phi}(t)=\exp \boldsymbol{A}t$ 是方程 $\boldsymbol{x}'=\boldsymbol{A}x$ 的基解矩阵，又由教材中(5.27)式可知满足初值条件 $\boldsymbol{\varphi}(t_0)=\boldsymbol{\eta}$ 的解 $\boldsymbol{\varphi}(t)$ 由下面公式给出（相当于公式中 $\boldsymbol{f}(t)\equiv 0$）：

$$\boldsymbol{\varphi}(t)=\boldsymbol{\Phi}(t)\boldsymbol{\Phi}^{-1}(t_0)\boldsymbol{\eta},$$

即

$$\boldsymbol{\varphi}(t)=\exp \boldsymbol{A}t\cdot(\exp \boldsymbol{A}t_0)^{-1}\boldsymbol{\eta}$$
$$=\exp \boldsymbol{A}t\cdot\exp(-\boldsymbol{A}t_0)\boldsymbol{\eta}$$
$$=[\exp(t-t_0)]\boldsymbol{\eta},$$

则命题得证.

3 试计算下面矩阵的特征值及时对应的特征向量：

(1) $\begin{bmatrix}1 & 2\\4 & 3\end{bmatrix}$； (2) $\begin{bmatrix}2 & -3 & 3\\4 & -5 & 3\\4 & -4 & 2\end{bmatrix}$；

(3) $\begin{bmatrix}1 & 2 & 1\\1 & -1 & 1\\2 & 0 & 1\end{bmatrix}$； (4) $\begin{bmatrix}0 & 1 & 0\\0 & 0 & 1\\-6 & -11 & -6\end{bmatrix}$.

解题过程 (1)特征方程为

$$\begin{vmatrix}\lambda-1 & -2\\-4 & \lambda-3\end{vmatrix}=0,$$

即

$$(\lambda+1)(\lambda-5)=0,$$

得特征值为

$$\lambda_1=-1,\lambda_2=5.$$

对应于特征值 $\lambda_1=-1$ 的特征向量

$$\boldsymbol{u}=\begin{bmatrix}u_1\\u_2\end{bmatrix}$$

必须满足线性代数方程组

$$[\lambda_1\boldsymbol{E}-\boldsymbol{A}]u=\begin{bmatrix}-2 & -2\\-4 & -4\end{bmatrix}\begin{bmatrix}u_1\\u_2\end{bmatrix}=0,$$

则对于任意常数 $\alpha\neq 0$，

$$u=\alpha\begin{bmatrix}1\\-1\end{bmatrix}$$

是对应于 $\lambda_1=-1$ 的特征向量,类似地,可以求出对应于 $\lambda_2=5$ 的特征向量为

$$v=\beta\begin{bmatrix}1\\2\end{bmatrix},$$

其中 $\beta\neq0$ 是任意常数.

(2)特征方程为

$$(\lambda+1)(\lambda+2)(\lambda-2)=0,$$

得特征值为 $\lambda_1=-1,\lambda_2=-2,\lambda_3=2$.

对于特征值 $\lambda_1=-1$ 的特征向量

$$u=\begin{pmatrix}u_1\\u_2\\u_3\end{pmatrix}$$

必须满足线性方程

$$[\lambda E-A]\begin{pmatrix}u_1\\u_2\\u_3\end{pmatrix}=\begin{pmatrix}-3&3&-3\\-4&4&-3\\-4&4&-3\end{pmatrix}\begin{pmatrix}u_1\\u_2\\u_3\end{pmatrix}=0,$$

则对应于任意常数 $\alpha\neq0$,

$$u=\alpha\begin{pmatrix}1\\1\\0\end{pmatrix}$$

是对应于 $\lambda_1=-1$ 的特征向量. 类似地,可以求出对应于 $\lambda_2=-2$ 的特征向量 $x=\beta[0\quad1\quad1]^{\mathrm{T}}$,以及对应于 $\lambda_3=2$ 的牲征向量 $x=\gamma[1\quad1\quad1]^{\mathrm{T}}$,其中 $\beta\neq0,\gamma\neq0$ 是任意常数.

(3)特征方程为

$$(\lambda+1)^2(\lambda-3)=0,$$

得到特征值为

$$\lambda_1=\lambda_2=-1,\lambda_3=3.$$

对于特征值 $\lambda=-1$(二重根)的特征向量 $u=[u_1\quad u_2\quad u_3]^{\mathrm{T}}$ 必须满足

$$[\lambda E-A]^2u=\begin{pmatrix}-2&-2&-1\\-1&-2&-1\\-2&0&-2\end{pmatrix}^2\begin{pmatrix}u_1\\u_2\\u_3\end{pmatrix}=0,$$

解出 u_1,u_2,u_3 可得 $u=\beta[2\quad-1\quad-2]^{\mathrm{T}}$,$\beta\neq0$ 为任意常数,同理,可求出对应于 $\lambda=3$ 的特征向量为

$$x=\alpha[2\quad1\quad2]^{\mathrm{T}},$$

其中 $\alpha\neq0$ 也是任意常数.

(4)特征方程为

$$(\lambda+1)(\lambda+2)(\lambda+3)=0,$$

得到特征值为

$$\lambda_1=-1,\lambda_2=-2,\lambda_3=-3.$$

对于特征值为 $\lambda_1=-1$,其特征向量 $\boldsymbol{u}=(u_1,u_2,u_3)^{\mathrm{T}}$ 必须满足

$$[\lambda_1\boldsymbol{E}-\boldsymbol{A}]^2\boldsymbol{u}=\begin{bmatrix}-1 & -1 & 0\\ 0 & -1 & -1\\ -6 & 11 & 5\end{bmatrix}\begin{pmatrix}u_1\\ u_2\\ u_3\end{pmatrix}=0,$$

解出得 $\boldsymbol{u}=\alpha[1\quad -1\quad 1]^{\mathrm{T}}\alpha\neq 0$ 为任意常数.同理,可以求出对应于 $\lambda_2=-2$ 的特征向量为 $\boldsymbol{x}=\beta[1\quad -2\quad 4]^{\mathrm{T}}$,对应于 $\lambda_3=-3$ 的特征向量是 $\boldsymbol{x}=\gamma[1\quad -3\quad 9]^{\mathrm{T}}$,其中 $\beta\neq 0,\gamma\neq 0$ 是任意常数.

4 试求方程组 $\boldsymbol{x}'=\boldsymbol{A}\boldsymbol{x}$ 的一个基解矩阵,并计算 $\exp\boldsymbol{A}t$,其中 $\boldsymbol{A}$ 为:

(1) $\begin{bmatrix}-2 & 1\\ -2 & 2\end{bmatrix}$;　　(2) $\begin{bmatrix}1 & 2\\ 4 & 3\end{bmatrix}$;

(3) $\begin{bmatrix}2 & -3 & 3\\ 4 & -5 & 3\\ 4 & -4 & 2\end{bmatrix}$;　　(4) $\begin{bmatrix}1 & 0 & 3\\ 8 & 1 & -1\\ 5 & 1 & -1\end{bmatrix}$;

解题过程 (1)特征方程为

$$\lambda^2=3,$$

特征值为　$\lambda_1=\sqrt{3},\lambda_2=-\sqrt{3}$.

对于特征值 $\lambda_1=\sqrt{3}$,其特征向量 $\boldsymbol{u}=(u_1\quad u_2)^{\mathrm{T}}$ 满足

$$[\lambda_1\boldsymbol{E}-\boldsymbol{A}]\boldsymbol{u}=\begin{bmatrix}2+\sqrt{3} & -1\\ 1 & \sqrt{3}-2\end{bmatrix}\begin{bmatrix}u_1\\ u_2\end{bmatrix}=0,$$

解得 $\boldsymbol{u}=\alpha[1,2+\sqrt{3}]^{\mathrm{T}}$,$\alpha$ 为非零常数,

而对应于 $\lambda_2=-\sqrt{3}$ 的特征向量同理可以解出

$$x=\beta[1\quad 2\quad -\sqrt{3}]^{\mathrm{T}},$$

β 为非零常数,于是得到基解矩阵为

$$\boldsymbol{\Phi}(t)=\begin{bmatrix}\alpha e^{\sqrt{3}t} & \beta e^{-\sqrt{3}t}\\ \alpha(2+\sqrt{3})e^{\sqrt{3}t} & \beta(2-\sqrt{3})e^{-\sqrt{3}t}\end{bmatrix}.$$

特别地,我们可以取 $\alpha=\beta=1$,则基解矩阵为

$$\boldsymbol{\Phi}(t)=\begin{bmatrix}e^{\sqrt{3}t} & e^{-\sqrt{3}t}\\ (2+\sqrt{3})e^{\sqrt{3}t} & (2-\sqrt{3})e^{-\sqrt{3}t}\end{bmatrix}$$

由教材中公式(5.47)可得

$$\exp\boldsymbol{A}t=\boldsymbol{\Phi}(t)\boldsymbol{\Phi}^{-1}(0)$$

$$=\begin{bmatrix} e^{\sqrt{3}t} & e^{-\sqrt{3}t} \\ (2+\sqrt{3})e^{\sqrt{3}t} & (2-\sqrt{3})e^{-\sqrt{3}t} \end{bmatrix}\cdot\begin{pmatrix} 2-\sqrt{3} & -1 \\ -(2+\sqrt{3}) & 1 \end{pmatrix}\cdot-\frac{1}{2\sqrt{3}}$$

$$=\frac{1}{2\sqrt{3}}\begin{bmatrix} -(2-\sqrt{3})e^{\sqrt{3}t}+(2+\sqrt{3})e^{-\sqrt{3}t} & e^{\sqrt{3}t}-e^{-\sqrt{3}t} \\ -e^{\sqrt{3}t}+e^{-\sqrt{3}t} & (2+\sqrt{3})e^{\sqrt{3}t}-(2-\sqrt{3})e^{-\sqrt{3}t} \end{bmatrix}$$

(2)特征方程为

$$(\lambda-5)(\lambda+1)=0,$$

得到特征值为 $\lambda_1=5,\lambda_2=-1$. 对于特征值为 $\lambda=5$ 可以求出对应的特征值为 $\boldsymbol{x}=\alpha[1\quad 2]^{\mathrm{T}}$,对于特征值为 $\lambda=-1$ 可以求出对应的特征向量为 $\boldsymbol{x}=\beta[1\quad -1]^{\mathrm{T}}$,于是得到方程的一个基解矩阵为

$$\boldsymbol{\Phi}(t)\begin{bmatrix} e^{5t} & e^{-t} \\ 2e^{5t} & -e^{-t} \end{bmatrix},$$

由教材中公式(5.47)可得

$$\exp \boldsymbol{A}t=\boldsymbol{\Phi}(t)\boldsymbol{\Phi}^{-1}(0)$$

$$=\begin{bmatrix} e^{5t} & e^{-t} \\ 2e^{5t} & -e^{-t} \end{bmatrix}\cdot\begin{bmatrix} \frac{1}{3} & \frac{1}{3} \\ \frac{2}{3} & -\frac{1}{3} \end{bmatrix}$$

$$=\frac{1}{3}\begin{bmatrix} e^{5t}+2e^{-t} & e^{5t}-e^{-t} \\ 2e^{5t}-2e^{-t} & 2e^{5t}+e^{-t} \end{bmatrix}.$$

(3)特征方程为

$$(\lambda+1)(\lambda+2)(\lambda-2)=0,$$

即得到特征值为 $\lambda_1=-1,\lambda_2=-2,\lambda_3=2$,并求出与这 3 个特征值对应的特征向量为 $\boldsymbol{x}=\alpha[1\quad 1\quad 0]^T$,$\boldsymbol{x}=\beta[1\quad 1\quad 0]^T$,$\boldsymbol{x}=\gamma[1\quad 1\quad 1]^T$.

特别地,当取 $\alpha=\beta=\gamma=1$ 时,得到方程 $\boldsymbol{x}'=\boldsymbol{A}\boldsymbol{x}$ 的一个基解矩阵为

$$\boldsymbol{\Phi}(t)=\begin{bmatrix} e^{-t} & 0 & e^{2t} \\ e^{-t} & e^{-2t} & e^{2t} \\ 0 & e^{-2t} & e^{2t} \end{bmatrix}$$

由教材中公式(5.47)可得

$$\exp \boldsymbol{A}t=\boldsymbol{\Phi}(t)\boldsymbol{\Phi}^{-1}(0)$$

$$=\begin{bmatrix} e^{-t} & 0 & e^{2t} \\ e^{-t} & e^{-2t} & e^{2t} \\ 0 & e^{-2t} & e^{2t} \end{bmatrix}\begin{bmatrix} 0 & 1 & -1 \\ -1 & 1 & 0 \\ 1 & -1 & 1 \end{bmatrix}$$

$$=\begin{bmatrix} e^{2t} & e^{-t}-e^{2t} & -e^{-t}+e^{2t} \\ -e^{-2t}+e^{2t} & e^{-t}+e^{-2t}-e^{2t} & -e^{-t}+e^{2t} \\ -e^{-2t}+e^{2t} & e^{-2t}-e^{2t} & e^{2t} \end{bmatrix}.$$

(4)特征方程为

$$(\lambda+3)(\lambda^2-4\lambda-3)=0,$$

得到特征值为

$$\lambda_1=-3,\lambda_2=2+\sqrt{7},\lambda_3=2-\sqrt{7}.$$

并且求得对应于此3个特征值的特征向量为

$$\boldsymbol{x}=\alpha[3\quad -7\quad -4]^{\mathrm{T}},$$

$$\boldsymbol{x}=\beta[3\quad 4\sqrt{7}-5\quad \sqrt{7}+1]^{\mathrm{T}}$$

$$\boldsymbol{x}=\gamma[3\quad -4\sqrt{7}-5\quad 1-\sqrt{7}]^{\mathrm{T}}.$$

取 $\alpha=\beta=\gamma=1$ 时,则得到方程 $\boldsymbol{x}'=\boldsymbol{A}\boldsymbol{x}$ 的一个基解矩阵如下:

$$\boldsymbol{\Phi}(t)=\begin{bmatrix} 3\mathrm{e}^{-3t} & 3\mathrm{e}^{(2+\sqrt{7})t} & 3\mathrm{e}^{(2-\sqrt{7})t} \\ -7\mathrm{e}^{-3t} & (4\sqrt{7}-5)\mathrm{e}^{(2+\sqrt{7})t} & -(4\sqrt{7}+5)\mathrm{e}^{(2-\sqrt{7})t} \\ -4\mathrm{e}^{-3t} & (\sqrt{7}+1)\mathrm{e}^{(2+\sqrt{7})t} & (1-\sqrt{7})\mathrm{e}^{(2-\sqrt{7})t} \end{bmatrix},$$

由教材中式(5.47)可得

$$\exp\boldsymbol{A}t=\boldsymbol{\Phi}(t)\boldsymbol{\Phi}^{-1}(0)$$

$$=\frac{1}{108\sqrt{7}}\begin{bmatrix} 3\mathrm{e}^{-3t} & 3\mathrm{e}^{(2+\sqrt{7})t} & 3\mathrm{e}^{(2+\sqrt{7})t} \\ -7\mathrm{e}^{-3t} & (4\sqrt{7}-5)\mathrm{e}^{(2+\sqrt{7})t} & -(4\sqrt{7}+5)\mathrm{e}^{(2-\sqrt{7})t} \\ -4\mathrm{e}^{-3t} & (\sqrt{7}+1)\mathrm{e}^{(2+\sqrt{7})t} & (1-\sqrt{7})\mathrm{e}^{(2-\sqrt{7})t} \end{bmatrix}$$

$$\begin{bmatrix} 18\sqrt{7} & 6\sqrt{7} & -24\sqrt{7} \\ 27+9\sqrt{7} & 15-3\sqrt{7} & 12\sqrt{7}-6 \\ 9\sqrt{7}-27 & -(15+3\sqrt{7}) & 12\sqrt{7}6 \end{bmatrix}$$

$$=\frac{1}{4\sqrt{7}}[\boldsymbol{A}_1\quad \boldsymbol{A}_2\quad \boldsymbol{A}_3],$$

其中 $$\boldsymbol{A}_1=\begin{bmatrix} 2\sqrt{7}\,\mathrm{e}^{-3t}+(3+\sqrt{7})\mathrm{e}^{(2+\sqrt{7})t}+(-3+\sqrt{7})\mathrm{e}^{(2-\sqrt{7})t} \\ \dfrac{-14\sqrt{7}}{3}\mathrm{e}^{-3t}+\dfrac{13+7\sqrt{7}}{3}\mathrm{e}^{(2+\sqrt{7})t}+\dfrac{-13+7\sqrt{7}}{3}\mathrm{e}^{(2-\sqrt{7})t} \\ -\dfrac{8\sqrt{7}}{3}\mathrm{e}^{-3t}+\dfrac{10+4\sqrt{7}}{3}\mathrm{e}^{(2+\sqrt{7})t}+\dfrac{-10+4\sqrt{7}}{3}\mathrm{e}^{(2-\sqrt{7})t} \end{bmatrix},$$

$$\boldsymbol{A}_2=\begin{bmatrix} \dfrac{2\sqrt{7}}{3}\mathrm{e}^{-3t}+\dfrac{5-\sqrt{7}}{3}\mathrm{e}^{(2+\sqrt{7})t}+\dfrac{-5-\sqrt{7}}{3}\mathrm{e}^{(2-\sqrt{7})t} \\ \dfrac{-14\sqrt{7}}{9}\mathrm{e}^{-3t}+\dfrac{-53+25\sqrt{7}}{9}\mathrm{e}^{(2+\sqrt{7})t}+\dfrac{53+25\sqrt{7}}{9}\mathrm{e}^{(2-\sqrt{7})t} \\ \dfrac{-8\sqrt{7}}{9}\mathrm{e}^{-3t}+\dfrac{-2+4\sqrt{7}}{9}\mathrm{e}^{(2+\sqrt{7})t}+\dfrac{2+4\sqrt{7}}{9}\mathrm{e}^{(2-\sqrt{7})t} \end{bmatrix}$$

$$A_3=\begin{bmatrix}\frac{-8\sqrt{7}}{9}e^{-3t}+\frac{-2+4\sqrt{7}}{3}e^{(2+\sqrt{7})t}+\frac{2+4\sqrt{7}}{3}e^{(2-\sqrt{7})t}\\ \frac{56\sqrt{7}}{9}e^{-3t}+\frac{122-28\sqrt{7}}{9}e^{(2+\sqrt{7})t}+\frac{-122-28\sqrt{7}}{9}e^{(2-\sqrt{7})t}\\ \frac{32\sqrt{7}}{9}e^{-3t}+\frac{26+2\sqrt{7}}{9}e^{(2+\sqrt{7})t}+\frac{-26+2\sqrt{7}}{9}e^{(2-\sqrt{7})t}\end{bmatrix}$$

5 试求方程组 $x'=Ax$ 的基解矩阵，并求满足初值条件 $\varphi(0)=\eta$ 的解 $\varphi(t)$：

(1) $A=\begin{bmatrix}1&2\\4&3\end{bmatrix}$，$\eta=\begin{bmatrix}3\\3\end{bmatrix}$； (2) $A=\begin{bmatrix}1&0&3\\8&1&-1\\5&1&-1\end{bmatrix}$，$\eta=\begin{pmatrix}0\\-2\\-7\end{pmatrix}$；

(3) $A=\begin{bmatrix}1&2&1\\1&-1&1\\2&0&1\end{bmatrix}$，$\eta=\begin{bmatrix}1\\0\\0\end{bmatrix}$.

解题过程 (1)由第3题第(1)小题知道方程 $x'=Ax$ 的基解矩阵为

$$\Phi(t)=\begin{bmatrix}\beta e^{-t}&\alpha e^{5t}\\-\beta e^{-t}&2e^{5t}\end{bmatrix}，\alpha,\beta \text{是非零常数}.$$

特别地取 $\alpha=\beta=1$，得到方程的一个基解矩阵为

$$\Phi(t)=\begin{bmatrix}e^{-t}&e^{5t}\\-e^{-t}&2e^{5t}\end{bmatrix},$$

而满足初值条件 $\varphi(0)=\eta=[3\quad 3]^T$ 的解为

$$\begin{aligned}\varphi(t)&=\Phi(t)\Phi^{-1}(0)\eta\\&=\begin{bmatrix}e^{-t}&e^{5t}\\-e^{-t}&2e^{5t}\end{bmatrix}\begin{bmatrix}\frac{2}{3}&-\frac{1}{3}\\\frac{1}{3}&\frac{1}{3}\end{bmatrix}\begin{bmatrix}3\\3\end{bmatrix}\\&=\begin{bmatrix}e^{-t}+2e^{5t}\\-e^{-t}+2e^{5t}\end{bmatrix}.\end{aligned}$$

(2)由第4题第(4)小题可知方程的一个基解矩阵为

$$\Phi(t)=\begin{bmatrix}3e^{-3t}&3e^{(2+\sqrt{7})t}&3e^{(2-\sqrt{7})t}\\-7e^{-3t}&(4\sqrt{7}-5)e^{(2+\sqrt{7})t}&-(4\sqrt{7}+5)e^{(2-\sqrt{7})t}\\-4e^{-3t}&(\sqrt{7}+1)e^{(2+\sqrt{7})t}&(1-\sqrt{7})e^{(2-\sqrt{7})t}\end{bmatrix}$$

而满足初值条件 $\varphi(0)=\eta=[0\quad -2\quad -7]^T$ 的解为

$$\varphi(t)=\Phi(t)\Phi^{-1}(0)\eta=\exp At\cdot\eta$$

$\exp At$ 的表达式在第4题第(4)小题答案中已给出，经过计算

$$\boldsymbol{\varphi}(t)=\frac{1}{4\sqrt{7}}\times\begin{bmatrix}\frac{52\sqrt{7}}{3}\mathrm{e}^{-3t}+\frac{4-26\sqrt{7}}{3}\mathrm{e}^{(2+\sqrt{7})t}+\frac{-4-2\sqrt{7}}{3}\mathrm{e}^{(2+\sqrt{7})t}\\ \frac{-364\sqrt{7}}{9}\mathrm{e}^{-3t}+\frac{-748+146\sqrt{7}}{9}\mathrm{e}^{(2+\sqrt{7})t}+\frac{748+146\sqrt{7}}{9}\mathrm{e}^{(2-\sqrt{7})t}\\ -\frac{208\sqrt{7}}{9}\mathrm{e}^{-3t}+\frac{-178-22\sqrt{7}}{9}\mathrm{e}^{(2+\sqrt{7})t}+\frac{178-22\sqrt{7}}{9}\mathrm{e}^{(2-\sqrt{7})t}\end{bmatrix}$$

(3)由第 3 题第(3)小题可知 $\boldsymbol{A}$ 的特征值为 $\lambda_1=3,\lambda_2=\lambda_3=-1$.

对应于 $\lambda_1=3$ 的特征向量为 $\boldsymbol{x}=[2\alpha\quad\alpha\quad2\alpha]^T$,对应于 $\lambda=-1$ 的特征向量为

$$\boldsymbol{x}=[\beta\quad\gamma\quad-\frac{2}{3}(2\beta+\gamma)]^T.$$

如教材中例 9 中的解法一样,设 $\boldsymbol{v}_1=[2\alpha\quad\alpha\quad2\alpha]^T$,$\boldsymbol{v}_2=[\beta\quad\gamma\quad-\frac{2}{3}(2\beta+\gamma)]^T$,其中 α、β、γ 是某些常数,然后把初值 $\boldsymbol{\eta}=[\eta_1\quad\eta_2\quad\eta_3]^T$ 表示成 $\boldsymbol{v}_1$ 和 $\boldsymbol{v}_2$ 的和,即

$$\boldsymbol{\eta}=\begin{bmatrix}\eta_1\\ \eta_2\\ \eta_3\end{bmatrix}=\begin{bmatrix}2\alpha+\beta\\ \alpha+\gamma\\ 2\alpha-\frac{2}{3}(2\beta+\gamma)\end{bmatrix},$$

解得

$$\alpha=\frac{1}{4}\eta_1+\frac{1}{8}\eta_2+\frac{23}{16}\eta_3,$$

$$\beta=\frac{1}{2}\eta_1-\frac{1}{4}\eta_2-\frac{3}{8}\eta_3,$$

$$\gamma=\frac{1}{2}\eta_1-\frac{1}{4}\eta_2+\frac{3}{8}\eta_3,$$

$$\boldsymbol{v}_1=\begin{bmatrix}\frac{1}{2}\eta_1+\frac{1}{4}\eta_2+\frac{3}{8}\eta_3\\ \frac{1}{4}\eta_1+\frac{1}{8}\eta_2+\frac{3}{16}\eta_3\\ \frac{1}{2}\eta_1+\frac{1}{4}\eta_2+\frac{3}{8}\eta_3\end{bmatrix},$$

$$\boldsymbol{v}_2=\begin{bmatrix}\frac{1}{2}\eta_1-\frac{1}{4}\eta_2-\frac{3}{8}\eta_3\\ -\frac{1}{4}\eta_1+\frac{1}{8}\eta_2-\frac{3}{16}\eta_3\\ -\frac{1}{2}\eta_1-\frac{1}{4}\eta_2+\frac{5}{8}\eta_3\end{bmatrix},$$

于是由教材中公式(5.52)得满足初值条件 $\boldsymbol{\varphi}(0)=\boldsymbol{\eta}=[\eta_1\quad\eta_2\quad\eta_3]^T$ 的解为

$$\boldsymbol{\varphi}(t)=\mathrm{e}^{3t}\boldsymbol{E}\boldsymbol{v}_1+\mathrm{e}^{-t}(\boldsymbol{E}+t(\boldsymbol{A}+\boldsymbol{E}))\boldsymbol{v}_2$$

$$=\mathrm{e}^{3t}\begin{bmatrix}\frac{1}{2}\eta_1+\frac{1}{4}\eta_2+\frac{3}{8}\eta_3\\ \frac{1}{4}\eta_1+\frac{1}{8}\eta_2+\frac{3}{16}\eta_3\\ \frac{1}{2}\eta_1+\frac{1}{4}\eta_2+\frac{3}{8}\eta_3\end{bmatrix}$$

$$+\mathrm{e}^{-t}\begin{bmatrix}\frac{1}{2}\eta_1-\frac{1}{4}\eta_2-\frac{3}{8}\eta_3+t\left(\eta_2-\frac{1}{2}\eta_3\right)\\-\frac{1}{4}\eta_1+\frac{7}{8}\eta_2-\frac{3}{16}\eta_3+t\left(-\frac{1}{2}\eta_2+\frac{1}{4}\eta_3\right)\\-\frac{1}{2}\eta_1-\frac{1}{4}\eta_2+\frac{5}{8}\eta_3+t\left(-\eta_2+\frac{1}{2}\eta_3\right)\end{bmatrix}.$$

当 $\boldsymbol{\eta}=[1\quad 0\quad 1]^{\mathrm{T}}$ 时，即 $\eta_1=1,\eta_2=0,\eta_3=0$ 则

$$\boldsymbol{\varphi}(t)=\begin{bmatrix}\frac{1}{2}\mathrm{e}^{3t}+\frac{1}{2}\mathrm{e}^{-t}\\\frac{1}{4}\mathrm{e}^{3t}-\frac{1}{4}\mathrm{e}^{-t}\\\frac{1}{2}\mathrm{e}^{3t}-\frac{1}{2}\mathrm{e}^{-t}\end{bmatrix}.$$

当 $\boldsymbol{\eta}=[0\quad 1\quad 0]^{\mathrm{T}}$ 时，即 $\eta_1=0,\eta_2=1,\eta_3=0$ 则

$$\boldsymbol{\varphi}_2(t)=\begin{bmatrix}\frac{1}{4}\mathrm{e}^{3t}+\left(-\frac{1}{4}+t\right)\mathrm{e}^{-t}\\\frac{1}{8}\mathrm{e}^{3t}+\left(\frac{7}{8}-\frac{1}{2}t\right)\mathrm{e}^{-t}\\\frac{1}{4}\mathrm{e}^{3t}-\left(\frac{1}{4}+t\right)\mathrm{e}^{-t}\end{bmatrix}.$$

当 $\boldsymbol{\eta}=[0\quad 0\quad 1]^{\mathrm{T}}$ 时，即 $\eta_1=0,\eta_2=0,\eta_3=1$，则

$$\varphi_3(t)=\begin{bmatrix}\frac{3}{8}\mathrm{e}^{3t}-\left(\frac{3}{8}+\frac{1}{2}\right)\mathrm{e}^{-t}\\\frac{3}{16}\mathrm{e}^{3t}+\left(-\frac{3}{16}+\frac{t}{4}\right)\mathrm{e}^{-t}\\\frac{3}{8}\mathrm{e}^{3t}+\left(\frac{5}{8}+\frac{1}{2}t\right)\mathrm{e}^{-t}\end{bmatrix}.$$

故方程的基解矩阵为

$$\boldsymbol{\Phi}(t)=[\boldsymbol{\varphi}_1(t)\quad \boldsymbol{\varphi}_2(t)\quad \boldsymbol{\varphi}_3(t)],$$

而满足初值条件 $\boldsymbol{\varphi}(0)=\boldsymbol{\eta}=[1\quad 0\quad 0]^{\mathrm{T}}$ 的解为 $\boldsymbol{\varphi}(t)=\varphi_1(t)$，这里的 $\boldsymbol{\varphi}_1(t),\boldsymbol{\varphi}_2(t),\boldsymbol{\varphi}_3(t)$ 的表达式如上所示.

6 试求方程组 $\boldsymbol{x}'=\boldsymbol{A}\boldsymbol{x}+\boldsymbol{f}(t)$ 的解 $\boldsymbol{\varphi}(t)$：

(1) $\boldsymbol{\varphi}(0)=\begin{bmatrix}-1\\1\end{bmatrix},\boldsymbol{A}=\begin{bmatrix}1&2\\4&3\end{bmatrix},\boldsymbol{f}(t)=\begin{bmatrix}\mathrm{e}^t\\1\end{bmatrix}$；

(2) $\boldsymbol{\varphi}(0)=\boldsymbol{0},\boldsymbol{A}=\begin{bmatrix}0&1&0\\0&0&0\\-6&-11&-6\end{bmatrix},\boldsymbol{f}(t)\begin{bmatrix}0\\0\\\mathrm{e}^{-t}\end{bmatrix}$；

(3) $\boldsymbol{\varphi}(0)\begin{bmatrix}\eta_1\\\eta_2\end{bmatrix},\boldsymbol{A}=\begin{bmatrix}4&-3\\2&-1\end{bmatrix},\boldsymbol{f}(t)=\begin{bmatrix}\sin t\\-2\cos t\end{bmatrix}$.

解题过程 (1)特征方程为

$$(\lambda+1)(\lambda-5)=0,$$

得到特征值为

$$\lambda_1=-1,\lambda_1=5.$$

相应于 $\lambda_1=-1$ 的特征向量为 $\boldsymbol{x}=a[1\quad -1]^{\mathrm{T}}$，相应于 $\lambda_2=5$ 的特征向量为 $\boldsymbol{x}=b[1\quad 2]^{\mathrm{T}}$，于是，齐次方程的通解为

$$\begin{bmatrix}x_1\\x_2\end{bmatrix}=C_1\mathrm{e}^{-t}\begin{bmatrix}1\\-1\end{bmatrix}+C_2\mathrm{e}^{5t}\begin{bmatrix}1\\2\end{bmatrix},$$

由常数变易法知，非齐次方程有下列形式的特解

$$\begin{bmatrix}x_1^*\\x_2^*\end{bmatrix}=C_1(t)\mathrm{e}^{-t}\begin{bmatrix}1\\-1\end{bmatrix}+C_2(t)\mathrm{e}^{5t}\begin{bmatrix}1\\2\end{bmatrix},$$

其中 $C'_1(t),C'_2(t)$ 满足

$$\begin{cases}C'_1(t)\mathrm{e}^{-t}+C'_2(t)\mathrm{e}^{5t}=\mathrm{e}^t,\\-C'_1(t)\mathrm{e}^{-t}+2C'_2(t)\mathrm{e}^{5t}=1,\end{cases}$$

解得 $$C'_1(t)=\frac{2\mathrm{e}^{2t}-\mathrm{e}^t}{3},C'_2(t)=\frac{\mathrm{e}^{-5t}+\mathrm{e}^{-4t}}{3},$$

两边积分得 $C_1(t)=\dfrac{\mathrm{e}^{2t}-\mathrm{e}^t}{3},C_2(t)=\dfrac{4\mathrm{e}^{-5t}+5\mathrm{e}^{-4t}}{60},$

于是 $$\begin{bmatrix}x_1^*\\x_2^*\end{bmatrix}=\frac{\mathrm{e}^t-1}{3}\begin{bmatrix}1\\-1\end{bmatrix}+\frac{-4-5\mathrm{e}^t}{60}\begin{bmatrix}1\\2\end{bmatrix}.$$

整理得 $$\begin{bmatrix}x_1^*\\x_2^*\end{bmatrix}=\begin{bmatrix}\frac{1}{20}(5\mathrm{e}^t-8)\\\frac{1}{10}(-5\mathrm{e}^t+2)\end{bmatrix}.$$

因此，非齐次方程组的通解为

$$\begin{bmatrix}x_1\\x_2\end{bmatrix}=C_1\mathrm{e}^{-t}\begin{bmatrix}1\\-1\end{bmatrix}+C_2\mathrm{e}^{5t}\begin{bmatrix}1\\2\end{bmatrix}+\begin{bmatrix}\frac{1}{20}(5\mathrm{e}^t-8)\\\frac{1}{10}(-5\mathrm{e}^t+2)\end{bmatrix}.$$

当 $t=0$ 时，$\begin{bmatrix}x_1(0)\\x_2(0)\end{bmatrix}=\begin{bmatrix}C1\\-C_1\end{bmatrix}+\begin{bmatrix}C_2\\2C_2\end{bmatrix}+\begin{bmatrix}-\frac{3}{20}\\-\frac{3}{10}\end{bmatrix}=\begin{bmatrix}-1\\1\end{bmatrix},$

即有 $$\begin{cases}C_1+C_2=-\dfrac{17}{20},\\-C_1+2C_2=\dfrac{3}{10},\end{cases}$$

解得 $$C_1=-1,C_2=\frac{3}{20}.$$

所求初值问题的解为

$$\begin{bmatrix}x_1\\x_2\end{bmatrix}=\begin{bmatrix}\frac{3}{20}e^{5t}-e^{-t}+\frac{1}{4}e^{t}-\frac{2}{5}\\ \frac{3}{10}e^{5t}+e^{-t}-\frac{1}{2}e^{t}+\frac{1}{5}\end{bmatrix}.$$

(2)齐次方程 $\boldsymbol{x}'=\boldsymbol{A}\boldsymbol{x}$ 的特征方程为

$$(\lambda+1)(\lambda+2)(\lambda+3)=0,$$

即得到特征值为 $\lambda_1=-1,\lambda_2=-2,\lambda_3=-3$，而且易求得对应的 3 个特别向量为 $\boldsymbol{u}_1=a[1\quad -1\quad 1]^{\mathrm{T}}$，$\boldsymbol{u}_2=b[1\quad -2\quad 4]^{\mathrm{T}}$，$\boldsymbol{u}_3=c[1\quad -3\quad 9]^{\mathrm{T}}$.

特别地当取 $a=b=c=1$ 时，得到齐次方程的一个基解矩阵

$$\boldsymbol{\Phi}(t)=\begin{bmatrix}e^{-t} & e^{-2t} & e^{-3t}\\ -e^{-t} & -2e^{-2t} & -3e^{-3t}\\ e^{-t} & 4e^{-2t} & 9e^{-3t}\end{bmatrix}.$$

故可由教材中公式(5.27)得满足初值条件 $\boldsymbol{\varphi}(0)=0$ 的解为

$$\begin{aligned}\boldsymbol{\varphi}(t)&=\boldsymbol{\Phi}(t)\boldsymbol{\Phi}^{-1}(0)\boldsymbol{\varphi}(0)+\boldsymbol{\Phi}(t)\int_0^t\boldsymbol{\Phi}^{-1}(s)\boldsymbol{f}(s)\mathrm{d}s\\ &=\boldsymbol{\Phi}(t)\int_0^t\boldsymbol{\Phi}^{-1}(s)\boldsymbol{f}(s)\mathrm{d}s\\ &=\begin{bmatrix}e^{-t} & e^{-2t} & e^{-3t}\\ -e^{-t} & -2e^{-2t} & -3e^{-3t}\\ e^{-t} & 4e^{-2t} & 9e^{-3t}\end{bmatrix}\cdot\int_0^t\begin{bmatrix}3e^{s} & \frac{5}{2}e^{s} & \frac{1}{2}e^{s}\\ -3e^{2s} & -4e^{2s} & -e^{2s}\\ e^{3s} & \frac{3}{2}e^{3s} & \frac{1}{2}e^{3s}\end{bmatrix}\begin{bmatrix}0\\0\\e^{-s}\end{bmatrix}\mathrm{d}s\\ &=\begin{bmatrix}e^{-t} & e^{-2t} & e^{-3t}\\ -e^{-t} & -2e^{-2t} & -3e^{-3t}\\ e^{-t} & 4e^{-2t} & 9e^{-3t}\end{bmatrix}\begin{bmatrix}\frac{t}{2}\\ 1-e^{t}\\ \frac{1}{4}(e^{2t}-1)\end{bmatrix}\\ &=\begin{bmatrix}e^{-2t}-\frac{1}{4}e^{-3t}-\frac{3}{4}e^{-t}+\frac{1}{2}te^{-t}\\ -2e^{-2t}+\frac{3}{4}e^{-3t}+\frac{5}{4}e^{-t}-\frac{1}{2}te^{-t}\\ 4e^{-2t}-\frac{9}{4}e^{-3t}-\frac{7}{4}e^{-t}+\frac{1}{2}te^{-t}\end{bmatrix}\end{aligned}$$

(3)对应齐次方程的物征方程为

$$(\lambda-1)(\lambda-2)=0,$$

即得到特征值为 $\lambda_1=1,\lambda_2=2$，并且容易求得两个相对应的特征向量为 $\boldsymbol{u}=a[1\quad 1]^{\mathrm{T}}$，$\boldsymbol{u}_2=b\left[1\quad \frac{2}{3}\right]^{\mathrm{T}}$.

特别地，当取 $a=b=1$ 时，能够得到齐次方程的一个基解的矩阵为

$$\boldsymbol{\Phi}(t)=\begin{bmatrix} e^t & e^{2t} \\ e^t & \frac{2}{3}e^{2t} \end{bmatrix},$$

由教材中公式(5.27)得方程 $\boldsymbol{x}'=\boldsymbol{A}\boldsymbol{x}+\boldsymbol{f}(t)$ 的满足初值条件

$$\boldsymbol{\varphi}(0)=[\eta_1 \quad \eta_2]^{\mathrm{T}}$$

的解为

$$\begin{aligned}\boldsymbol{\varphi}(t) &= \boldsymbol{\Phi}(t)\boldsymbol{\Phi}^{-1}(0)\boldsymbol{\varphi}(0)+\boldsymbol{\Phi}(t)\int_0^t \boldsymbol{\Phi}^{-1}(s)\boldsymbol{f}(s)\mathrm{d}s \\ &= \begin{bmatrix} e^t & e^{2t} \\ e^t & \frac{2}{3}e^{2t} \end{bmatrix}\begin{bmatrix} -2 & 3 \\ 3 & -3 \end{bmatrix}\begin{bmatrix} \eta_1 \\ \eta_2 \end{bmatrix} \\ &\quad +\begin{bmatrix} e^t & e^{2t} \\ e^t & \frac{2}{3}e^{2t} \end{bmatrix}\int_0^t \begin{bmatrix} -2e^{-s} & 3e^{-s} \\ 3e^{-2s} & -3e^{-2s} \end{bmatrix}\begin{bmatrix} \sin s \\ -2\cos s \end{bmatrix}\mathrm{d}s \\ &= \begin{bmatrix} \cos t-2\sin t+e^t(-4-2\eta_1+3\eta_2)+3e^{2t}(1+\eta_1-\eta_2) \\ 2\cos t-2\sin t+e^t(-4-2\eta_1+3\eta_2)+2e^{2t}(1+\eta_1-\eta_2) \end{bmatrix}.\end{aligned}$$

7 假设 m 不是矩阵 $\boldsymbol{A}$ 的特征值,试证非齐次线性微分方程组

$$\boldsymbol{x}'=\boldsymbol{A}\boldsymbol{x}+\boldsymbol{c}e^{mt}$$

有一解形如

$$\boldsymbol{x}(t)=\boldsymbol{p}e^{mt}$$

其中 $\boldsymbol{c},\boldsymbol{p}$ 是常数向量.

解题过程 假设 $\boldsymbol{A}=(a_{ij})_{n\times n},\boldsymbol{c}=[c_1,c_2,\cdots,c_n]^{\mathrm{T}}$.

由于 m 不是矩阵 A 的特征值,所以方程组

$$\begin{cases} (a_{11}-m)p_1+a_{12}p_2+\cdots+a_{1n}p_n=-c_1 \\ a_{21}p_1+(a_{22}-m)p_2+\cdots+a_{2n}p_n=-c_2 \\ \cdots\cdots\cdots\cdots \\ a_{n1}p_1+a_{n2}p_2+\cdots+(a_{nn}-m)p_n=-c_n \end{cases}$$

存在唯一的解 $\boldsymbol{p}=[p_1,p_2\cdots p_n]^{\mathrm{T}}$.

上面方程组等价于

$$e^{mt}\begin{bmatrix} a_{11}p_1+a_{12}p_2+\cdots+a_{1n}p_n+c_1 \\ a_{21}p_1+a_{22}p_2+\cdots+a_{2n}p_n+c_2 \\ \cdots\cdots\cdots\cdots \\ a_{n1}p_1+a_{n2}p_2+\cdots+a_{nn}p_n+C_n \end{bmatrix}=e^{mt}\begin{bmatrix} mp_1 \\ mp_2 \\ \vdots \\ mp_n \end{bmatrix},$$

即 $\quad \boldsymbol{A}\cdot p\cdot e^{mt}+c\cdot e^{mt}=(p\cdot e^{mt})'$.

所以方程有一解形如

$$\boldsymbol{x}(t)=p\cdot e^{mt}.$$

8 给定方程组

$$\begin{cases} x_1''-3x_1'+2x_1+x_2'-x_2=0, \\ x_1'-2x_1+x_2'+x_2=0, \end{cases}$$

(1)试证上面方程组等价于方程组 $\boldsymbol{u}'=\boldsymbol{A}\boldsymbol{u}$ 其中

$$\boldsymbol{u}=\begin{bmatrix} u_1 \\ u_2 \\ u_3 \end{bmatrix}=\begin{bmatrix} x_1 \\ x'_1 \\ x_2 \end{bmatrix},\boldsymbol{A}=\begin{bmatrix} 0 & 1 & 0 \\ -4 & 4 & 2 \\ 2 & -1 & -1 \end{bmatrix};$$

(2)试求(1)中的方程组的基解矩阵；

(3)试求原方程组满足初值条件

$$x_1(0)=0,x_1'(0)=1,x^2(0)=0$$

的解.

解题过程 (1)令 $u_1=x_1,u_2=x_1',u_3=x_2$ 则由方程组的第二个方程得

$$u'_3=x_2'=2x_1-x_1'-x_2=2u_1-u_2-u_3,$$

将它代入第一个方程得

$$\begin{aligned} u_2'=x_1''&=-2x_1+3x_1'-x_2'+x_2 \\ &=-4x_1+4x_1'+2x_2 \\ &=-4u_1+4u_2+2u_3. \end{aligned}$$

又有 $\quad u_1'=x_1'=u_2,$

所以把 u_1',u_2',u_3' 写成矩阵的形式即有

$$\boldsymbol{u}'=\begin{bmatrix} u_1' \\ u_2' \\ u_3' \end{bmatrix}=\begin{bmatrix} 0 & 1 & 0 \\ -4 & 4 & 2 \\ 2 & -1 & -1 \end{bmatrix}\begin{bmatrix} u_1 \\ u_2 \\ u_3 \end{bmatrix}.$$

命题得证.

(2)齐次方程 $\boldsymbol{u}'=\boldsymbol{A}\boldsymbol{u}$ 的特征方程为

$$\begin{vmatrix} \lambda & -1 & 0 \\ 4 & \lambda-4 & -2 \\ -2 & 1 & \lambda+1 \end{vmatrix}=0$$

或 $\quad \lambda(\lambda-1)(\lambda-2)=0,$

即得到特征值为 $\lambda_1=0,\lambda_2=1,\lambda_3=2$. 并且易得对应于这 3 个特征值的特征向量为 $v_1=a[1\quad 0\quad 2]^{\mathrm{T}},v_2=b[2\quad 2\quad 1]^{\mathrm{T}},v_3=c[1\quad 2\quad 0]^{\mathrm{T}}$，这里 a,b,c 是非零常数，特别地，当取 $a=b=c=1$ 时，则得到方程组的基解矩阵为

$$\boldsymbol{\Phi}(t)=\begin{bmatrix} 1 & 2\mathrm{e}^t & \mathrm{e}^{2t} \\ 0 & 2\mathrm{e}^t & 2\mathrm{e}^{2t} \\ 2 & \mathrm{e}^t & 0 \end{bmatrix}$$

(3)初值条件 $x_1(0)=0,x_1'(0)=1,x_2(0)=0$ 等价于方程 $\boldsymbol{u}'=\boldsymbol{A}\boldsymbol{u}$ 的初值条件 $u_1(0)=0$，$u_2(0)=1,u_3(0)=0$，而方程 $\boldsymbol{u}'=\boldsymbol{A}\boldsymbol{u}$ 满足该初值条件的解为

$$\boldsymbol{u}(t)=\boldsymbol{\Phi}(t)\boldsymbol{\Phi}^{-1}(0)\boldsymbol{u}(0)$$

$$=\begin{bmatrix}1 & 2e^{t} & e^{2t}\\ 0 & 2e^{t} & 2e^{2t}\\ 2 & e^{t} & 0\end{bmatrix}\begin{bmatrix}-1 & \frac{1}{2} & 1\\ 2 & -1 & -1\\ -2 & \frac{3}{2} & 1\end{bmatrix}\begin{bmatrix}0\\ 1\\ 0\end{bmatrix}$$

$$=\begin{bmatrix}\frac{1}{2}-2e^{t}+\frac{3}{2}e^{2t}\\ -2e^{t}+3e^{2t}\\ 1-e^{t}\end{bmatrix}.$$

由方程组 $\boldsymbol{u}'=\boldsymbol{A}\boldsymbol{u}$ 与原方程组的等价性得原方程组的满足初值条件 $x_1(0)=0,x_1'(0)=1,x_2(0)=0$ 的解为

$$x_1(t)=\frac{1}{2}-2e^{t}+\frac{3}{2}e^{2t}(t)=1-e^{t}.$$

9　试用拉普拉斯变换法解第 5 题和第 6 题，也可以利用计算机软件求解之.

解题过程　先求解第 5 题. (1)令 $X_1(s)=\mathscr{L}[\varphi_1(t)],X_2(s)=\mathscr{L}[\varphi_2(t)]$.

假设 $x_1=\varphi_1(t),x_2=\varphi_2(t)$ 满足微分方程组，对方程取拉普拉斯变换，得到

$$\begin{cases}sX_1(s)-\varphi_1(0)=X_1(s)+2X_2(s),\\ sX_2(s)-\varphi_2(0)=4X_1(s)+3X_2(s),\end{cases}$$

即

$$\begin{cases}(s-1)X_1(s)-2X_2(s)=\varphi_1(0)=3,\\ -4X_1(s)+(s-3)X_2(s)=\varphi_2(0)=3,\end{cases}$$

解出 $X_1(s),X_2(s)$，得到

$$X_1(s)=\frac{3(s-1)}{(s-5)(s+1)},X_2(s)=\frac{3(s+3)}{(s-5)(s+1)},$$

取反变换即得 $\varphi_1(t)=2e^{5t}+e^{-t},\varphi_2(t)=4e^{5t}-e^{-t}$.

为了求基解矩阵，先求满足初值条件 $\psi_1(0)=1,\psi_2(0)=0$ 的解 $(\psi_1(t),\psi_2(t))$，如前一样，得到方程组

$$\begin{cases}(s-1)X_1(s)-2X_2(s)=\psi_1(0)=1,\\ -4X_1(s)+(s-3)X_2(s)=\psi_2(0)=0,\end{cases}$$

的解为

$$X_1(s)=\frac{s-3}{(s-5)(s+1)},X_2(s)=\frac{4}{(s-5)(s+1)},$$

取反变换得到

$$\psi_1(t)=\frac{1}{3}e^{5t}+\frac{2}{3}e^{-t},\psi_2(t)=\frac{2}{3}e^{5t}-\frac{2}{3}e^{-t},$$

则得，基解矩阵为

$$\boldsymbol{\Phi}(t)=\begin{bmatrix}\varphi_1(t) & \psi_1(t)\\ \varphi_2(t) & \psi_2(t)\end{bmatrix}=\begin{bmatrix}2e^{5t}+e^{-t} & \frac{1}{3}e^{5t}+\frac{2}{3}e^{-t}\\ 4e^{5t}-e^{-t} & \frac{2}{3}e^{5t}-\frac{2}{3}e^{-t}\end{bmatrix}.$$

(2)令 $X_1(s)=\mathscr{L}[\varphi_1(t)]$,$X_2(s)=\mathscr{L}[\varphi_2(t)]$,$X_3(s)=\mathscr{L}[\varphi_3(t)]$.

假设 $x_1=\varphi_1(t)$,$x_2=\varphi_2(t)$,$x_3=\varphi_3(t)$满足微分方程组,对方程进行拉普拉斯变换,得到

$$\begin{cases}sX_1-\varphi_1(0)=X_1(s)+3X_3(s),\\ sX_2(s)-\varphi_2(0)=8X_1(s)+X_2(s)-X_3(s),\\ sX_3-\varphi_2(0)=5X_1(X)+X_2(s)-X_3(s),\end{cases}$$

即
$$\begin{cases}(s-1)X_1(s)-3X_3(s)=\varphi_1(0)=0,\\ -8X_1(s)+(s-1)X_2(s)+X_3(s)=\varphi_2(0)=-2,\\ -5X_1(s)-X_2(s)+(s+1)X_3(s)=\varphi_3(0)=-7.\end{cases}$$

解出 $X_1(s)$,$X_2(s)$,$X_3(s)$得到

$$X_1(s)=\frac{27-21s}{s^3-s^2-15s-9},$$

$$X_2(s)=\frac{2s^2+7s-207}{s^3-s^2-15s-9},$$

$$X_3(s)=\frac{-7s^2+16s-9}{s^3-s^2-15s-9},$$

取反变换得到

$$\varphi_1(t)=\frac{52\sqrt{7}}{3}\mathrm{e}^{-3t}+\frac{4-26\sqrt{7}}{3}\mathrm{e}^{(2+\sqrt{7})t}+\frac{-4-26\sqrt{7}}{3}\mathrm{e}^{(2-\sqrt{7})t}$$

$$\varphi_2(t)=\frac{-364\sqrt{7}}{9}\mathrm{e}^{-3t}+\frac{-748+146\sqrt{7}}{9}\mathrm{e}^{(2+\sqrt{7})t}+\frac{748+146\sqrt{7}}{9}\mathrm{e}^{(2-\sqrt{7})t}$$

$$\varphi_3(t)=\frac{-208\sqrt{7}}{9}\mathrm{e}^{-3t}+\frac{-178-22\sqrt{7}}{9}\mathrm{e}^{(2-\sqrt{7})t}+\frac{178-22\sqrt{7}}{9}\mathrm{e}^{(2-\sqrt{7})t}.$$

所以满足初值条件的解为 $\boldsymbol{\varphi}(t)=[\varphi_1(t)\quad \varphi_2(t)\quad \varphi_3(t)]^{\mathrm{T}}$,其中 $\varphi_1(t)$,$\varphi_2(t)$,$\varphi_3(t)$如上所示.

(3)令 $X_1(s)=\mathscr{L}[\varphi_1(t)]$,$X_2(s)=\mathscr{L}[\varphi_2(t)]$,$X_3(s)=\mathscr{L}[\varphi_3(t)]$. 对方程进行拉普拉斯变换,得到

$$\begin{cases}sX_1(s)-\varphi_1(0)=X_1(s)+2X_2(s)+X_3(s),\\ sX_2(s)-\varphi_2(0)=X_1(s)-X_2(s)+X_3(s),\\ sX_3(s)-\varphi_3(0)=2X_1(s)+X_3(s),\end{cases}$$

即
$$\begin{cases}(s-1)X_1(s)-2X_2(s)-X_3(s)=\varphi_1(0)=1,\\ -X_1(s)+(s+1)X_2(s)-X_3(s)=\varphi_2(0)=0,\\ -2X_1(s)+(s-1)X_3(s)=\varphi_3(0)=0,\end{cases}$$

解出 $X_1(s)$,$X_2(s)$,$X_3(s)$得到

$$X_1(s)=\frac{s^2-1}{s^3-s^2-5s-3},$$

$$X_2(s)=\frac{s+1}{s^3-s^2-5s-3},$$

$$X_3(s)=\frac{2(s+1)}{s^3-s^2-5s-3},$$

取反变换得到

$$\varphi_1(t)=\frac{1}{2}e^{3t}+\frac{1}{2}e^{-t},$$

$$\varphi_2(t)=\frac{1}{4}e^{3t}-\frac{1}{4}e^{-t},$$

$$\varphi_3(t)=\frac{1}{2}e^{3t}-\frac{1}{2}e^{-t},$$

所以,方程满足初值条件 $\eta=[1\quad 0\quad 1]^T$ 的解为

$$\boldsymbol{\varphi}(t)=[\varphi_1(t)\quad \varphi_2(t)\quad \varphi_3(t)]^T,$$

其中 $\varphi_1(t),\varphi_2(t),\varphi_3(t)$的表达式如上所示.

下面求解第 6 题.

(1)令 $X_1(s)=\mathscr{L}[\varphi_1(t)],X_2(s)=\mathscr{L}[\varphi_2(t)]$对方程进行拉普拉斯变换,得到

$$\begin{cases}sX_1(s)-\varphi_1(0)=X_1(s)+2X_2(s)+\dfrac{1}{s-1},\\ sX_2(s)-\varphi_2(0)=4X_1(s)+3X_2(s)+\dfrac{1}{s},\end{cases}$$

即 $$\begin{cases}(s-1)X_1(s)-2X_2(s)=\varphi_1(0)+\dfrac{1}{s-1}=-1+\dfrac{1}{s-1},\\ -4X_1(s)+(s-3)X_2(s)=\varphi_2(0)+\dfrac{1}{s}=1+\dfrac{1}{s}.\end{cases}$$

解出 $X_1(s),X_2(s)$,得到

$$X_1(s)=\frac{-s^3+7s^2-6s-2}{s(s-1)(s+1)(s-5)},\quad X_2(s)=\frac{s^3-5s^2+7s+1}{s(s-1)(s+1)(s-5)},$$

取反变换得到

$$\varphi_1(t)=\frac{3}{20}e^{5t}-e^{-t}-\frac{1}{4}e^{t}-\frac{2}{5},\quad \varphi_2(t)=\frac{3}{10}e^{3t}+e^{-t}-\frac{1}{2}e^{t}+\frac{1}{5}.$$

所以,方程组满足给定初值条件的解为 $\boldsymbol{\varphi}(t)=[\varphi_1(t),\varphi_2(t)]^T$,其中 $\varphi_1(t),\varphi_2(t)$的表达式如上所示.

(2)令 $X_1(s)=\mathscr{L}[\varphi_1(t)],X_2(s)=\mathscr{L}[\varphi_2(t)],X_3(s)=\mathscr{L}[\varphi_3(t)]$,对方程进行拉普拉斯变换,得到

$$\begin{cases}sX_1(s)-\varphi_1(0)=X_2(s),\\ sX_2(s)-\varphi_2(0)=X_3(s),\\ sX_3(s)-\varphi_3(0)=-6X_1(s)-11X_2(s)-6X_3(s)+\dfrac{1}{s+1},\end{cases}$$

即 $$\begin{cases}sX_1(s)-X_2(s)=\varphi_1(0)=0,\\ sX_2-X_3(s)=\varphi_2(0)=0,\\ 6X_1(s)+11X_2(s)+(s+6)X_3(s)=\varphi_3(0)+\dfrac{1}{s+1}=\dfrac{1}{s+1}.\end{cases}$$

解出 $X_1(s),X_2(s),X_2(s)$得到

$$X_1(s)=\frac{1}{(s^3+6s^2+11s+6)(s+1)},$$

$$X_2(s)=\frac{s}{(s+1)(s^3+6s^2+11s+6)}$$

$$X_3(s)=\frac{s^2}{(s+1)(s^3+6s^2+11s+6)},$$

取反变换得到

$$\varphi_1(t)=\mathrm{e}^{-2t}-\frac{1}{4}\mathrm{e}^{-3t}-\frac{3}{4}\mathrm{e}^{-t}+\frac{1}{2}\mathrm{e}^{-t},$$

$$\varphi_2(t)=-2\mathrm{e}^{-2t}+\frac{3}{4}\mathrm{e}^{-3t}+\frac{5}{4}\mathrm{e}^{-t}-\frac{1}{2}t\mathrm{e}^{-t},$$

$$\varphi_3(t)=4\mathrm{e}^{-2t}-\frac{9}{4}\mathrm{e}^{-3t}-\frac{7}{4}\mathrm{e}^{-t}+\frac{1}{2}t\mathrm{e}^{-t}.$$

所以，方程组满足初值条件的解为 $\boldsymbol{\varphi}(t)=[\varphi_1(t)\quad \varphi_2(t)\quad \varphi_3(t)]^{\mathrm{T}}$，其中 $\varphi_1(t)$，$\varphi_2(t)$，$\varphi_3(t)$如上所示.

(3)令 $X_1(s)=\mathscr{L}[\varphi_1(t)]$，$X_2(s)=\mathscr{L}[\varphi_2(t)]$，对方程组进行拉普拉斯变换，得到

$$\begin{cases} sX_1(s)-\varphi_1(0)=4X_1(s)-3X_2(s)+\dfrac{1}{s^2+1}, \\ sX_2(s)-\varphi_2(0)=2X_1(s)-X_2(s)-\dfrac{2s}{s^2+1}, \end{cases}$$

即

$$\begin{cases} (s-4)X_1(s)+3X_2(s)=\varphi_1(0)+\dfrac{1}{s^2+1}=\eta_1+\dfrac{1}{s^2+1}, \\ -2X_1(s)+(s+1)X_2(s)=\varphi_2(0)-\dfrac{2s}{s^2+1}=\eta_2-\dfrac{2s}{s^2+1}, \end{cases}$$

解出 $X_1(s)$，$X_2(s)$得到

$$X_1(s)=\frac{\eta_1 s^3+(\eta_1-3\eta_2)s^2+(\eta_1+7)s+\eta_2-3\eta_2+1}{(s-1)(s-2)(s^2+1)},$$

$$X_2(s)=\frac{\eta_2 s^3+(2\eta_1-4\eta_2-2)s^2+(\eta_2+8)s+2\eta_1-4\eta_2+2}{(s-1)(s-2)(s^2+1)}$$

取反变换得到

$$\varphi_1(t)=\cos t-2\sin t+\mathrm{e}^t(-4-2\eta_1+3\eta_2)+3\mathrm{e}^{2t}(1+\eta_1-\eta_2),$$

$$\varphi_2(t)=2\cos t-2\sin t+\mathrm{e}^t(-4-2\eta_1+3\eta_2)+2\mathrm{e}^{2t}(1+\eta_1-\eta_2).$$

则方程组满足初值条件的解为 $\boldsymbol{\varphi}(t)=[\varphi_1(t)\quad \varphi_2(t)]$，其中 $\varphi_1(t)$，$\varphi_2(t)$的表达式如上所示.

10 求下列初值问题的解：

(1) $\begin{cases} x'_1+x'_2=0 \\ x'_1-x'_2=1 \end{cases}$ $x_1(0)=1, x_2(0)=0$；

(2) $\begin{cases} x''_1+3'_1+2x_1+x'_2+x_2=0, \\ x'_1+2x_1+x'_2-x_2=0, \\ x_1(0)=1, x'_1(0)=-1, x_2(0)=0; \end{cases}$

(3) $\begin{cases} x''_1-m^2x^2=0, \\ x''_2+m^2x_1=0, \\ x_1(0)=\eta_1, x'_1(0)=\eta_2, x_2(0)=\eta_3, x'_2(0)=\eta_4. \end{cases}$

解题过程 将方程组中两个方程相加得

$$x'_1=\frac{1}{2},$$

积分得 $x_1(t)=\frac{1}{2}t+c_1.$

将方程组中两个方程相减得到

$$x'_2=-\frac{1}{2},$$

积分得 $x_2(t)=-\frac{1}{2}t+c_2.$

由于 $x_1(0)=1,x_2(0)=0$,求得 $c_1=1,c_2=0.$

于是方程的满足初值条件解为

$$\begin{bmatrix}x_1\\x_2\end{bmatrix}=\begin{bmatrix}\frac{1}{2}t+1\\-\frac{1}{2}t\end{bmatrix}.$$

(2)令 $X_1(s)=\mathscr{L}[\varphi_1(t)],X_2(s)=\mathscr{L}[\varphi_2(t)]$,假设 $x_1=\varphi_1(t),x_2=\varphi_2(t)$满足微分方程组,对方程进行拉普拉斯变换,得到

$$\begin{cases}[s^2X_1(s)-s+1]+3[sX_1(s)-1]+2X_1(s)+sX_2(s)+X_2(s)=0,\\sX_1(s)-1+2X_1(s)+sX_2(s)-X_2(s)=0,\end{cases}$$

整理得 $$\begin{cases}(s^2+3s+2)X_1(s)+(s+1)X_2(s)=s+2,\\(s+2)X_1(s)+(s-1)X_2(s)=1.\end{cases}$$

解上面的方程组,即有

$$X_1(s)=\frac{s^2-3}{(s+1)(s+2)(s-2)},$$

$$X_2(s)=\frac{-1}{(s+1)(s-2)},$$

取反变换得到解

$$\varphi_1(t)=\frac{1}{4}e^{-2t}+\frac{2}{3}e^{-t}+\frac{1}{12}e^{2t},\varphi_2(t)=\frac{1}{3}(e^{-t}-e^{2t}).$$

(3)令 $X_1(s)=\mathscr{L}[\varphi_1(t)],X_2(s)=\mathscr{L}[\varphi_2(t)],X_3(s)=\mathscr{L}[\varphi_3(t)],X_4(s)=\mathscr{L}[\varphi_4(t)]$,假设 $x_1=\varphi_1(t),x_2=\varphi_3(t)$满足微分方程,对方程组进行拉普拉斯变换,得到

$$\begin{cases}s^2X_1(s)-\eta_1s-\eta_2-m^2X_3(s)=0,\\s^2X_1(s)-\eta_3s-\eta_4+m^2X_1(s)=0,\end{cases}$$

整理得 $$\begin{cases}s^2X_1(s)-m^2X_3(s)=\eta_1s+\eta_2,\\m^2X_1(s)+s^2X_3(s)=\eta_3s+\eta_4.\end{cases}$$

解上面方程组,即有

$$X_1(s)=\frac{\eta_1s^3+\eta_2s^2+\eta_3m^2s+m^2\eta_4}{s^4+m^4}$$

$$X_3(s)=\frac{\eta_3 s^3+\eta_4 s^2+m^2\eta_1 s-m^2\eta_2}{s^4+m^4}$$

取拉普拉斯反变换就得到解

$$\varphi_1(t)=\left[\left(\frac{1}{2}\eta_1+\frac{\sqrt{2}}{4m}\eta_2-\frac{\sqrt{2}}{4m}\eta_4\right)\cos\frac{m}{\sqrt{2}}t+\left(\frac{\sqrt{2}}{4m}\eta_2+\frac{1}{2}\eta_3+\frac{\sqrt{2}}{4m}\eta_4\right)\sin\frac{m}{\sqrt{2}}t\right]e^{\frac{m}{\sqrt{2}}t}$$

$$+\left[\left(\frac{1}{2}\eta_1-\frac{\sqrt{2}}{4m}\eta_2+\frac{\sqrt{2}}{4m}\eta_4\right)\cos\frac{m}{\sqrt{2}}t\right.$$

$$\left.+\left(\frac{\sqrt{2}}{4m}\eta_2-\frac{1}{2}\eta_3+\frac{\sqrt{2}}{4m}\eta_4\right)\sin\frac{m}{\sqrt{2}}t\right]e^{-\frac{m}{\sqrt{2}}t},$$

$$x_2(t)=\left[\left(\frac{\sqrt{2}}{4m}\eta_2+\frac{1}{2}\eta_3+\frac{\sqrt{2}}{4m}\eta_4\right)\cos\frac{m}{\sqrt{2}}t\right.$$

$$\left.+\left(-\frac{1}{2}\eta_3-\frac{\sqrt{2}}{4m}\eta_2+\frac{\sqrt{2}}{4m}\eta_4\right)\sin\frac{m}{\sqrt{2}}t\right]e^{\frac{m}{\sqrt{2}}t}$$

$$+\left[\left(\frac{1}{2}\eta_1-\frac{\sqrt{2}}{4m}\eta_2+\frac{\sqrt{2}}{4m}\eta_4\right)\sin\frac{m}{\sqrt{2}}t\left(-\frac{\sqrt{2}}{4m}\eta_2\right.\right.$$

$$\left.\left.-\frac{1}{2}\eta_3+\frac{\sqrt{2}}{4m}\eta_4\right)\cos\frac{m}{\sqrt{2}}t\right]e^{-\frac{m}{\sqrt{2}}t}.$$

11 假设 $y=\varphi(x)$ 是二阶常系数线性微分方程初值问题

$$\begin{cases}y''+ay'+by=0,\\ y(0)=0,y'(0)=1\end{cases}$$

的解，试证
$$y=\int_0^t\varphi(x-t)f(t)\mathrm{d}t$$
是方程
$$y''+ay'+by=f(x)$$
的解，这里 $f(x)$ 为已知连续函数.

解题过程 由于 $y=\varphi(x)j$ 是

$$\begin{cases}y''+ay'+by=0,\\ y(0)=0,y'(0)=1,\end{cases}$$

的解，故满足

$$\varphi''(x)+a\varphi'(x)+b\varphi(x)=0,$$
$$\varphi(0)=0,\varphi'(0)=1.$$

对 $y=\int_0^x\varphi(x-t)f(t)\mathrm{d}t$ 两端关于 x 求导数得

$$y'=\varphi(0)f(x)+\int_0^x\varphi'(x-t)f(t)\mathrm{d}t=\int_0^x\varphi'(x-t)f(t)\mathrm{d}t,$$

再次对上式对 x 求导可得

$$y''=\varphi'(0)f(x)+\int_0^x\varphi''(x-t)f(t)\mathrm{d}t,$$

$$= f(x) + \int_0^x \varphi''(x-t) f(t)\,\mathrm{d}t,$$

于是 $\quad y'' + ay' + by$

$$= f(x) + \int_0^x \varphi''(x-t) f(t)\,\mathrm{d}t + a\int_0^x \varphi'(x-t) f(t)\,\mathrm{d}t + b\int_0^x \varphi(x-t) f(t)\,\mathrm{d}t$$

$$= f(x) + \int_0^x [\varphi''(x-t) + a\varphi'(x-t) + b\varphi(x-t)] f(t)\,\mathrm{d}t$$

$$= f(x).$$

所以 $y=\int_0^x \varphi(x-t) f(t)\,\mathrm{d}t$ 是方程 $y''+ay'+by=f(x)$ 的解，其中 $f(x)$ 是已知的连续函数.

第六章

非线性微分方程

学习指南

1. 掌握非**线性微分方程的稳定性概念**，能够按线性近似决定微分方程零解的稳定性态及其判别方法；

2. 了解李雅普诺夫 V 函数的定号性概念，掌握**使用 V 函数判断稳定性的基本定理**及线性微分方程组的构造方法；

3. 掌握奇点的概念，熟悉各种奇点的类型与通过特征根判断其类型的方法，了解轨线在相平面上的性态；

4. 理解**极限环**的概念，掌握相平面上极限环的存在性判断方法和相平面轨线图貌画法；

5. 了解奇异吸引子和混沌现象，了解哈密顿方程的可积性、近可积与混沌问题及 KdV 方程的孤立子解.

知识回顾

1. 存在唯一性定理

如果向量函数 $g(t;y)$ 在域 R 内连续且关于 y 满足利普希茨条件，则方程组 $\frac{\mathrm{d}y}{\mathrm{d}t}=g(t;y)$，$y\in\boldsymbol{R}^n$ 存在唯一解 $y=\boldsymbol{\varphi}(t;t_0,y_0)$，它在区间 $|t-t_0|\leqslant h$ 上连续，而且 $\boldsymbol{\varphi}(t_0;t_0,y_0)=y_0$，其中 $h=\min\left(a,\frac{b}{M}\right)$，$M=\max\limits_{(t,y)\in R}\|\boldsymbol{g}(t;y)\|$，$R$：$|t-t_0|\leqslant a$，$\|y-y_0\|\leqslant b$.

2. 解的延拓与连续性定理

如果向量函数 $g(t;y)$ 在某域 G 内连续，且关于 y 满足局部利普希茨条件，则方程组 $\frac{\mathrm{d}y}{\mathrm{d}t}=g(t;y)$，$y\in \boldsymbol{R}^n$ 的满足初值条件 $y(t_0)=y_0$ 的解 $y=\boldsymbol{\varphi}(t;t_0,y_0)$（$(t_0,y_0)\in G$）可以延拓，或者延拓到 $+\infty$（或 $-\infty$）；或者使点 $(t,\boldsymbol{\varphi}(t;\ t_0,y_0))$ 任意接近区域 G 的边界，而解 $\boldsymbol{\varphi}(t;t_0,y_0)$ 作为 t,t_0y_0 的函数在它的存在范围内是连续的.

3. 可微性定理

如果向理函数 $g(t;y)$ 及 $\frac{\partial g_i}{\partial y_j}(i,j=1,2\cdots,n)$ 在域 G 内连续，那么方程组 $\frac{\mathrm{d}y}{\mathrm{d}t}=g(t;y)$，$y\in R^n$ 由初值条件 $y(t_0)=y_0$ 确定的解 $y=\varphi(t;t_0,y_0)$ 作为 t,t_0,y_0 的函数，在它的存在范围内是连续可微的.

4. 方程组 $\frac{\mathrm{d}\boldsymbol{x}}{\mathrm{d}\boldsymbol{y}}=\boldsymbol{f}(t;\boldsymbol{x})$①的零解 $\boldsymbol{x}=\boldsymbol{0}$ 为稳定的、渐近稳定的、全局稳定的、不稳定

如果对任意给定的 $\varepsilon>0$，存在 $\delta>0$（δ 一般与 ε 和 t_0 有关）使当任一 $\boldsymbol{x}_0$ 满足 $\|\boldsymbol{x}_0\|\leqslant\delta$ 时，方程组①的由初值条件 $x(t_0)=x_0$ 确定的解 $x(t)$，对一切 $t\geqslant t_0$ 均有

$$\|x(t)\|<\varepsilon,$$

则称方程组的零解 $x=0$ 为渐近稳定的，

如果①的零解 $x=0$ 渐近稳定，且存在这样的 $\delta_0>0$ 使当 $\|x_0\|<\delta_0$ 时，满足初值条件 $\boldsymbol{x}(t_0)=x_0$ 的解 $x(t)$ 均有 $\lim\limits_{t\to\infty}x=0$，

则称方程组的零解 $x=0$ 为渐近稳定的.

如果 $x=0$ 渐近稳定，且存域 D_0，当且仅当 $x_0\in D_0$ 时满足初值条 $x(t_0)=x_0$ 的解 $x(t)$ 均有 $\lim\limits_{t\to\infty}x(t)=0$ 则域 D_0 称为（渐近）稳定域或吸引域，若稳定域为全空间，即 $\delta_0=+\infty$，则称零解 $x=0$ 为全局渐近稳定的或简称全局稳定的.

如果对某个给定的 $\varepsilon>0$ 不管 $\delta>0$ 怎样小，总有一个 $\boldsymbol{x}_0$ 满足 $\|\boldsymbol{x}_0\|\leqslant\delta$，使用初值条件 $\boldsymbol{x}(t_0)=\boldsymbol{x}_0$ 所确定的解 $\boldsymbol{x}(t)$，至少存在某个 $t_1>t_0$ 使得

$$\|\boldsymbol{x}(t_1)\|=\varepsilon,$$

则称方程组①的零解 $x=0$ 为稳定的.

5. 一阶常系数线性微分方程组 $\frac{\mathrm{d}\boldsymbol{x}}{\mathrm{d}\boldsymbol{t}}=\boldsymbol{Ax}$②稳定性定理

定理 若特征 $\det(\boldsymbol{A}-\lambda\boldsymbol{E})=0$ 的根，具有负实部，则方程组②的零解是渐近稳定的；若 $\det(\boldsymbol{A}-\lambda\boldsymbol{E})=0$ 具有正实部的根，则方程组②的零解是不稳定的；若 $\det(\boldsymbol{A}-\lambda\boldsymbol{E})=0$ 没有正实部的根，但有零根或具有零实部的根，则方程组②的零解可能是稳定的也可能是不稳定的，这要看这个根的重数等于 1 而定.

6. 非线性微分方程组 $\frac{\mathrm{d}\boldsymbol{x}}{\mathrm{d}\boldsymbol{t}}=\boldsymbol{Ax}+\boldsymbol{R}(\boldsymbol{x})$③的零解的稳定性定理. 其中 $\frac{\|\boldsymbol{R}(\boldsymbol{x})\|}{\|x\|}\to\boldsymbol{0}$（当 $\|\boldsymbol{x}\|\to\boldsymbol{0}$ 时）.

若 $\det(\boldsymbol{A}-\lambda\boldsymbol{E})=0$ 没有零根或实部的根，则方程组③的零解的稳定性态与其线性近似的方程组②

的零解的稳定性态一致，即，当 $\det(\boldsymbol{A}-\lambda\boldsymbol{E})=0$ 的根均具有负实部时，方程组③的零是渐近稳定的，而当 $\det(\boldsymbol{A}-\lambda\boldsymbol{E})=0$ 具有正实部的根时，其零解是不稳定的，若 $\det(\boldsymbol{A}-\lambda\boldsymbol{E})=0$ 有零解或零部特征根时，方程组③属临界情形，其零解的稳定性态，不能由其线性近似方程组②的零解的稳定性态决定.

7. 赫尔维茨判别法

设给定常系数的 n 次代数方程 $a_0\lambda^n+a_1\lambda^{n-1}+\cdots a_{n-1}\lambda+a_n=0$④其中 $a_0>0$，作行列式

$$\Delta_1=a_1,\Delta_2=\begin{vmatrix}a_1 & a_0\\ a_3 & a_2\end{vmatrix},\Delta_3=\begin{vmatrix}a_1 & a_0 & 0\\ a_3 & a_2 & a_1\\ a_5 & a_4 & a_3\end{vmatrix},\cdots,$$

$$\Delta_n=\begin{vmatrix}a_1 & a_0 & 0 & 0 & \cdots & 0\\ a_3 & a_2 & a_1 & a_0 & \cdots & 0\\ \vdots & \vdots & \vdots & \vdots & & \vdots\\ a_{2n-1} & a_{2n-2} & a_{2n-3} & a_{2n-4} & \cdots & a_n\end{vmatrix}=a_n\Delta_{n-1},$$

其中 $a_i=0$(对一切 $i>n$).

那么，方程④的一切根均有负实部的充分必要条件是下列不等式同时成立：

$a_1>0,\Delta_2>0,\Delta_3>0,\cdots\Delta_{n-1}>0,a_n>0.$

8. V 函数的定正定、负和全导数

假设 $V(x)$为在域 $\|\boldsymbol{x}\|\leqslant H$ 内定义的一个实连续函数，$V(\boldsymbol{0})=0$. 如果在此域内恒有 $V(\boldsymbol{x})\geqslant0$，则称 V 为常正的；如果对一切 $\boldsymbol{x}\neq\boldsymbol{0}$ 都有 $V(\boldsymbol{x})>0$，则称函数 V 为定正的；如果函数 $-V$ 是定正(或常正)的，则称 V 为定负(或常负)的.

假设函数 $\boldsymbol{V}(\boldsymbol{x})$关于所有变元的偏导数存在且连续，以方程$\frac{\mathrm{d}\boldsymbol{x}}{\mathrm{d}t}=\boldsymbol{f}(\boldsymbol{x})$的解代入，然后对 t 求导数$\frac{\mathrm{d}V}{\mathrm{d}t}=\sum_{i=1}^{n}\frac{\partial V}{\partial x_i}\frac{\mathrm{d}x_i}{\mathrm{d}t}=\sum_{i=1}^{n}\frac{\partial V}{\partial x_i}f$，则$\frac{\mathrm{d}V}{\mathrm{d}t}$称为函数 V 通过方程$\frac{\mathrm{d}\boldsymbol{x}}{\mathrm{d}t}\boldsymbol{f}(\boldsymbol{x})$的全导数.

9. 李雅普诺夫定理

如果对微分方程组$\frac{\mathrm{d}\boldsymbol{x}}{\mathrm{d}t}=\boldsymbol{f}(\boldsymbol{x})$⑤可以找到一个定正函数 $V(\boldsymbol{x})$，其通过⑤的全导数$\frac{\mathrm{d}V}{\mathrm{d}t}$为常负函数或恒等于零，则方程组⑤的零解是稳定的.

如果有定正函数 $V(\boldsymbol{x})$其通过⑤的全导数$\frac{\mathrm{d}V}{\mathrm{d}t}$为定负的，则方程组⑤的零解渐近稳定.

如果存在函数 $V(\boldsymbol{x})$和某非负常数，μ，而通过⑤的全导数$\frac{\mathrm{d}V}{\mathrm{d}t}$可以表示为$\frac{\mathrm{d}V}{\mathrm{d}t}=\mu V+W(\boldsymbol{x})$ 且当 $\mu=0$ 时，W 为定正函数，而当 $\mu\neq0$ 时 W 为常正函数或恒等于零；又在 $\boldsymbol{x}=\boldsymbol{0}$ 的任意小邻域内都至少存在某个 $\bar{x}$，使 $V(\bar{x})>0$，那么方程组⑤的零解是不稳定的.

10. 二次型 V 函数的构造

如果一阶线性微分方程组$\frac{\mathrm{d}\boldsymbol{x}}{\mathrm{d}t}=\boldsymbol{A}\boldsymbol{x}$⑥的特征根 λ_i 均不满足关系 $\lambda_i+\lambda_j=0(i,j=1,2\cdots,n)$，则对任何负定(或正定)的对称矩阵 $\boldsymbol{C}$，均有唯一的二次型 $V(\boldsymbol{x})=\boldsymbol{x}^T\boldsymbol{B}\boldsymbol{x}(\boldsymbol{B}^T=\boldsymbol{B}$⑦使其通过方程组⑥的全导数有$\frac{\mathrm{d}V}{\mathrm{d}t}=\boldsymbol{x}^T\boldsymbol{C}\boldsymbol{x}(\boldsymbol{C}^T=\boldsymbol{C})$，且对称矩阵 $\boldsymbol{B}$ 满足关系式 $\boldsymbol{A}^T\boldsymbol{B}+\boldsymbol{B}\boldsymbol{A}=\boldsymbol{C}$.

若方程组⑥的特征根均具负实部，则二次型⑦是正定(或负定)的；如果⑥有正实部的特征根，则二次型⑦不是常正(或常负)的.

11. 微分方程组

$$\begin{cases}\frac{\mathrm{d}x}{\mathrm{d}t}=X(x,y),\\ \frac{\mathrm{d}y}{\mathrm{d}t}=Y(x,y),\end{cases}\quad ⑧驻定解,奇点$$

平面驻定微分方程⑧的解 $x=x(t),y=y(t)$ 在欧氏空间表示一条曲线，称为积分曲线，x,y 平面 Oxy 称为相平面，积分曲线在相平面上的投影称为轨线，满足 $X(x,y)=0,Y(x,y)=0$ 的常数 $x=x^*,y=y^*$ 为方程组⑧的解，称为驻定解(或常数解)，相平面 Oxy 上的点 (x^*,y^*) 称为方程组的奇点.

12. 奇点的类型与特征方程的根之间的关系

如果平面线性驻定方程组$\begin{cases}\frac{\mathrm{d}x}{\mathrm{d}t}=ax+by,\\ \frac{\mathrm{d}y}{\mathrm{d}t}=cx+dy,\end{cases}$的系数满足条件$\begin{vmatrix}a & b\\ c & d\end{vmatrix}\neq0$，则方程的零点(奇点)将依特征方程 $\lambda^2-(a+d)\lambda+ad-bc=0$ 的根的性质而分别具有如下不同特性：

(1)如果特征方程的根 $\lambda_1\neq\lambda_2$ 为实根，则 $\lambda_1\cdot\lambda_2>0$ 时奇点为结点，且当 $\lambda_1<0$ 时结点是稳定的，而对应的零解为渐近稳定的，但当 $\lambda_1>0$ 时奇点和对应的零解均是不稳定的；当 $\lambda_1\cdot\lambda_2<0$ 奇点为鞍点，零解为不稳定的.

(2)如果特征方程具有重根 λ，则奇点通常为退化结点，但在 $b=c=0$ 的情形奇点为奇结点，又当 $\lambda<0$时，这两类结点均为稳定的，而零解为渐近稳定的，但当 $\lambda>0$ 时奇点和对应的零解均为不稳定的.

(3)如果特征方程的根为共轭复根，即 $\lambda_1=\bar{\lambda}_2$，则当 $Re\lambda_1\neq0$ 时奇点为焦点，且当 $Re\lambda_1<0$ 时焦点是稳定的；对应的零解为渐近稳定的；而当 $Re\lambda_1>0$ 时奇点和对应的零解均为不稳定的；当 $Re\lambda_1=0$ 时奇点为中心，零解为稳定但非渐近稳定的.

13. 极限环

对于平面驻定微分方程组⑧，方程组⑧在相平面上有孤立的周期解(闭轨线)，这种闭轨线称为极限环，当极限环附近的轨线均正向(即 $t\to+\infty$时)趋近于它时，称此极限环为稳定的，如果轨线是负向(即 $t\to+\infty$)趋近于此极限环，则称它为不稳定的，当此极限环的一侧轨线正向趋近于它，而另一侧轨线负向趋近于它时，此极限环称为半稳定的.

14. 环域定理

如果 G 内存在有界的环形闭域 D，在其内不含有方程组⑧的奇点，而⑧的经过域 D 上的点解 $x=x(t),y=y(t)$ 当 $t\geqslant t_0$(或 $t\leqslant t_0$)时不离开该域，则或者其本身是一个周期解(闭轨线)或者它按正向(或负向)趋近于 D 内的某一周期解(闭轨线).

15. 极限环不存在的判别准则

如果于 G 内存在单连通域 D^*，在其内函数$\dfrac{\partial X}{\partial x}+\dfrac{\partial Y}{\partial y}$不变号且 D^* 内的任何子域上不恒等于零，则方程组⑧在域 D^* 内不存在任何周期解，更不存在任何极限环.

16. 方程组⑧的平面轨线图貌的画法

对平面驻定方程组⑧，在相平面上曲线 $X(x,y)=0,Y(x,y)=0$ 分别表示轨线的垂直等倾斜线的水平等倾斜线，可利用垂直等倾斜线和水平等倾斜线划分出相平面上的不同区域，使每一区域内轨线的 x,y 方向的右、左及上、下走向是一致的，有(+，+)，(+，−)，(−，+)，(−，−)四种走向，其中括号内第一个“+”是表示向右，“−”表示向左，第二个“+”表示向上，“−”表示向下. 应用等倾斜线方法可画出方程组⑧的平面轨线图貌.

17. 分界线、同宿环、异宿环、异宿轨

在相平面分析中除奇点和极限环两种特殊轨线外，还有一种从奇点到奇点的轨线，这类轨线称为分界线. 如果一条分界线与一个奇点构成一个环，则称为同宿环(轨)；如果一条分界线两端是不同奇点，则分界线称为异宿轨；当多条分界线与多个奇点构成一个环时则称此环为异宿环.

18. 极限环的存在唯一性判定定理

$\dfrac{d^2x}{dt^2}+f(x)\dfrac{dx}{dt}+g(x)=0$⑨，若记 $F(x)=\int_0^x f(t)dt$，并设 $y=\dfrac{dx}{dt}+F(x)$，则化为平面微分方程组

$$\begin{cases}\dfrac{dx}{dt}=y-F(x),\\ \dfrac{dy}{dt}=-g(x).\end{cases}\qquad⑩$$

假设(1)$f(x)$及 $g(x)$对一切 x 连续，$g(x)$满足局部利普希茨条件；

(2)$f(x)$为偶函数，$f(0)<0$，$g(x)$为奇函数，限 $x\neq0$ 时 $xg(x)>0$；

(3)当 $x\to\pm\infty$时，$F(x)\to\pm\infty$，$F(x)$有唯一正零点 $x=a$，且对 $x\geqslant a$，$F(x)$是单调增加的，那么，方程⑨有唯一周期解，即方程组⑩有一个稳定的极限环.

19. 单参数一维常微分方程 $\dot{x}=f(x;\lambda),(x,\lambda\in R^1)$ 的分支类型

(a)鞍结点分支　$\dot{x}=\lambda-x^2$

(b)跨临界分支　$\dot{x}=\lambda x-x^2$

(c)叉式分支　$\dot{x}=\lambda x-x^3$

(d)复合分　$\dot{x}=\lambda+3x-x^3$

20. 单参数平面常微分方程的分支类型

(a)平面鞍结点分支$\begin{cases}\dot{x}=\lambda-x^3,\\ \dot{y}=-y;\end{cases}$

(b)霍普夫(Hopf)分支$\begin{cases}\dot{x}=\lambda x-y-x(x^2+y^2),\\ \dot{y}=x+\lambda y-y(x^2+y^2);\end{cases}$

(c)同宿分支$\begin{cases}\dot{x}=y,\\ \dot{y}=x-x^2-\lambda y\end{cases}$ 及 $\begin{cases}\dot{x}=y,\\ \dot{y}=x-x^2+\lambda y+xy;\end{cases}$

(d)异宿分支$\begin{cases}\dot{x}=\lambda+x^2-xy,\\ \dot{y}=y^2-x^2-1.\end{cases}$

21. 混沌

在相空间存在这种轨线，其极限集是在一有限区内的吸引集，但它与通常了解的吸引集不同，既不是平衡点，也不是极限环或周期变化的点集，称这种吸引集为奇异引子，奇异引子还有对初值敏感的特性，存在奇异吸引子这种复杂现象又称为混沌(或浑沌).

22. 哈密顿方程

哈密顿方程表示为 $p=\frac{\partial H}{\partial \boldsymbol{q}},q=\frac{\partial H}{\partial \boldsymbol{p}}$,　⑪

其中$(\boldsymbol{p},\boldsymbol{q})=(p_1,p_2\cdots,p_n,q_1,q_2\cdots q_n)$为系统的 n 对共轭变量，称为正则变量，$\boldsymbol{p}$ 称为系统的广义坐标，$\boldsymbol{q}$ 称为广义动量，H 称为哈密顿函数或能量函数.

23. 泊松括号的定义及性质

设 H,F,G 为 p,q,t 的连续可微实值函数，F,G 的泊松括号定义为

$$\{F,G\}=\nabla F^{\mathrm{T}}\nabla G=\left(\frac{\partial F}{\partial \boldsymbol{q}},\frac{\partial G}{\partial \boldsymbol{p}}\right)-\left(\frac{\partial G}{\partial \boldsymbol{q}},\frac{\partial F}{\partial \boldsymbol{p}}\right)=\sum_{i=1}^{n}\left(\frac{\partial F}{\partial p_i}\frac{\partial G}{\partial q_i}-\frac{\partial F}{\partial q_i}\frac{\partial G}{\partial p_i}\right).$$

性质(a)反对称性$\{F,G\}=-\{G,F\}$;

(b)双线性$\{aF+bG,K\}=a\{F,K\}+b\{G,K\}$;

(c)雅克比行列式$\{H,\{F,G\}\}+\{F,\{G,H\}\}+\{G,\{H,F\}\}=0.$

24. 对合的

对两个中哈密顿方程⑪的首次积分 F,G，当恒有$\{F,G\}=0$，称 F,G 为对合的.

25. 哈密顿方程的性质

(1)哈密顿函数 H 是哈密顿方程⑪的首次积分,$H(\boldsymbol{p}(t),\boldsymbol{q}(t))=c$.

(2)哈密顿方程⑪是保守系统,相空间中任何区域 $\dot{U}$ 沿着哈密顿方程轨线变化其体积保持不变.

二维相平面上的哈密顿方程轨线为闭曲线族.

(3)空间中任一点 $\boldsymbol{x}_0$ 的任一领域 U,必存在 $\boldsymbol{x}\in U$,使得由 $\boldsymbol{x}$ 出发的哈密顿方程的解 $\boldsymbol{x}(t)$ 必回到 U,即存在 $t^*>0$,使得 $x(^*)\in U$.

(4)若 x 为 H 的局部极小或极大值点,则 x 是李雅普诺夫稳定的.

(5)H,F,G 不显含 t 时有

①当且仅当$\{F,H\}=0$ 时,F 是哈密顿方程 H 的首次积分;

②若 F,G 是哈密顿方程 H 的首次积分,则$\{F,G\}$也是哈密顿方程的首次积分;

③$\{F,H\}$是 F 沿哈密顿方程 H 的解的关于 t 的变化率.

26. 刘维尔完全可积定理

如果 $2n$ 维哈密顿方程⑪存在 n 个对合的相互独立的首次积分 F,则哈密顿方程是完全可积的,即方程可以通过 n 个首次积分求解,其 n 个独立的对合的首次积分函数所确定的等值面是紧的且连通的,同时这个等值面对应(同胚)于 n 维不变环面.

27. 近可积哈密顿方程

近可积哈密顿定义为一个完全可积哈密顿方程 $H_0(\boldsymbol{J})$的微小扰动 $H(\theta,\boldsymbol{J})=H_0(J)+\varepsilon H_1(\theta,\boldsymbol{J})$,其中 ε 足够小.

28. KAM 定理

如果哈密顿方程⑪是近可积和充分光滑的,且未扰可积方程 $H_0(\boldsymbol{J})$的频率 $\boldsymbol{\omega}=(\omega_1,\omega_2\cdots\omega_n)$满足非共振条件$\frac{\partial\boldsymbol{\omega}}{\partial\boldsymbol{J}}\neq 0$,则近可积哈密顿方程运动的定性性质和未扰可哈密顿方程相同.

29. Mel′nikov 方法

考虑 $\dot{\boldsymbol{x}}=\boldsymbol{f}(\boldsymbol{x})+\varepsilon\boldsymbol{g}(\boldsymbol{x},t)$⑫,其中 $\boldsymbol{x}=(x_1,x_2)$,$\boldsymbol{g}(\boldsymbol{x},t+T)=\boldsymbol{g}(\boldsymbol{x},t)$,$\boldsymbol{f},\boldsymbol{g}$ 充分光滑 ε 为小参数.

假设:

(1)$\dot{x}=\boldsymbol{f}(\boldsymbol{x})$为一哈密顿方程,并有一个由双曲鞍点 $\boldsymbol{p}_0$ 产生的同宿轨道 $\boldsymbol{q}^0(t)$;

(2)在 $\Gamma^0=\{\boldsymbol{p}_0\}\cup\{\boldsymbol{q}^0(t)\mid t\in\boldsymbol{R}\}$内充满周期轨道族 $q^a(t)$.

定义 Mel′nikov 函数为

$$M(t_0)=\int_{-\infty}^{\infty}\boldsymbol{f}(q^0(t-t_0))\wedge\boldsymbol{g}(q^0(t-t_0)t)\mathrm{d}t,$$

这里 $a\wedge b=a_1b_2-a_2b_1$ 为向量积的模.

30. Mel′nikov 定理

若 Mel′nikov 函数 $M(t_0)$ 以 t_0 为简单零点，即 $M(t_0)=0$，$M'(t_0)\neq 0$，则当 ε 充分小时，方程⑫有横截同宿点，从而方程的解出现混沌性态.

31. 孤立子

孤立子是由偏微分方程描述的一种有特殊性质的孤立波形状的解，其能量不会耗散或分散，当两个或多个能量不同的孤立波在前进时，能量高的波会逐渐赶上并越过能量低的波而保持各自的波形.

典型例题与解题技巧

基本题型Ⅰ：讨论微分方程组零解的稳定性态

思路点拨 讨论微分方程组零解的稳定性问题，有以下两种方法：

①根据一阶常系数线性微分方程组 $\frac{\mathrm{d}\boldsymbol{x}}{\mathrm{d}t}=\boldsymbol{A}\boldsymbol{x}$ 的稳定性定理和非线性微分方程组 $\frac{\mathrm{d}\boldsymbol{x}}{\mathrm{d}t}=\boldsymbol{A}\boldsymbol{x}+\boldsymbol{R}(\boldsymbol{x})$ 的零解的稳定性定理判别，两个定理都是根据特征方程 $\det(\boldsymbol{A}-\boldsymbol{\lambda}\boldsymbol{E})=0$ 的根来判断稳定性；

②利用李雅普诺夫第二方法研究系统的稳定性，这一方法的关键是寻找适当的 V 函数.

例 1 讨论方程组
$$\begin{cases}\dfrac{\mathrm{d}x}{\mathrm{d}t}=y-(x+1)((x+1)^2+2y^2)\\[2mm] \dfrac{\mathrm{d}y}{\mathrm{d}t}=-1-x-y((x+1)^2+2y^2)\end{cases}$$

解题过程 先将问题转化为讨论零解的稳定性令 $x=\xi-1$，$y=\eta$ 原方程组化为
$$\begin{cases}\dfrac{\mathrm{d}\xi}{\mathrm{d}t}=\eta-\xi(\xi^2+2\eta^2)\\[2mm] \dfrac{\mathrm{d}\eta}{\mathrm{d}t}=-\xi-\eta(\xi^2+2\eta^2)\end{cases}$$

原方程组的解 $x=-1$，$y=0$ 对应于上式的零解 $\xi=0$，$\eta=0$.

取定正函数 $V(\xi,\eta)=\xi^2+\eta^2$，则 $\frac{\mathrm{d}V}{\mathrm{d}t}=\eta-(\xi,\eta)=\xi^2+\eta^2$，则 $\frac{\mathrm{d}V}{\mathrm{d}t}=-2(\xi^2+\eta^2)(\xi^2+2\eta^2)\frac{\mathrm{d}V}{\mathrm{d}t}$ 定负，由定理 6.6 知上述方程组的零解是渐近稳定的，从而知原方程组的解 $x=-1$，$y=0$ 是渐近稳定的.

例 2 试用李雅普诺夫第二方法讨论方程组

$$\begin{cases}\dfrac{\mathrm{d}x}{\mathrm{d}t}=x+2y+yz-x^3\\[2ex]\dfrac{\mathrm{d}y}{\mathrm{d}t}=-x-y-xz-y^5\\[2ex]\dfrac{\mathrm{d}z}{\mathrm{d}t}=-3z+xy-z^3\end{cases}$$

零解的稳定性.

解题过程 由于方程组右端函数均为 x,y,z 的多项式，欲寻找 $a,b,c>0$ 使二次型函数

$$V(x,y,z)=ax^2+by^2+cz^2$$

为正定函数，而 $\dfrac{\mathrm{d}V}{\mathrm{d}t}$ 为定负函数.

为此，计算函数 $V(x,y,z)$ 沿所给方程组的轨线的全导数

$$\begin{aligned}\frac{\mathrm{d}V}{\mathrm{d}t}&=2ax(-x+2y+yz-x^3)+2by(-x-y-xz-y^5)+2cz(-3z+xy-z^3)\\&=2(2a-b)xy+2(a-b+c)xyz-2(ax^2+by^2+3cz^2)\\&\quad-2(ax^4+by^6+cz^4).\end{aligned}$$

选取 $a,b,c>0$ 使得 $2a-b=0,a-b+c=0$.

当取 $a=\dfrac{1}{2},b=1,c=\dfrac{1}{2}$ 时，$V(x,y,z)\dfrac{1}{2}x^2+y^2+\dfrac{1}{2}z^2$ 是定正的，而

$$\frac{\mathrm{d}V}{\mathrm{d}t}=-(x^2+2y^2+3z^2)-(x^4+2y^6+z^4).$$

是定负的，故原方程组的零解是渐近稳定的.

基本题型Ⅱ：确定微分系统的奇点及其类型

思路点拨 考虑微分方程组

$$\begin{cases}\dfrac{\mathrm{d}x}{\mathrm{d}t}=\boldsymbol{X}(x,y)\\[2ex]\dfrac{\mathrm{d}y}{\mathrm{d}t}=\boldsymbol{Y}(x,y)\end{cases},$$

满足 $\boldsymbol{X}(x,y)=0,\boldsymbol{Y}(x,y)=0$ 的点 (x^*,y^*) 为方程组的奇点. 取原微分方程组一次近似为 $\begin{cases}\dfrac{\mathrm{d}x}{\mathrm{d}t}=ax+by\\[2ex]\dfrac{\mathrm{d}y}{\mathrm{d}t}=cx+dy\end{cases}$，若系数满足 $\begin{vmatrix}a&b\\c&d\end{vmatrix}\neq0$，则奇点的类型可以依照特征方程 $\lambda^2-(a+b)\lambda+ad-bc=0$ 的根不同性质来确定.

例 3 确定系统 $\begin{cases}\dfrac{\mathrm{d}x}{\mathrm{d}t}=y\\ \dfrac{\mathrm{d}y}{\mathrm{d}t}=a(c-x^2)y-bc\end{cases}$ $\left(a>0,b>0,|c|\neq\dfrac{2\sqrt{b}}{a}\right)$的奇点及其类型.

解题过程 系统可写为 $\begin{cases}\dfrac{\mathrm{d}x}{\mathrm{d}t}=y\\ \dfrac{\mathrm{d}y}{\mathrm{d}t}=-bx+acy-ax^2y\end{cases}$

显然，$O(0,0)$是其唯一的奇点，取原系统的一次近似系统

$$\begin{cases}\dfrac{\mathrm{d}x}{\mathrm{d}t}=y\\ \dfrac{\mathrm{d}y}{\mathrm{d}t}=-bx+acy\end{cases}\tag{1}$$

特征方程为 $\begin{vmatrix}-\lambda & 1\\ -b & ac-\lambda\end{vmatrix}=\lambda^2-ac\lambda+b=0$

特征根为 $\lambda_{1,2}=\dfrac{ac\pm\sqrt{a^2c^2-4b}}{2}$.

(1)$c>0$，当 $a^2c^2>4b$ 时，即当 $c>\dfrac{2\sqrt{b}}{a}$ 时，两特征根 λ_1,λ_2 相异，且均大于 0，则奇点 $O(0,0)$为原系统的稳定结点；

当 $a^2c^2<4b$ 时，即当 $0<c<\dfrac{2\sqrt{b}}{a}$ 时，两特征根 λ_1,λ_2 为一对共轭复根，其实部均大于 0，则奇点 $O(0,0)$为原系统的不稳定焦点.

(2)$c<0$，当 $a^2c^2>4b$ 时，即当 $c<-\dfrac{2\sqrt{b}}{a}$ 时，两特征根 λ_1,λ_2 相异，且均小于 0，则奇点为 $O(0,0)$为原系统的稳定结点；

当 $a^2c^2<4b$ 时，即当 $-\dfrac{2\sqrt{b}}{a}<c<0$ 时，两特征根 λ_1,λ_2 为一对共轭复根，其实部均小于 0，则奇点 $O(0,0)$为原系统的稳定焦点.

(3)$c=0$ 两特征根 λ_1,λ_2 为一对共轭纯虚根，此时一次近似系统的奇点 $O(0,0)$为中心，原系统的奇点类型不能判断.

基本题型Ⅲ：证明或确定方程组的极限环及其稳定性

思路点拨 依据极限环及其稳定性的定义求解.

例 4 求方程组 $\begin{cases}\dfrac{\mathrm{d}x}{\mathrm{d}t}=-y-x(x^2+y^2-1),\\ \dfrac{\mathrm{d}y}{\mathrm{d}t}=x-y(x^2+y^2-1),\end{cases}$ ①

解题过程 作极坐标变换 $x=r\cos\theta, y=r\sin\theta$ 则

$$r^2=x^2+y^2, \frac{\mathrm{d}r}{\mathrm{d}t}=\cos\theta\frac{\mathrm{d}x}{\mathrm{d}t}+\sin\theta\frac{\mathrm{d}y}{\mathrm{d}t}$$

把方程组代入上式,整理可得

$$\frac{\mathrm{d}r}{\mathrm{d}t}=-r(r^2-1).$$

由 $\theta=\arctan\frac{y}{x}$ 得

$$\frac{\mathrm{d}\theta}{\mathrm{d}t}=\frac{x\frac{\mathrm{d}y}{\mathrm{d}t}-y\frac{\mathrm{d}x}{\mathrm{d}t}}{x^2+y^2},$$

将方程级代入上式,整理可得

$$\frac{\mathrm{d}\theta}{\mathrm{d}t}=1,$$

即原方程经极坐标变换后化为

$$\begin{cases}\frac{\mathrm{d}r}{\mathrm{d}t}=-r(r^2-1),\\ \frac{\mathrm{d}\theta}{\mathrm{d}t}=1.\end{cases} \quad ②$$

求解后可得两个特解

$$\begin{cases}r=0,\\ \theta=t-t_0,\end{cases} 及 \begin{cases}r=1\\ \theta=t-t_0\end{cases}.$$

可见,第一个特解就是奇点(0,0)第二个特解是以原点为中心,半径为 1 的圆.

方程组②的通解为

$$\begin{cases}r^2=\frac{c}{c+c^{-2t}},\\ \theta=t-t_0,\end{cases} \quad ③$$

不是闭轨,故 $r=1$ 是系统的极限环.

对轨线族③,当 $r>1$ 时,$\frac{\mathrm{d}r}{\mathrm{d}t}<0$,即 $t\to+\infty$,$r\to1$;

当 $r<1$ 时,$\frac{\mathrm{d}r}{\mathrm{d}t}>0$,即 $t\to+\infty$ 时,$r\to1$;而 $\theta(t)=t-t_0$,当 $t\to+\infty$ 时,$\theta(t)\to+\infty$,即当 $t\to+\infty$ 时,$r=1$ 两侧的轨线盘旋趋近于 1,所以 $x^2+y^2=1$ 是原方程的极限环.

课后习题全解

习题 6.1

1 对下列方程(a)求出其驻定解，并画出方程经过$(0,x_0)$的积分曲线走向(草图)，从而判断各驻定解的稳定性；(b)作变量变换，使各驻定解对应于新方程的零解：

(1)$\frac{dx}{dt}=Ax+Bx^2, A>0, B>0, -\infty<x_0<\infty$；　　(2)$\frac{dx}{dt}=x(x-1))(x-3)$；

(3)$\frac{dx}{dt}=x(1-x)(x-3)$.

解题过程 (1)令 $Ax+Bx^2=0, x=0$. 得到驻定解为 $x=0, x=-\frac{A}{B}$，积分曲线的走向图如图 6-1(a)所示，从图中如易见 $x=0$ 是不稳定驻定解，$x=-\frac{A}{B}$是稳定驻定解.

令 $y=x+\frac{A}{B}$得到新方程为

$$\frac{dy}{dt}=By(y-\frac{A}{B}).$$

该方程的零解对应于原方程的驻定解 $x=-\frac{A}{B}$.

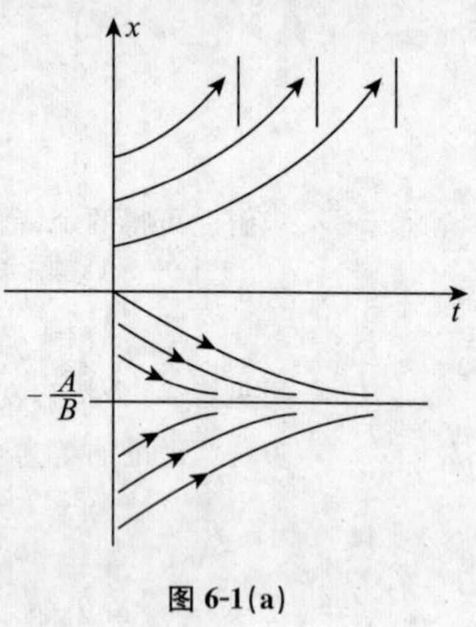

图 6-1(a)

(2)令 $x(x-1)(x-3)=0$ 得到驻定解为 $x=0, x=1, x=3$，积分曲线的走向图如图 6-1(b 所示). 从图中看出驻定的解 $x=0, x=3$ 是不稳定的，$x=1$ 是稳定的.

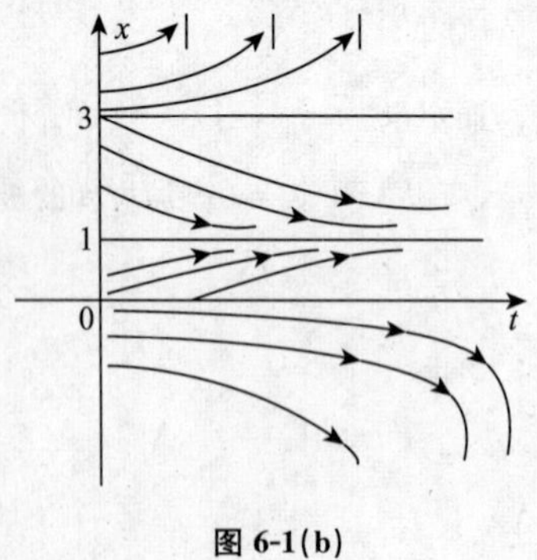

图 6-1(b)

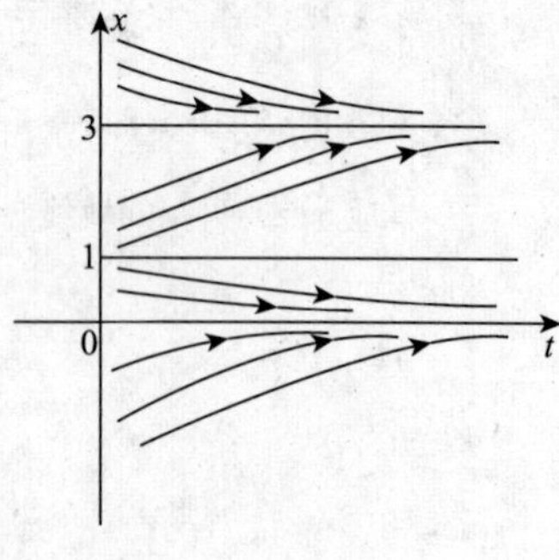

图 6-1(c)

令 $y=x-1$，得到的新方程$\frac{dy}{dt}=y(y+1)(y-3)$的零解对应原方程的驻定解 $x=1$，

令 $z=x-3$，则原方程的驻定解 $x=3$ 对应于新方程$\frac{dz}{dt}=3z(z+2)(z+3)$的零解.

(3)令 $x(1-x)(x-3)=0$ 得到驻定解为

$$x=0, x=1, x=3.$$

积分曲线的走向图如图 6-1(c)所示，从图中看出 $x=0$，$x=3$ 是稳定的，$x=1$ 是稳定的.

令 $y=x-1$，原方程的驻定解 $x=1$ 对应于新方程

$$\frac{dy}{dt}=-y(y+1)(y-2)$$

的零解.

令 $z=x-3$ 原方程的驻定解 $x=3$ 对应于新方程

$$\frac{dz}{dt}=-z(z+2)(z+3)$$

的零解.

2 直接由教材中(6.5)出发，讨论教材中方程(6.4)的解 $y_1(t)=0$ 和 $y_2(t)=\frac{A}{B}$ 的稳定性态(即稳定、渐近稳定、不稳定).

解题过程 由(6.5)知 $y=\dfrac{A}{B+\left(\frac{A}{y_0}-B\right)e^{-At}}$

①当 $A>0, B>0$ 时，(a)若 $y_0>\frac{A}{B}$，则$\frac{A}{y_0}-B<0$，当 t 增大时 y 是递减的；(b)若 $y_0<0$，则$\frac{A}{y_0}-B<-B<0$，可知 y 是递减的；(c)若 $0<y_0<\frac{A}{B}$，则$\frac{A}{y_0}-B>0$，y 是递减的；(d)当 $y_0=0$ 或 $y_0=\frac{A}{B}$ 时，它们是驻定解，轨线为水平直线. 由以下几种情况，容易看出 $y_1(t)=0$是不稳定的，$y_2(t)=\frac{A}{B}$是渐近稳定的.

②当 $A<0, B<0$ 时，与第①种情况类似，可以看到 $y_1(t)=0$ 是渐近稳定的，$y_2(t)=\frac{A}{B}$是不稳定的.

3 试求出下列方程组的所有驻定解，并讨论相应的驻定解的稳定性态：

(1)$\begin{cases}\frac{dx}{dt}=x(1-x-y),\\ \frac{dy}{dt}=\frac{1}{4}y(2-3x-y);\end{cases}$　　(2)$\begin{cases}\frac{dx}{dt}=9x-6y+4xy-5x^2,\\ \frac{dy}{dt}=6x-6y-5xy+4y^2;\end{cases}$

(3)$\begin{cases}\frac{dx}{dt}=y,\\ \frac{dy}{dt}=-x+\mu(y-x^2), \mu>0.\end{cases}$　　(4)$\begin{cases}\frac{dx}{dt}=y-x,\\ \frac{dx}{dt}=y-x^2-(x-y)\left(y^2-2xy+\frac{2}{3}x^3\right).\end{cases}$

解题过程 (1)令$(1-x-y)=0,\frac{1}{4}y(2-3x-y)=0$,得到解为

$$\begin{cases}x=0,\\y=0,\end{cases}\begin{cases}x=0,\\y=2,\end{cases}\begin{cases}x=1,\\y=0,\end{cases}\begin{cases}y=\frac{1}{2},\\y=\frac{1}{2}.\end{cases}$$

①在 $x=0,y=0$ 处的线性方程为

$$\begin{cases}\frac{dx}{dt}=x,\\\frac{dy}{dt}=\frac{1}{2}y.\end{cases}$$

易见驻定解 $x=0,y=0$ 是不稳定的.

②在 $x=0,y=2$ 处的线性方程为

$$\begin{cases}\frac{dx}{dt}=-x,\\\frac{dy}{dt}=-\frac{3}{2}x-\frac{1}{2}y.\end{cases}$$

易见特征方程根为 $\lambda_1=-1,\lambda_2=-\frac{1}{2}$,故此解是渐近稳定的.

③在 $x=1,y=0$ 处的线性方程为

$$\begin{cases}\frac{dx}{dt}=-x-y,\\\frac{dy}{dt}=-\frac{1}{4}y.\end{cases}$$

易知特征方程根为 $\lambda_1=-1,\lambda_2=-\frac{1}{4}$,故此解是渐近解稳定的.

④在 $x=\frac{1}{2},y=\frac{1}{2}$ 处的线性方程为

$$\begin{cases}\frac{dx}{dt}=-\frac{1}{2}(x+y),\\\frac{dy}{dt}=-\frac{1}{8}(3x+y),\end{cases}$$

经计算特征方程为 $\lambda^2+\frac{5}{8}\lambda-\frac{1}{8}=0$ 易知有特征根为正数,故此解是不稳定的.

(2)令 $9x-6y+4xy-5x^2=0,6x-6y-5xy+4y^2=0$,则得到驻定解为

$$\begin{cases}x=0,\\y=0,\end{cases}\begin{cases}x=1,\\y=2,\end{cases}\begin{cases}x=2,\\y=1.\end{cases}$$

①在 $x=0,y=0$ 处的线性方程为

$$\begin{cases}\frac{dx}{dt}=9x-6y,\\\frac{dy}{dt}=6x-6y,\end{cases}$$

特征方程为 $\lambda^2-15\lambda+90=0$，两特征根均有正实部，则此解是不稳定的.

②在 $x=1,y=2$ 处的线性方程为

$$\begin{cases}\dfrac{dx}{dt}=7x-2y,\\ \dfrac{dy}{dt}=-4x-3y,\end{cases}$$

特征方程为 $\lambda^2-4\lambda-29=0$，两特征根为一正一负，则此解也是不稳定的.

③在 $x=2,y=1$ 处的线性方程为

$$\begin{cases}\dfrac{dx}{dt}=-7x+2y,\\ \dfrac{dy}{dt}=x-8y,\end{cases}$$

特征方程为 $\lambda^2+15\lambda+54=0$，即得 $\lambda_1=-6,\lambda_2=-9$，则此解是渐近稳定的.

(3)令 $\begin{cases}y=0,\\ -x+\mu(y-x^2)=0,\end{cases}$ 则得到驻定解为

$$\begin{cases}x=0,\\ y=0,\end{cases}\quad\begin{cases}x=\dfrac{1}{\mu},\\ y=0.\end{cases}$$

①在 $x=0,y=0$ 处的线性方程为

$$\begin{cases}\dfrac{dx}{dt}=y,\\ \dfrac{dy}{dt}=-x+\mu y,\end{cases}$$

特征方程为 $\lambda^2-\mu\lambda+1=0$，故两特征根均有正实部，则此解是不稳定的.

②在 $x=-\dfrac{1}{\mu},y=0$ 处的线性方程为

$$\begin{cases}\dfrac{dx}{dt}=y,\\ \dfrac{dy}{dt}=x+\mu y,\end{cases}$$

特征方程为 $\lambda^2-\mu\lambda-1=0$，故两个特征根一正一负，则此解也是不稳定的.

(4)令 $\begin{cases}y-x=0,\\ y-x^2-(x-y)\left(y^2-2xy+\dfrac{2}{3}x^3\right)=0,\end{cases}$

则得到驻定解为

$$\begin{cases}x=0,\\ y=0,\end{cases}\quad\begin{cases}x=1,\\ y=1.\end{cases}$$

①在 $x=0,y=0$ 处的线性方程为

$$\begin{cases}\dfrac{dx}{dt}=-x+y,\\ \dfrac{dy}{dt}=y,\end{cases}$$

显然特征方程的根为 $\lambda_1=-1,\lambda_2=1$，则此解是不稳定的.

②在 $x=1,y=1$ 的线性方程为

$$\begin{cases}\dfrac{dx}{dt}=-x+y,\\ \dfrac{dy}{dt}=\dfrac{5}{3}x+\dfrac{2}{3}y,\end{cases}$$

特征方程为 $\lambda^2+\dfrac{1}{3}\lambda+1=0$，两特征根均有负实部，则此解是渐近稳定的.

4 研究下列方程零解的稳定性：

(1) $\dfrac{d^3x}{dt^3}+5\dfrac{d^2x}{dt^2}+6\dfrac{dx}{dt}+x=0$；

(2) $\dfrac{dx}{dt}=\mu x-y,\dfrac{dy}{dt}=\mu y-z,\dfrac{dz}{dt}=\mu z-x$（$\mu$ 为常数）；

(3) $\begin{cases}\dfrac{dx}{dt}=-x-y+z,\\ \dfrac{dy}{dt}=x-2y+2z,\\ \dfrac{dz}{dt}=x+2y+z.\end{cases}$

解题过程 (1)特征方程为

$$\lambda^3+5\lambda^2+6\lambda+1=0,$$

其赫尔维茨行列式

$$a_0=1,a_1=5,\Delta_2=\begin{vmatrix}5&1\\1&6\end{vmatrix}=29,a_3=1.$$

根据定理 3，特征方程所有根均有负实部，由教材的定理 2 知零解是渐近稳定的.

(2)特征方程为

$$\begin{vmatrix}\mu-\lambda&-1&0\\0&\mu-\lambda&-1\\-1&0&\mu-1\end{vmatrix}=x^3-3\mu x^2+3\mu^2x+1-\mu^3=0$$

其赫尔维茨行列式

$$a_0=1,a_1=-3\mu,\Delta_2=\begin{vmatrix}-3\mu&1\\1-\mu^3&3\mu^2\end{vmatrix}=-8\mu^3-1,a_3=1-\mu^3.$$

①当 $\mu<-\dfrac{1}{2}$ 时，$a_1>0,\Delta_2>0,a_3>0$，由教材的定理 3 知特征方程所有根均有负实部，再由教材的定理 2 知零解是渐近稳定的.

②当 $\mu=-\dfrac{1}{2}$ 时，容易验证 3 个特征根均为负实部，故是稳定的.

③当 $\mu=-\dfrac{1}{2}$ 时，有特征根具有正实部，故零解是不稳定的.

(3)特征方程为

$$\begin{vmatrix} -1-\lambda & -1 & 1 \\ 1 & -2-\lambda & 2 \\ 1 & 2 & 1-\lambda \end{vmatrix} = \lambda^3+2\lambda^2-5\lambda-9=0$$

其赫尔维茨行列式

$$a_0=1, a_1=2, \Delta_2=\begin{vmatrix} 2 & 1 \\ -9 & -5 \end{vmatrix}=-1, a_3=-9,$$

所以零解是不稳定的.

5 某自激振动系统以数学形式表示如下(范德波尔方程):

$$\frac{d^2x}{dt^2}+\mu(x^2-1)\frac{dx}{dt}+x=0(\mu>0),$$

试讨论系统的平衡状态(即驻定解)的稳定性态.

解题过程 令 $y=\frac{dx}{dt}$,则有 $y'=\frac{dy}{dz}=\frac{d^2x}{dt^2}=\frac{dy}{dt}$,于是原方程等价于以下方程组

$$\begin{cases} \frac{dx}{dt}=y, \\ \frac{dy}{dt}=-x+\mu(1-x^2)y. \end{cases}$$

令 $y=0, -x+\mu(1-x^2)y=0$,则得驻定解为

$$\begin{cases} x=0, \\ y=0, \end{cases}$$

对应线性方程组为

$$\begin{cases} \frac{dx}{dt}=y, \\ \frac{dy}{dt}=-x+\mu y, \end{cases}$$

其特征方程为 $\lambda^2-\mu\lambda+1=0$,由于 $\mu>0$ 的两个特征根具有正实部,于是驻定解不稳定.

习题 6.2

1 试判别下列函数的定号性:

(1)$V(x,y)=x^2$; (2)$V(x,y)=x^2-2xy^2$;

(3)$V(x,y)=x^2-2xy^2+y^4+x^4$; (4)$V(x,y)=x^2+2xy+y^2+x^2y^2$;

(5)$V(x,y)=x\cos x+\sin y$.

解题过程 (1)$V(x,y)=2x\geqslant0$ 是常正的.

(2)$V(x,y)=x^2-2xy^2$ 是不定号的.

(3)$V(x,y)=x^2-2xy^2+y^4+x^4=(x-y^2)^2+x^2$ 是定正的.

(4)$V(x,y)=x^2+2xy+y^2+x^2y^2=(x+y)^2+x^2y^2$ 是定正的.

(5)$V(x,y)=x\cos x+y\sin y$ 是不定号的.

2 试用形如 $V(x,y)=ax^2+by^2$ 的李雅普诺夫函数确定下列方程组零解的稳定性:

(1)$\frac{dx}{dt}=-xy^2,\frac{dy}{dt}=-yx^2$;

(2)$\frac{dx}{dt}=-x+xy^2,\frac{dy}{dt}=-2x^2y-y^3$;

(3)$\frac{dx}{dt}=-x+2y^3,\frac{dy}{dt}=-2xy^2$;

(4)$\frac{dx}{dt}=x^3-2y^3,\frac{dy}{dt}=xy^2+x^2y+\frac{1}{2}y^3$.

解题过程 (1)取 $V(x,y)=x^2+y^2$,则

$$\frac{dV}{dt}=\frac{\partial V}{\partial x}\cdot\frac{dx}{dt}+\frac{\partial V}{\partial y}\cdot\frac{dy}{dt}=2x(-xy^2)+2y(-yx^2)=-4x^2y^2,$$

所以方程组的零解是稳定的.

(2)取 $V(x,y)=2x^2+y^2$,则

$$\frac{dV}{dt}=\frac{\partial V}{\partial x}\cdot\frac{dx}{dt}+\frac{\partial V}{\partial y}\cdot\frac{dy}{dt}=4x(-x+xy^2)+2y(-2xy-y^3)=-4x^2-2y^4,$$

所以给定的方程组的零解是渐近稳定的.

(3)取 $V(x,y)=x^2+y^2$,则

$$\frac{dV}{dt}=\frac{\partial V}{\partial x}\cdot\frac{dx}{dt}+\frac{\partial V}{\partial y}\cdot\frac{dy}{dt}=2x(-x+2y^3)+2y(-2xy^2)=-2x^2,$$

所以给定方程组的零解是渐近稳定的.

(4)取 $V(x,y)=x^2+2y^2$,则

$$\frac{dV}{dt}=\frac{\partial V}{\partial x}\cdot\frac{dx}{dt}+\frac{\partial V}{\partial y}\cdot\frac{dy}{dt}$$

$$=2x(x^3-2y^3)+4y(xy^2+x^2y+\frac{1}{2}y^3)=2x^4+4x^2y^2+2y^4,$$

所以给定方程组的零解是不稳定性的.

3 研究下列方程组零解的稳定性:

(1)$\frac{dx}{dt}=-x-y+(x-y)(x^2+y^2),\frac{dy}{dt}=x-y+(x+y)(x^2+y^2)$;

(2)$\frac{dx}{dt}=-y^2+x(x^2+y^2),\frac{dy}{dt}=-x^2-y^2(x^2-y^2)$;

(3)$\frac{dx}{dt}=-xy^6,\frac{dy}{dt}=y^3x^4$;

(4)$\frac{dx}{dt}=ax-xy^2,\frac{dy}{dt}=2x^4y$($a$ 为参数);

(5)$\frac{dx}{dt}=ax-y^2,\frac{dy}{dt}=2x^3y$($a$ 为参数).

解题过程 对应线性方程组

$$\begin{cases}\frac{dx}{dt}=-x-y,\\ \frac{dy}{dt}=x-y,\end{cases}$$

的特征方程 $\lambda^2+2\lambda+2=0$. 易见两个特征均有负实部,故线性方程组的零解是渐近稳定

的，由教材的定理 2 知，原方程组的零解也是渐近稳定的.

(2)取 $V(x,y)=x^2+y^2$，则

$$\frac{dV}{dt}=\frac{\partial V}{\partial x}\cdot\frac{\partial V}{\partial y}\cdot\frac{dy}{dt}=2x[-y^2+x(x^2+y^2)]+2y[-x^2-y^2(x^2-y^2)].$$

当 $x=0$ 时，$\frac{dV}{dt}=2y^5$，易知它是不定号的，所以给定方程组的零解是不稳定的.

(3)取 $V(x,y)=x^2+y^2$，则

$$\frac{dV}{dt}=\frac{\partial V}{\partial x}\cdot\frac{dx}{dt}+\frac{\partial V}{\partial y}\cdot\frac{dy}{dt}=2x(-xy^6)+2y(y^3x^4)=2x^2y^4(x^2-y^2),$$

当 $x^2>y^2$ 时，$\frac{dV}{dt}>0$；当 $x^2<y^2$ 时，$\frac{dV}{dt}<0$，所以给定方程组的零解是不稳定的.

(4)取 $V(x,y)=x^4+y^2$，则

$$\frac{dV}{dt}=\frac{\partial V}{\partial x}\cdot\frac{dx}{dt}\cdot\frac{\partial V}{\partial y}\cdot\frac{dy}{dt}=4x^3(ax-xy^2)+2y(2x^3y)=4ax^4,$$

则给定方程组的零解当 $a<0$ 时是渐近稳定的；当 $a=0$ 时是稳定的；当 $a>0$ 时是不稳定的.

(5)取 $V(x,y)=x^4+y^2$ 则

$$\frac{dV}{dt}=\frac{\partial V}{\partial x}\cdot\frac{dx}{dt}+\frac{\partial V}{\partial y}\cdot\frac{dy}{dt}=4x^3(ax-y^2)+2y(2x^3y)=4ax^4,$$

则给定方程组的零解，当 $a<0$ 时是渐近稳定的；当 $a=0$ 时是稳定的；当 $a>0$ 时是不稳定的.

4 给定方程组微分方程组 $\frac{dx}{dt}=y-xf(x,y)$，$\frac{dy}{dt}=-x-yf(x,y)$，其中 $f(x,y)$ 有连续一阶偏导数. 试证明在原点邻域内若 $f>0$ 则零解为渐近稳定的，而 $f<0$ 则零解不稳定.

解题过程 取 $V(x,y)=\frac{1}{2}(x^2+y^2)$，则

$$\begin{aligned}\frac{dV}{dt}&=\frac{\partial V}{\partial x}\cdot\frac{dx}{dt}+\frac{\partial V}{\partial y}\cdot\frac{dy}{dt}\\&=x[y-xf(x,y)]+y[-x-yf(x,y)]=-(x^2+y^2)f(x,y),\end{aligned}$$

所以在原点领域内若 $f(x,y)>0$，则零解是渐近稳定的，而 $f(x,y)<0$，则零解是不稳定的.

5 给方程

$$\frac{d^2x}{dt}+f(x)=0,$$

其中 $f(0)=0$，而当 $x\neq0$ 时，$xf(x)>0(-k<x<k)$，试将其化为平面方程组，并用形如

$$V(x,y)=\frac{1}{2}y^2+\int_0^x f(s)ds$$

的李雅普诺夫函数讨论方程组零解的稳定性.

解题过程 令 $y=\frac{dx}{dt}$ 将原方程零解化为平面方程组

$$\begin{cases}\dfrac{dx}{dt}=y,\\ \dfrac{dy}{dt}=-f(x).\end{cases}$$

取 $V(x,y)=\frac{1}{2}y^2\int_0^x(s)ds$,则

$$\frac{dV}{dt}=\frac{\partial V}{\partial x}\cdot\frac{dx}{dt}+\frac{\partial V}{\partial y}\cdot\frac{dy}{dt}=f(x)\cdot y+y\cdot(-f(x))=0,$$

所以方程组的零解是稳定的.

6 方程组

$$\frac{dx}{dt}=y-x^3,\frac{dy}{dt}=-2(x^3+t^5)$$

能否由线性近似方程决定其稳定性问题？试寻求李雅普诺夫函数以解决这方程组的零解的稳定性问题，同时变动高次项使新方程的零解为不稳定的.

解题过程 因为对应线性近似方程的特征方程的两个特征值均为零，所以原方程组的稳定性不能由线性近似方程决定.

取 $V(x,y)=x^4+y^2$,则

$$\frac{dV}{dt}=\frac{\partial V}{\partial x}\cdot\frac{dx}{dt}+\frac{\partial V}{\partial y}\cdot\frac{dy}{dt}=4x^3(y-x^3)+2y(-2x^3-2y^5)=-4(x^6+y^6),$$

所以给定方程组的零解是渐近稳定的.

7 试将下列线性方程化成线性方程组，然后对方程组求二型 V 函数 $V(\boldsymbol{x})=\boldsymbol{x}^T\boldsymbol{B}\boldsymbol{x}$ 使其通过方程组的全导数 $\frac{dV}{dt}=-\boldsymbol{x}^T\boldsymbol{x}$，并判断函数 $V(x)$ 的定号性：

(1) $\frac{d^2y}{dt^2}+6\frac{dy}{dt}+9y=0$；　　(2) $\frac{d^3y}{dt^3}+5\frac{d^2y}{dt^2}+6\frac{dy}{dt}+y=0$.

解题过程 (1)令 $x_1=y,x_2=\frac{dy}{dt}$将原方程化为线性方程组

$$\begin{cases}\dfrac{dx_1}{dt}=x_2,\\ \dfrac{dx_1}{dt}=-9x_1-6x_2.\end{cases}$$

取　$V(\boldsymbol{x})=\boldsymbol{x}^T\boldsymbol{B}\boldsymbol{x}=b_1x_1^2+2b_3x_1x_2+b_2x_2^2$,则

$$\frac{dV}{dt}=-18b_3x_1^2+(2b_1-18b_2-12b_3)x_1x_2+(2b_3-12b_2)x_2^2,$$

令　$\frac{dV}{dt}=-\boldsymbol{x}^T\boldsymbol{x}=-x_1^2-x_2^2$,得到方程组

$$\begin{cases}18b_3=1,\\ 2b_1-12b_3-18b_2=0,\\ 2b_3-12b_2=-1,\end{cases}$$

解得 $b_1=\frac{7}{6}, b_2=\frac{5}{54}, b_3=\frac{1}{18}$,所以得到

$$\boldsymbol{B}=\begin{bmatrix}\frac{7}{6} & \frac{1}{18}\\ \frac{1}{18} & \frac{5}{54}\end{bmatrix}.$$

由于 $\det\boldsymbol{B}=\frac{17}{162}>0$,故 $V(x)$是定正的.

(2)令 $x_1=y, x_2=\frac{\mathrm{d}y}{\mathrm{d}t}, x_3=\frac{\mathrm{d}^2y}{\mathrm{d}t^2}$将原方程化为线性方程组

$$\begin{cases}\frac{\mathrm{d}x_1}{\mathrm{d}t}=x^2,\\ \frac{\mathrm{d}x^2}{\mathrm{d}t}=x_3,\\ \frac{\mathrm{d}x_3}{\mathrm{d}t}=-x_1-6x_2-5x_3.\end{cases}$$

取 $V(\boldsymbol{x})=\boldsymbol{x}^T\boldsymbol{B}\boldsymbol{x}=[x_1\quad x_2\quad x_3]\begin{bmatrix}b_1 & b_4 & b_5\\ b_4 & b_2 & b_6\\ b_5 & b_6 & b_3\end{bmatrix}\begin{bmatrix}x_1\\ x_2\\ x_3\end{bmatrix}$,则

$$\frac{\mathrm{d}V}{\mathrm{d}t}=-2b_5x_1^2+(2b_4-12b_6)x_2^2+(2b_6-10b_3)x_3^2+(2b_1-12b_5-2b_6)x_1x_2$$
$$+(2b_4-2b_3-10b_5)x_1x_3+(2b_2-12b_3+2b_5-10b_6)x_2x_3.$$

令 $\frac{\mathrm{d}V}{\mathrm{d}t}=-\boldsymbol{x}^T\boldsymbol{x}=-x_1^2-x_2^2-x_3^2$,得到方程组

$$\begin{cases}b_5=\frac{1}{2},\\ 2b_4-12b_6=-1,\\ 2b_6-10b_3=-1,\\ 2b_1-12b_5-2b_6=0,\\ 2b_4-2b_3-10b_5=0,\\ 2b_2-12b_3+2b_5-10b_6=0,\end{cases}$$

解得 $b_1=3\frac{31}{58}, b_2=3\frac{12}{29}, b_3=\frac{6}{29}, b_4=2\frac{41}{58}, b_5=\frac{1}{2}, b_6=\frac{31}{58}$,所以得到

$$\boldsymbol{B}=\begin{bmatrix}3\frac{31}{58} & 2\frac{41}{58} & \frac{1}{2}\\ 2\frac{41}{58} & 3\frac{12}{29} & \frac{31}{58}\\ \frac{1}{2} & \frac{31}{58} & \frac{6}{29}\end{bmatrix},$$

由于矩阵 $\boldsymbol{B}$ 的各阶顺序式均大于 0,故 $V(x)$是定正的.

8 给定线性方程组

$$\frac{\mathrm{d}x_1}{\mathrm{d}t}=5x_1-x_2,\frac{\mathrm{d}x_2}{\mathrm{d}t}=3x_1+x_2,$$

试求出二次型 V 函数 $V(\boldsymbol{x})=\boldsymbol{x}^{\mathrm{T}}\boldsymbol{B}\boldsymbol{x}$ 使其通过上述方程组的全导数

$$\frac{\mathrm{d}V}{\mathrm{d}t}=x_1^2+2x_1x_2+4x_2^2,$$

并判断函数 $V(x)$ 的定号性.

解题过程 取 $V(\boldsymbol{x})=\boldsymbol{x}^{T}\boldsymbol{B}\boldsymbol{x}=[x_1\quad x_2]\begin{bmatrix}b_1 & b_3\\ b_3 & b_2\end{bmatrix}\begin{bmatrix}x_1\\ x_2\end{bmatrix}$,则

$$\frac{\mathrm{d}V}{\mathrm{d}t}=(10b_1+6b_3)x_1^2+(2b_2-2b_3)x_2^2+(6b^2-2b_1+12b_3)x_1x_2.$$

令 $\dfrac{\mathrm{d}V}{\mathrm{d}t}=x_1^2+2x_1x_2+4x_2^2$,则有

$$\begin{cases}10b_1+6b_3=1,\\ 6b_2-2b_1+12b_3=2,\\ 2b_2-2b_3=4,\end{cases}$$

解得 $b_1=\dfrac{39}{96},b_2=\dfrac{143}{96},b_3=-\dfrac{49}{96}$,所以得到

$$\begin{bmatrix}\dfrac{39}{96} & -\dfrac{49}{96}\\ -\dfrac{49}{96} & \dfrac{143}{96}\end{bmatrix},$$

从而二次型 V 函数为 $V(x)=\dfrac{1}{96}(39x_1^2-98x_1x_2+143x_2^2)$ 由于矩阵 $\boldsymbol{B}$ 的各阶顺序主子式均大于 0,故 $V(x)$ 是定正的.

习题 6.3

1 试求下列线性方程组的奇点,并通过变换将奇点变为原点,进一步判断奇点的类型及稳定性:

(1) $\dfrac{\mathrm{d}x}{\mathrm{d}t}=-x-y+1,\dfrac{\mathrm{d}y}{\mathrm{d}t}=x-y-5$;

(2) $\dfrac{\mathrm{d}x}{\mathrm{d}t}=2x-7y+19,\dfrac{\mathrm{d}y}{\mathrm{d}t}=x-2y+5$.

解题过程 (1)令 $-x-y+1=0,x-y-5=0$,经解得 $x=3,y=-2$,即奇点为 $(3,-2)$. 再令 $z=x-3,\eta=y+2$,则原方程组变为

$$\begin{cases}\dfrac{\mathrm{d}z}{\mathrm{d}t}=-z-\eta,\\ \dfrac{\mathrm{d}\eta}{\mathrm{d}t}=z-\eta.\end{cases}$$

这里 $a=-1,b=-1,c=1,d=-1,p=-(a+b)=2,q=ab-bc=2,p^2-4q=4-8=-4<0$,则由教材中图(6.10)可得该奇点是稳定焦点.

(2)令 $2x-7y+19=0$，$x-2y+5=0$，解得 $x=1$，$y=3$，即奇点为(1,3). 令 $z=x-1$，$\eta=y-3$，则原方程组变为

$$\begin{cases}\dfrac{dz}{dt}=2z-7\eta,\\ \dfrac{d\eta}{dt}=z-2\eta,\end{cases}$$

这里 $a=2$，$b=-7$，$c=1$，$d=-2$，$p=-(a+b)=0$，$q=0$，$q=ab-bc=3$，$p^2-4q=0-12=0-12=-12<0$，则教材中图(6.10)可得该奇点是中心奇点.

2 讨论方程组

$$\frac{dx}{dt}=ax+by,\frac{dy}{dt}=cy$$

的奇点类型，其中 a,b,c 为实数且 $ac\neq0$.

解题过程 显然方程组有唯一奇点(0,0)，由方程组知：

当 $ac<0$ 时，原点(0,0)为鞍点；

当 $ac>0$，$a\neq c$，$a>0$ 时，(0,0)为不稳定的结点；

当 $ac>0$，$a\neq c$，$a<0$ 时，(0,0)为稳定结点；

当 $a=c$，$b\neq0$，$a>0$ 时，(0,0)为不稳定退化结点；

当 $a=c$，$b\neq0$，$a<0$ 时，(0,0)为稳定退化结点

当 $a=c>0$，$b=0$ 时，(0,0)为不稳定临界结点；

当 $a=c<0$，$b=0$ 时，(0,0)为稳定临界结点.

3 对线性方程组

$$\frac{dx}{dt}=ax+by,\frac{dy}{dt}=cx+dy,$$

其中 a,b,c,d 为实常数，记 $p=-(a+d)$，$q=ad-bc$，$\Delta=p^2-4q$，

(1)试用 p,q,Δ 的符号确定方程组的可能奇点的可能类型(鞍点，结点，焦点，中心)；

(2)试用 p,q 的符号确定方程组的零解的稳定性.

解题过程 (1)当 $q<0$ 时，奇点为鞍点；

当 $q>0$，$p=0$ 时，奇点为中心奇点；

当 $q>0$，$\Delta<0$，$p\neq0$ 时，奇点为焦点；

当 $q>0$，$\Delta\geqslant0$，$p\neq0$ 时，奇点为结点；

当 $q=0$ 时，存在奇点.

(2)当 $q<0$ 时，零解为鞍点，是不稳定的；

当 $q>0$，$p>0$ 时，零解是稳定的；

当 $q>0$，$p<0$ 时，零解是不稳定的；

当 $q>0$，$p=0$ 时，零解是稳定的中心奇点.

4 LRC 振动回路（如图 6-2 所示）使电流变化规律满足微分方程

$$L\frac{\mathrm{d}^2I}{\mathrm{d}t^2}+R\frac{\mathrm{d}I}{\mathrm{d}t}+\frac{1}{C}=0(L>0,R\geqslant 0,C>0),$$

讨论这一系统的平衡状态（即方程的奇点）的可能类型.

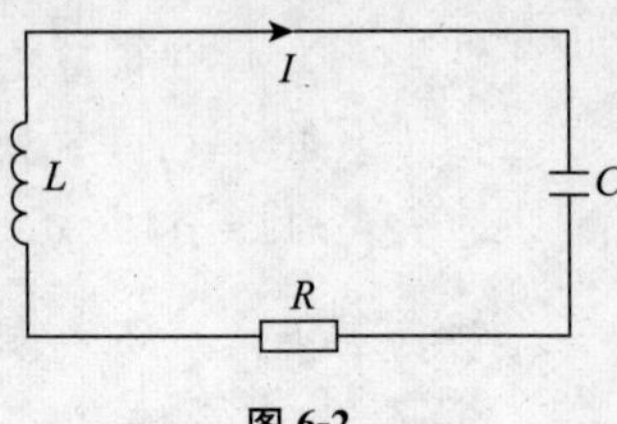

图 6-2

解题过程 令 $x=1,y=\frac{\mathrm{d}I}{\mathrm{d}t}$原方程等价于方程组

$$\begin{cases}\frac{\mathrm{d}x}{\mathrm{d}t}=y,\\ \frac{\mathrm{d}y}{\mathrm{d}t}=-\frac{1}{LC}x-\frac{R}{L}y.\end{cases}$$

显然此方程有唯一的奇点$(0,0)$，利用上一题的结论，

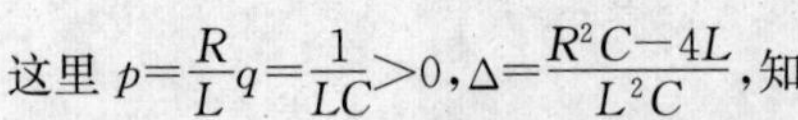

这里 $p=\frac{R}{L}q=\frac{1}{LC}>0,\Delta=\frac{R^2C-4L}{L^2C}$，知

当 $R>0,R^2C-4L>0$ 时，$(0,0)$为稳定结点；

当 $R>0,R^2C-4L=0$ 时，$(0,0)$为稳定退化结点；

当 $R>0,R^2C-4L<$时，$(0,0)$为稳定焦点；

当 $R=0$，$(0,0)$为中心奇点.

习题 6.4

1 试确定下列方程组的周期解、极限环，并讨论极限环的稳定性：

(1) $\begin{cases}\frac{\mathrm{d}x}{\mathrm{d}t}=-y-x(x^2+y^2-1)^2,\\ \frac{\mathrm{d}y}{\mathrm{d}t}=x-y(x^2+y^2-1)^2;\end{cases}$

(2) $\begin{cases}\frac{\mathrm{d}x}{\mathrm{d}t}=y-\frac{x}{\sqrt{x^2+y^2}}(x^2+y^2-1),\\ \frac{\mathrm{d}y}{\mathrm{d}t}=-x-\frac{y}{\sqrt{x^2+y^2}}(x^2+y^2-1),\end{cases}$ 当 $x^2+y^2\neq 0$，

$\frac{\mathrm{d}x}{\mathrm{d}t}=\frac{\mathrm{d}y}{\mathrm{d}t}=0$，当 $x^2+y^2=0$；

(3) $\begin{cases}\frac{\mathrm{d}x}{\mathrm{d}t}=x(x^2+y^2-1)(x^2+y^2-9)-y(x^2+y^2-4),\\ \frac{\mathrm{d}y}{\mathrm{d}t}=y(x^2+y^2-1)(x^2+y^2-9)+x(x^2+y^2-4).\end{cases}$

解题过程 (1)作变换 $x=r\cos\theta,y=r\sin\theta$，原方程组可化为

$$\begin{cases}\frac{\mathrm{d}r}{\mathrm{d}t}=-r(r^2-1)^2,\\ \frac{\mathrm{d}\theta}{\mathrm{d}t}=1,\end{cases}$$

求解上面方程组，得到两个特解

$$\begin{cases}r=0,\\ \theta=t-t_0,\end{cases}\quad 及\begin{cases}r=1,\\ \theta=t-t_0.\end{cases}$$

故原方程组有一奇点(0,0),一个周期解 $x^2+y^2=1$. 易判断周期解 $x^2+y^2=1$ 是半稳定的极限环.

(2)作变换 $x=r\cos\theta, y=r\sin\theta$,原方程组可化为

$$\begin{cases}\dfrac{dr}{dt}=-(r^2-1),\\ \dfrac{d\theta}{dt}=1,\end{cases}$$

求解上面方程组,得到解为

$$\begin{cases}r=1,\\ \theta=-(t-t_0).\end{cases}$$

故原方程组有唯一的周期解 $x^2+y^2=1$,易判断此周期解是稳定的极限环.

(3)作变换 $x=r\cos\theta, y=r\sin\theta$,原方程组可化为

$$\begin{cases}\dfrac{dr}{dt}=r(r^2-1)(r^2-9),\\ \dfrac{d\theta}{dt}=r^2-4.\end{cases}$$

显然原方程组有一奇点(0,0),两个周期解 $x^2+y^2=1, x^2+y^2=9$.

先考虑 $r=1$ 内部轨线,由 $\dfrac{d\theta}{dt}<0$ 知轨线沿顺时针方向,又由 $\dfrac{dr}{dt}>0$ 且 $r\leqslant1$,易知 $\lim\limits_{t\to+\infty}r(t)=1$,同样在 $r=1$ 外部轨线,有 $\lim\limits_{t\to+\infty}r(t)=1$. 因而 $r=1$ 是稳定极限环.

再考虑 $r=3$ 内部轨线,$2<r<3$,由 $\dfrac{d\theta}{dt}>0$ 知轨线沿递时针方向. 又由 $\dfrac{dr}{dt}<0$,且 $r\leqslant3$,易知 $\lim\limits_{t\to+\infty}r(t)=3$. 同样在 $r=3$ 的外部轨线,有 $\lim\limits_{t\to+\infty}r(t)=3$,因此 $r=3$ 是不稳定极限环.

2 试判别下列方程组有无极限环存在:

(1) $\begin{cases}\dfrac{dx}{dt}=x+y+\dfrac{1}{3}x^3-y^2x,\\ \dfrac{dy}{dt}=-x+y+yx^2+\dfrac{2}{3}y^3;\end{cases}$
(2) $\begin{cases}\dfrac{dx}{dt}=-2x+y-2xy^2,\\ \dfrac{dy}{dt}=y+x^3-x^2y;\end{cases}$

(3) $\begin{cases}\dfrac{dx}{dt}=y-x+x^3,\\ \dfrac{dy}{dt}=-x-y+y^3.\end{cases}$

解题过程 (1)设

$$\begin{cases}\dfrac{dx}{dt}=x+y+\dfrac{1}{3}x^3-y^2x=P(x,y),\\ \dfrac{dy}{dt}=-x+y+yx^2+\dfrac{2}{3}y^2=Q(x,y),\end{cases}$$

则

$$\frac{\partial P(x,y)}{\partial x}+\frac{\partial Q(x,y)}{\partial y}=1+x^2-y^2+1+x^2+2y^2=2+2x^2+y^2>0,$$

故由定理 9 知原方程组无极限环.

(2)设 $\begin{cases}\dfrac{\mathrm{d}x}{\mathrm{d}t}=-2x+y-2xy^2=P(x,y),\\ \dfrac{\mathrm{d}y}{\mathrm{d}t}=y+x^3-x^2y=Q(x,y),\end{cases}$

则 $$\frac{\partial P(x,y)}{\partial x}+\frac{\partial Q(x,y)}{\partial y}=-2-2y^2+1-x^2=-1-x^2-2y^2<0,$$

故由定理 9 知原方程组无极限环.

(3)作变换 $x=r\cos\theta,y=r\sin\theta$,原方程组可化为

$$\begin{cases}\dfrac{\mathrm{d}r}{\mathrm{d}t}=r[r^2(\sin^4\theta+\cos^4\theta)-1],\\ \dfrac{\mathrm{d}\theta}{\mathrm{d}t}=-1+r^2\sin\theta\cdot\cos\theta(\sin^2\theta-\cos^2\theta).\end{cases}$$

由于 $\sin^4\theta+\cos^4\theta=1-2\sin^2\theta\cos^2\theta,\theta\in\left[\frac{1}{2},1\right]$. 因而当 $r<1$,时,$\frac{\mathrm{d}r}{\mathrm{d}t}<0$;当 $r^2>2$ 时,$\frac{\mathrm{d}r}{\mathrm{d}t}>0$. 则在环域 $1<r^2<2$ 内存在极限环,并且是不稳定的.

3 考虑方程组

$$\frac{\mathrm{d}x}{\mathrm{d}t}=X(x,y),\frac{\mathrm{d}y}{\mathrm{d}t}=Y(x,y),$$

其中函数 $X(x,y),Y(x,y)$ 在单连通区域 D 内有连续偏导数,假设存在函数 $B(x,y)$ 其一阶偏导数于域 D 内连续,且

$$\frac{\partial}{\partial x}(BX)+\frac{\partial}{\partial y}(BY)$$

不变号和不恒等于零,试证明上述方程组于域 D 内不存在任何周期解.

解题过程 用反证法证明,假设方程组在域 D 内存在周期解,即在相平面上的闭轨线,设其为 C,并设 C 所包围的区域为 G,则由 Green 公式有

$$\oint_c BX\mathrm{d}y-BY\mathrm{d}x=\iint_D\left(\frac{\partial(BX)}{\partial x}+\frac{\partial(BY)}{\partial y}\right)\mathrm{d}x\mathrm{d}y.$$

由假设$\frac{\partial}{\partial x}(BX)+\frac{\partial}{\partial y}(BY)\neq 0$ 可知上式右端不等于零,而左端

$$\begin{aligned}\oint_c BX\mathrm{d}y-BY\mathrm{d}x&=\oint_c\left(BX\cdot\frac{\mathrm{d}y}{\mathrm{d}t}-BY\cdot\frac{\mathrm{d}x}{\mathrm{d}t}\right)\mathrm{d}t\\&=\oint_c(BXY-BXY)\mathrm{d}t\\&=0,\end{aligned}$$

矛盾,因而原方程组在域 D 内不存在周期解.

4 证明方程

$$\frac{\mathrm{d}^2x}{\mathrm{d}t^2}+ax+b\frac{\mathrm{d}x}{\mathrm{d}t}-\alpha x^2-\beta\left(\frac{\mathrm{d}x}{\mathrm{d}t}\right)^2=0$$

没有极限环存在,其中 a,b,α,β 为常数,且 $b\neq 0$.(提示:利用上题结果.)

解题过程 令 $x_1=x, x_2=\frac{dx_1}{dt}$，则原方程可化为

$$\begin{cases}\frac{dx_1}{dt}=x_2=X(x_1,x_2),\\ \frac{dx_2}{dt^2}=\alpha x_1^2+\beta x_2^2-ax_1-bx_2=Y(x_1,x_2).\end{cases}$$

易见，函数 $X(x_1,x_2)$，$Y(x_1,x_2)$ 在整个二维平面内有连续内有连续偏导数，取 $B(x_1,x_2)=be^{-2\beta\tau_1}$ 则有

$$\begin{aligned}\frac{\partial}{\partial x_1}(BX)+\frac{\partial}{\partial x_2}(BY)&=-2\beta be^{-2\beta\tau_1}x_2+2\beta be^{-2\beta\tau_1}x_2-b^2e^{-2\beta\tau_1}\\&=-b^2e^{-2\beta\tau_1}.\end{aligned}$$

由于 $b\neq0$，因而上式不变号且不恒等于零，因此由上题结果知，此方程没有极限环存在.

5 证明下列方程（组）存在唯一的稳定极限环：

(1) $\begin{cases}\frac{dx}{dt}=y,\\ \frac{dy}{dt}=-x+y-x^5-3x^2y;\end{cases}$

(2) $\frac{d^2x}{dt^2}+\alpha(x^{2n}-\beta)\frac{dx}{dt}+\gamma x^{2m-1}=0$（$\alpha,\beta,\gamma$ 为正常数，n,m 为正整数）.

解题过程 (1)原方程组等价线性微分方程

$$\frac{d^2x}{dt^2}+(3x^2-1)\frac{dx}{dt}+(x^2+x)=0,$$

这里 $f(x)=3x^2-1, g(x)=x^5+x, F(x)=x^3-x.$

容易验证，它们满足定理 10 的条件，所以原方程存在唯一的稳定极限环.

(2)由 $\frac{d^2x}{dt^2}+\alpha(x^{2n}-\beta)\frac{dx}{dt}+\gamma x^{2m-1}=0$，知

$$f(x)=\alpha(x^{2n}-\beta), g(x)=\gamma x^{2m-1}, F(x)=\frac{\alpha}{2n+1}x^{2n+1}-\alpha\beta x.$$

容易验证，它们满足定理 10 的条件，所以原方程存在唯一的稳定极限环.

6 试用等倾斜线法在相平面上画出下列方程的轨线图貌.

(1) $\dot{x}=x(1-x-2y), \dot{y}=y(x-2-y)$；

(2) $\dot{x}=x(1-x+y), \dot{y}=y(x-2-\frac{1}{2}y)$；

(3) $\dot{x}=xy, \dot{y}=y^2+x^4$；

(4) $\dot{x}=xy, \dot{y}=y^2-x^4$；

(5) $\dot{x}=xy-x^3, \dot{x}=y^2-2x^2y+x^4$.

解题过程 (1)

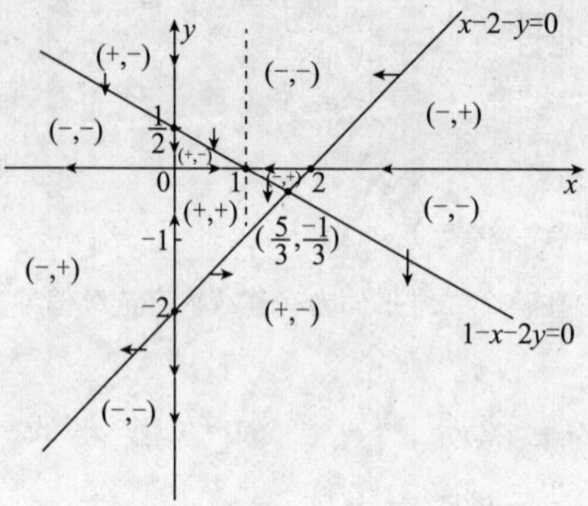

(2)

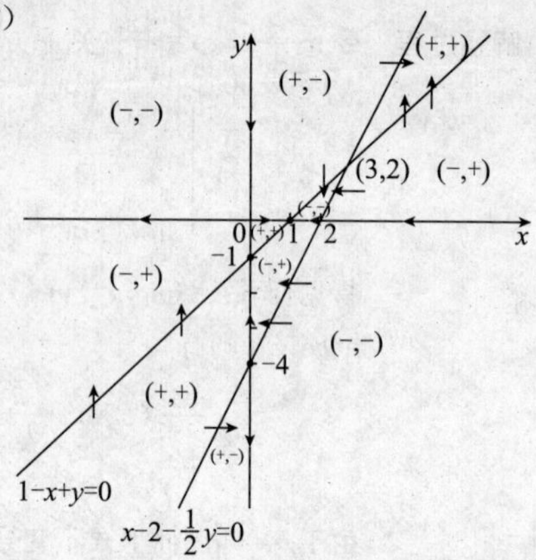

(3)

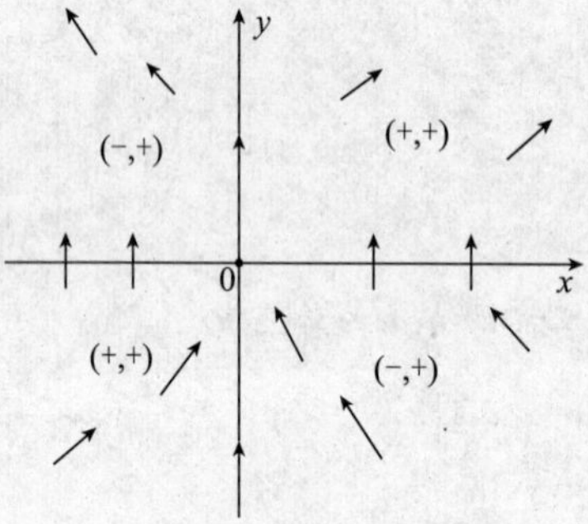

(4)

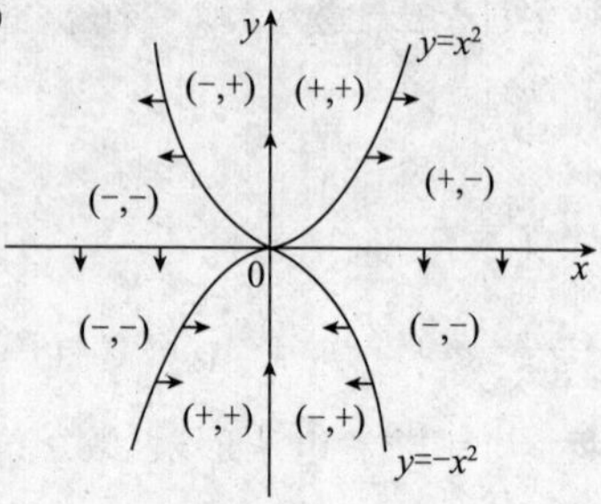

(5)

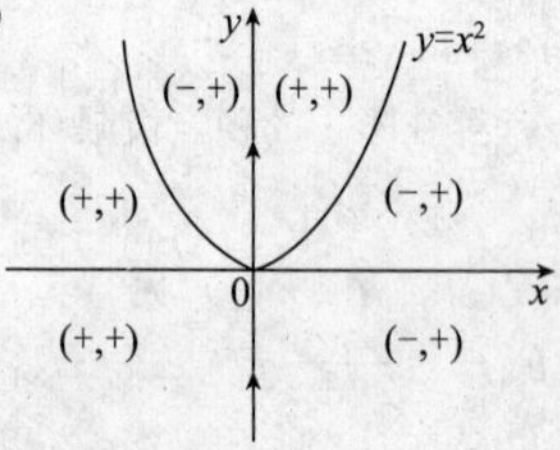

注:在曲线 $y=x^2$ 上无方向向量.

7 试详细讨论教材中两种群模型(6.52)中的被捕食—捕食模型的各种情形.

解题过程 仅考虑 $r>0$ 的情况,不妨设 x 为食饵,y 为捕食者,若下面系统表示捕食者—食饵系统,则有下面几种情况:

当 $r>0,s>0$ 时,表示捕食者 y 可以依赖系统以外的食物为生:

(1)$b>0,c<0,a>0,d>0,x,y$ 均有密度制约;

(2)$b>0,c<0,a=0,d>0,y$ 有密度制约;

(3)$b>0,c<0,a>0,d=0,x$ 有密度制约;

(4)$b>0,c<0,a=0,d=0,x,y$ 均无密度制约.

当 $r>0,s<0$ 时,表示捕食者 y 不能完全依赖系统以下食物为生:

(1)$b>0,c>0,a>0,d<0,x,y$ 均有密度制约;

(2)$b>0,c>0,a=0,d<0$,y 有密度制约；

(3)$b>0,c>0,a>0,d=0$,x 有密度制约；

(4)$b>0,c>0,a=0,d=0$,x,y 均无密度制约.

习题 6.5

1 试判别下列单参数微分方程的 λ 的分支值：

(1)$\dot{x}=\lambda+2x+x^2$；

(2)$\dot{x}=1+2\lambda x+x^2$；

(3)$\dot{x}=x-3\lambda x^2+x^4$.

解题过程 (1)因为 $\lambda+2x+x^2=(x+1)^2+\lambda-1$,所以 $\lambda=1$ 是微分方程的分支值.

(2)由于 $1+2\lambda x+x^2=(x+\lambda)^2+1-\lambda^2$,所以 $\lambda=\pm1$ 是微分方程的分支值.

(3)由于 $x-3\lambda x^2+x^4=x(1-3\lambda x+x^3)$与教材第 315 页第一、二行的结论相似,则得到参数的分支值方程判别式$\dfrac{1}{4}+\dfrac{(3-\lambda)^3}{27}=0$,即得 $\lambda^3=\dfrac{1}{4}$,所以 $\lambda=4^{-\frac{1}{3}}$ 是微分方程的分支值.

2 试通过计算平衡点的线性奇点性态求下列平面参数微分方程的 λ 的分支值,并画图验证(令 $\dot{x}=y$)：

(1)$\ddot{x}+(x^2-\lambda)\dot{x}+x=0$；

(2)$\ddot{x}+(x-1)\dot{x}+\lambda x=0$；

(3)$\ddot{x}+\dot{x}+x^2-\lambda=0$.

解题过程 (1)令 $\dot{x}=y$ 方程化为

$$\dot{x}=y,\dot{y}=(\lambda-x^2)y-x.$$

平衡点为原点(0,0),

线性近似方程 $\dot{x}=y,\dot{y}=-x+\lambda y$ 的特征方程有

$$p=-\lambda,q=1,\Delta=\lambda^2-4.$$

当$-\infty<\lambda\leqslant-2$ 时,$p>0,\Delta\geqslant0$,方程平衡点为稳定结点；

当$-2<\lambda<0$ 时,$p>0,\Delta<0$,方程平衡点为稳定焦点.

当 $\lambda=0$ 时,$p=0,\Delta<0$,方程平衡点为非线性奇点；

当 $0<\lambda<2$ 时,$p<0,\Delta<0$,方程平衡点为不稳定焦点.

当 $2\leqslant\lambda<+\infty$ 时 $p<0,\Delta\geqslant0$,方程平衡点为不稳定结点.

故方程的分支值为 $\lambda=0,\pm2$. 其分支图如图 6.3 所示.

(2)令 $\dot{x}=y$,方程化为

$$\dot{x}=y,\dot{y}=(1-x)y-\lambda x.$$

平衡点为原点(0,0),线性近似方程 $\dot{x}=y,\dot{y}=-\lambda x+y$ 的特征方程有

$$p=-1,q=\lambda,\Delta=1-4\lambda.$$

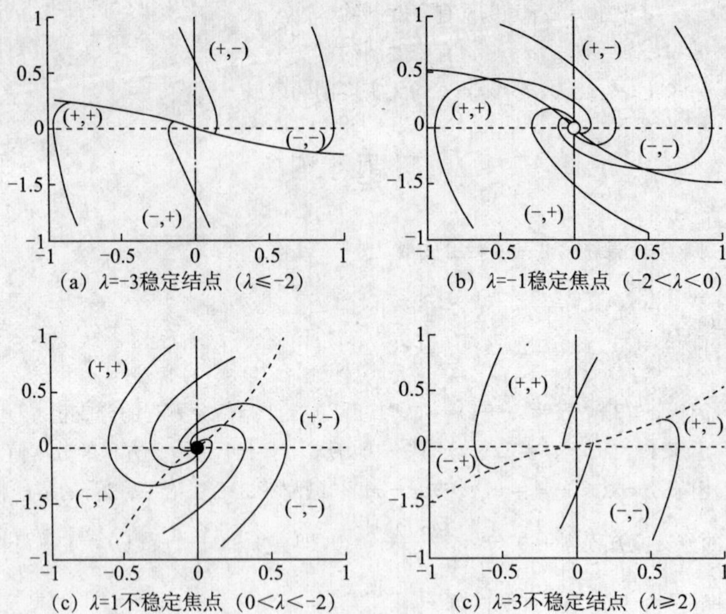

(a) $\lambda=-3$稳定结点（$\lambda\leqslant-2$） (b) $\lambda=-1$稳定焦点（$-2<\lambda<0$）

(c) $\lambda=1$不稳定焦点（$0<\lambda<-2$） (c) $\lambda=3$不稳定结点（$\lambda\geqslant2$）

图 6-3 分支图

按$-\infty<\lambda<0,0<\lambda<\frac{1}{4},\frac{1}{4}<\lambda<+\infty$区分方程的平衡点、鞍点、结点、焦点，分支值为$\lambda=0,\frac{1}{4}$，分支图如图 6.4 所示.

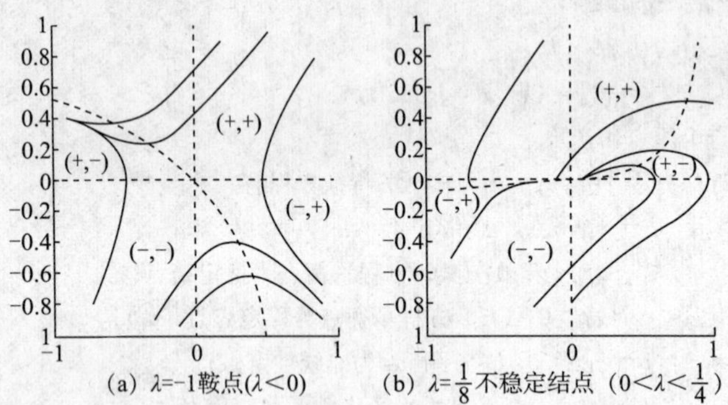

(a) $\lambda=-1$鞍点($\lambda<0$) (b) $\lambda=\frac{1}{8}$不稳定结点（$0<\lambda<\frac{1}{4}$）

图 6-4 分支图

(3)$\dot{x}=y$,方程化为 $\dot{x}=y,\dot{y}=\lambda-x^2-y$.

当 $\lambda<0$ 时无平衡点;

当 $\lambda\geqslant 0$ 时平衡点为$(\pm\sqrt{\lambda},0)$;

对 $\lambda\geqslant 0$,经变换 $\tilde{x}=x\mp\sqrt{\lambda}\tilde{y}=y$,方程化为 $\dot{\tilde{x}}=\tilde{y}\dot{\tilde{y}}=\mp 8\sqrt{\lambda}\tilde{x}-\tilde{x}^2-\tilde{y}$.

其线性近似方程 $\dot{\tilde{x}}=\tilde{y},\dot{\tilde{y}}=\mp 2\sqrt{\lambda}\tilde{x}-\tilde{y}$ 的特征方程有

$$p=1,q=\pm 2\sqrt{\lambda},\Delta=1\mp 8\sqrt{\lambda}$$

可按 $-\infty<\lambda<0,0<\lambda<\frac{1}{64},\frac{1}{64}<\lambda<+\infty$ 区分方程的平衡点$(\sqrt{\lambda},0)$:无平衡点,稳定结点,稳定焦点;

(c) $\lambda=\frac{1}{2}$不稳定结点 $(\lambda>\frac{1}{4})$

图 6-4(续)

而按 $-\infty<\lambda<0,0<\lambda<+\infty$ 区分方程的平衡点$(-\sqrt{\lambda},0)$:无平衡点,鞍点.分支值 $\lambda=0,\frac{1}{64}$,分支图如图 6-5 所示.

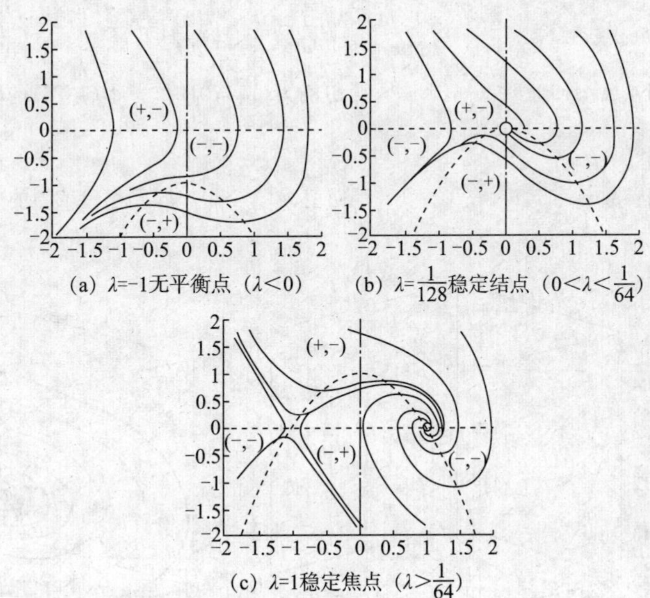

图 6-5 分支图

3 试证明 n 维空间中容积 U 沿驻定微分方程的解的变化率公式(6.60).

解题过程 公式(6.60)$\alpha=\frac{1}{U}\frac{\mathrm{d}U}{\mathrm{d}t}=\sum_i\frac{\partial fi}{\partial xi}=\mathrm{div}\boldsymbol{f}$.

证明:

在 n 维(相)空间$(\boldsymbol{x})\equiv(x_1,x_2,\cdots,x_n)$中由驻定微分方程 $\dot{\boldsymbol{x}}=\boldsymbol{f}(\boldsymbol{x})$定义的向量场为 $\boldsymbol{f}$,通过容积 U 的 $\mathrm{d}x_i d$ 面的 x_i 方向沿方程的解的单位变化量为

$$\left(f_i \pm \frac{1}{2}\frac{\partial f_i}{\partial x_i}\mathrm{d}xi\right)\mathrm{d}x_1\cdots\mathrm{d}x_{i-1}\mathrm{d}x_{i+1}\cdots\mathrm{d}x_n,$$

其中$\pm$表示U的x_i方向的两侧，其中x_i方向的总单位变化量为

$$\frac{\partial f_i}{\partial x_i}\mathrm{d}x_i\,\mathrm{d}x_1\cdots\mathrm{d}x_{i-1}\mathrm{d}x_{i+1}\cdots\mathrm{d}x_n=\frac{\partial f_i}{\partial x_i}\mathrm{d}x_1\,\mathrm{d}x2\cdots\mathrm{d}x_n.$$

于是容积U的沿方程解的总变量为

$$\oint_{\partial u}\boldsymbol{f}\cdot\mathrm{d}S=\sum_{i=1}^{n}\frac{\partial f_i}{\partial x_i}\cdot U,$$

其中$\boldsymbol{f}\cdot\mathrm{d}S$是任意面元的沿向量场($\boldsymbol{f}$)的变化量，$\partial U$表示容积$U$的闭合表面，$U$容积为所有$U$中的单位积$\mathrm{d}x_1\mathrm{d}x_2\cdots\mathrm{d}x$的和.

于是得容积U沿驻定微分方程的解的变化率如下

$$\alpha=\frac{1}{U}\frac{\mathrm{d}U}{\mathrm{d}t}=\frac{1}{U}\oint_{\partial U}\boldsymbol{f}\cdot\mathrm{d}S=\sum_{\partial x_i}^{n}\frac{\partial f_i}{\partial x_i}=\mathrm{div}\boldsymbol{f}.$$

4 试用计算机给出 Lorenz 方程(1.26)在参数$a=10,b=\frac{8}{3}$和初值(1,1,0)下不同参数$c=\frac{1}{3}$,13,20,120 的轨线图貌.

解题过程 (1)当参数$a=10,b=\frac{8}{3},c=\frac{1}{3}$，且初值为(1,1,0)时，方程(1.26)的轨线图形如图 6-6 所示.

(2)当参数$a=10,b=\frac{8}{3},c=13$，且初值为(1,1,0)时，方程(1.26)的轨线图形如图 6-7 所示.

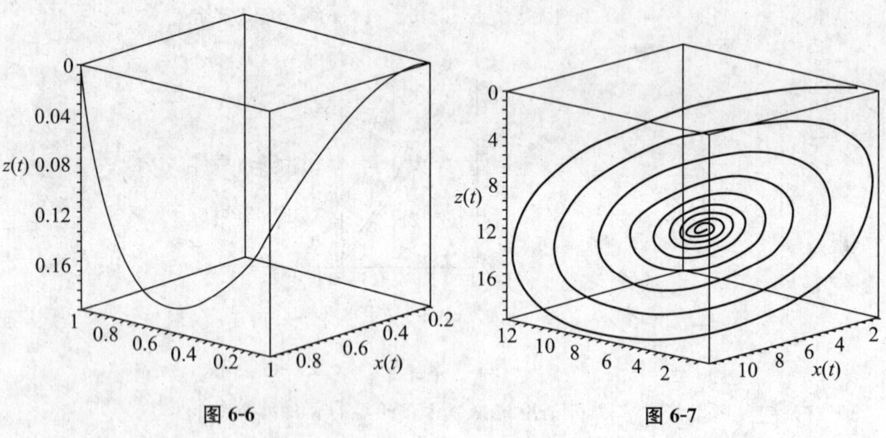

图 6-6　　图 6-7

(3)当参数$a=10,b=\frac{8}{3},c=20$，且初值为(1,1,0)时，方程(1.26)的轨线图形如图 6-8 所示.

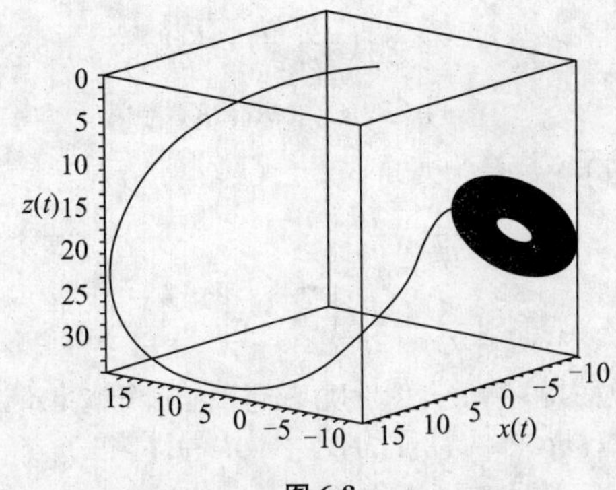

图 6-8

(4)当参数 $a=10, b=\frac{8}{3}, c=120$ 且初值为(1,1,0)时,方程(1.26)的轨线图形如图 6-9 所示.

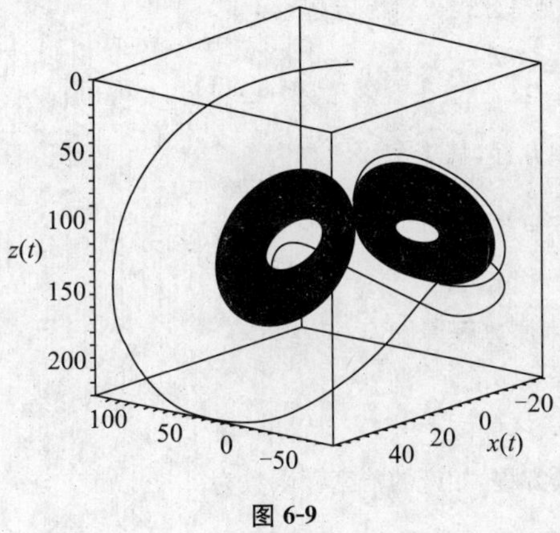

图 6-9

习题 6.6

1 试证明泊松括号满足反对称性、双线性和雅克比行列式

解题过程

$$\{G,F\} = \sum_{i=1}^{n}\left(\frac{\partial G}{\partial p_i}\frac{\partial F}{\partial q_i}-\frac{\partial G}{\partial q_i}\frac{\partial F}{\partial p_i}\right)$$

$$=-\sum_{i=1}^{n}\left(\frac{\partial F}{\partial p_i}\frac{\partial G}{\partial q_i}-\frac{\partial G}{\partial q_i}\frac{\partial F}{\partial p_i}\right)$$

$$=-\{F,G\},$$

即证泊松括号满足反对称性;

(2)
$$\{aF+bG,K\} =-\sum_{i=1}^{n}\left(\frac{\partial(aF+bG)}{a p_i}\frac{\partial K}{\partial q_i}-\frac{\partial(aF+bG)}{a q_i}\frac{\partial K}{\partial p_i}\right)$$

$$=\sum_{i=1}^{n}\left[a\left(\frac{\partial F}{\partial p_i}+b\frac{\partial G}{\partial p_i}\right)\frac{\partial K}{\partial q_i}-\left(a\frac{\partial F}{\partial q_i}+b\frac{\partial G}{\partial q_i}\right)\frac{\partial K}{\partial p_i}\right]$$

$$=a\sum_{i=1}^{n}\Big(\frac{\partial F}{\partial p_i}\frac{\partial K}{\partial q_i}-\frac{\partial K}{\partial q_i}\frac{\partial K}{\partial p_i}\Big)+b\sum_{i=1}^{n}\Big(\frac{\partial G}{\partial p_i}\frac{\partial K}{\partial q_i}-\frac{\partial G}{\partial q_i}\frac{\partial K}{\partial p_i}\Big)$$

$$=a\{F,K\}+b\{G,K\},$$

即证泊松括号满足双线性.

(3)注意到 $\{F,G\}=\sum\limits_{i=1}^{n}\begin{vmatrix}\dfrac{\partial F}{\partial p_i} & \dfrac{\partial F}{\partial q_i}\\ \dfrac{\partial G}{\partial p_i} & \dfrac{\partial G}{\partial q_i}\end{vmatrix}$,

利用行列式可以按某一行展开的性质，易得泊松括号满足雅克比行列式，即

$$\{H,\{F,G\}\}+\{F,\{G,H\}\}+\{G,\{H,F\}\}=0.$$

2 将下列方程化为哈密顿方程(令 $\dot{x}=-y$)，并画出其相图：

(1) $\ddot{x}+x-x^2=0$；(2) $\ddot{x}+x-x^3=0$；

(3) $\ddot{x}-x-x^3=0$.

解题过程 (1)令 $\dot{x}=-y$，则原方程等价于方程组

$$\begin{cases}\dot{x}=-y,\\ \dot{x}=-x^2+x,\end{cases}$$

此方程为哈密顿方程，其哈密顿函数为

$$H(x,y)=\frac{1}{2}y^2+\frac{1}{2}x^2-\frac{1}{3}x^3.$$

相图略.

(2)令 $\dot{x}=-y$，则原方程等价于方程组

$$\begin{cases}\dot{x}=-y,\\ \dot{y}=x-x^3,\end{cases}$$

此方程为哈密顿方程，相应的哈密顿函数为

$$H(x,y)=\frac{1}{2}y^2+\frac{1}{2}x^2-\frac{1}{4}x^4.$$

相图略.

(3)令 $\dot{x}=-y$，则原方程等价于方程组

$$\begin{cases}\dot{x}=-y,\\ \dot{y}=-x^3-x,\end{cases}$$

这是哈密顿方程，相应的哈密顿函数为

$$H(x,y)=\frac{1}{2}y^2-\frac{1}{2}x^2-\frac{1}{4}x^4.$$ 相图略.

3 计算例 4 中的 Mel′nikov 函数 $M(t_0)$.

解题过程 非线性振动荡系统 $\ddot{x}+x-x^2=\varepsilon\cos\boldsymbol{\omega t}$，可化为方程组

$$\begin{cases}\ddot{x}=y,\\ \dot{y}=-x+x^2+\varepsilon\cos\boldsymbol{\omega t}.\end{cases}$$

当 $\varepsilon=0$ 时是哈密顿方程 $\boldsymbol{H}=3x^2+3y^2-2x^3$，$H=1$ 对应同突轨道 $\boldsymbol{\Gamma}_0$：

$$\begin{cases} x=1-\dfrac{3}{2}\operatorname{sech}^2\left(\dfrac{1}{2}(t-t_0)\right), \\ y=\dfrac{3}{2}\operatorname{sech}^2\left(\dfrac{1}{2}(t-t_0)\right)\tanh\left(\dfrac{1}{2}(t-t_0)\right) \end{cases}$$

记 $$f(x,y)=\begin{pmatrix} y \\ -x+x^2 \end{pmatrix}, g(x,y,t)=\begin{pmatrix} 0 \\ \cos\boldsymbol{\omega t} \end{pmatrix}.$$

令$\dfrac{t-t_0}{2}=t_1$，则

$$M(t_0)=\int_{-\infty}^{\infty}(f\wedge g)\mid_{r_0}\mathrm{d}t=\int_{-\infty}^{\infty}(\mu y\cos\boldsymbol{\omega t})\mid r_0\,\mathrm{d}t\equiv-3\sin2\boldsymbol{\omega t}_0\cdot J.$$

其中易算得$I=\int_{-\infty}^{\infty}\operatorname{sech}^4 t\cdot\operatorname{ch}^2 t\mathrm{d}t=\dfrac{4}{15}$.

即 $$J=\int_{-\infty}^{\infty}\operatorname{sech}^2 t\cdot\operatorname{th}t\sin2\omega t\,\mathrm{d}t.$$

可利用复变积的残数来求出. 令

$$J^*=\int_{-\infty}^{\infty}\frac{(\mathrm{e}^t-\mathrm{e}^{-t})\mathrm{e}^{2\omega it}}{(\mathrm{e}^t+\mathrm{e}^{-t})^3}\mathrm{d}t,$$

则 $$J=4\mathrm{Im}J^*,$$

其中 $\mathrm{Im}J^*$ 表示 J^* 的虚数部分去掉 i，对函数

$$f(z)=\frac{(\mathrm{e}^z-\mathrm{e}^{-z})\mathrm{e}^{2\omega iz}}{(\mathrm{e}^z+\mathrm{e}^{-z})^3}$$

利用 Cauchy 定理，得

$$\oint Lf(z)\mathrm{d}z=2\pi iR(A),$$

其中 $R(A)$ 为 $f(z)$ 在点 $A\left(0,\dfrac{\pi i}{2}\right)$处的残数.

$$2\pi iR(A)=\int_{-\alpha}^{\alpha}f(x)\mathrm{d}x+\int_{-\alpha}^{\alpha}f(x+i\pi)\mathrm{d}x+i\int_0^{\pi}f(\alpha+iy)\mathrm{d}y+i\int_{-\pi}^{0}f(-\alpha+iy)\mathrm{d}y,$$

当 $\alpha\to\infty$时，

$$\int_0^{\pi}f(\alpha+iy)\mathrm{d}y\to0,\int_{-\pi}^{0}f(-\alpha+iy)\mathrm{d}y\to0,$$

故 $$(1-\mathrm{e}-2^{\omega\pi})J^*=2\pi iR(A)=\frac{\pi}{4}[(4\omega^2-1)i-1]\mathrm{e}^{-\pi\omega}.$$

则可得 $$M(t_0)=\frac{3}{2}\pi(4\omega^2-1)\operatorname{csch}\boldsymbol{\omega\pi}\cdot\sin\boldsymbol{\omega t}.$$

4 讨论非线性电容的振荡电路系统 $\ddot{x}+\boldsymbol{\varepsilon k}\dot{x}+x-x^2=\boldsymbol{\varepsilon\mu}\cos\boldsymbol{\omega t}$，

(1)求系统当 $\boldsymbol{\varepsilon}=0$ 时的哈密顿函数；

(2)求系统当 $\boldsymbol{\varepsilon}=0$ 时的同宿轨 $q^0(t)$的参数表示式；

(3)计算同宿轨 $q^0(t)$的 Mel'nikov 函数 $M(t_0)$；

(4)求满足 $M(t_0)$有简单零点的系统混沌的条件.

解题过程 非线性振荡系统 $\ddot{x}+\varepsilon k\dot{x}+x-x^2=\omega\mu\cos\boldsymbol{\omega t}$ 可化为方程组

$$\dot{x}=y,$$
$$\dot{y}=-x+x^2-\boldsymbol{\varepsilon k y}+\varepsilon\mu\cos\boldsymbol{\omega t}. \qquad ①$$

(1)当 $\boldsymbol{\varepsilon}=0$ 时，①为哈密顿系统，其哈密顿函数 $H=\frac{1}{2}y^2+\frac{1}{2}x^2-\frac{1}{3}x^3$.

(2)$\boldsymbol{\varepsilon}=0$ 对应同宿轨道 $q^0(t)$，故

$$\frac{\mathrm{d}x}{\mathrm{d}t}\Big|_{q^0}=y|_{q^0}=\pm\frac{1}{\sqrt{3}}\sqrt{2x^3-3x^2+1},\ -\frac{1}{2}\leqslant x\leqslant 1,$$

则可得简化的参数表达式. 令 $x=1-u^2$，$\delta=\pm1$，则得

$$\frac{6\mathrm{d}u}{u\sqrt{3-2u^2}}=\sqrt{3}\delta\mathrm{d}t. \qquad ②$$

取 t_0 使 $x(t_0)=-\frac{1}{2}$，即得 $u(t_0)=\frac{1}{2}\sqrt{6}\delta$，再积分②，可得 $q^0(t)$ 的参数形式

$$\begin{cases}x=1-\frac{3}{2}\mathrm{sech}^2\left(\frac{1}{2}(t-t_0)\right),\\ y=\frac{3}{2}\mathrm{sech}^2\left(\frac{1}{2}(t-t_0)\right)\tanh\left(\frac{1}{2}(t-t_0)\right).\end{cases}$$

(3)记 $f(x,y)=\begin{pmatrix}y\\-x+x^2\end{pmatrix}$

$$g(x,y,t)=\begin{pmatrix}0\\-ky+\mu\cos\boldsymbol{\omega t}\end{pmatrix}$$

令 $\frac{t-t_0}{2}=t_1$，则

$$M(t_0)=\int_{-\infty}^{\infty}(f\wedge g)\,|_{q^0}\,\mathrm{d}t=\int_{-\infty}^{\infty}(-ky^2+\mu y\cos\omega\boldsymbol{t})\,|_{q^0}\,\mathrm{d}t$$
$$=-\frac{9}{2}kI-3\mu\sin2\omega\boldsymbol{t}_0\cdot J.$$

易计算出 $I=\int_{-\infty}^{\infty}\mathrm{sech}^4t\cdot\mathrm{ch}^2t\mathrm{d}t=\frac{4}{15}$.

而 $J=\int_{-\infty}^{\infty}\mathrm{sech}^2t\cdot\mathrm{th}t\sin2\omega t\,\mathrm{d}t$

可利用复变积分的残数求出. 令

$$J^*\int_{-\infty}^{\infty}\frac{(\mathrm{e}^t-\mathrm{e}^{-t})\mathrm{e}^{2\omega it}}{(\mathrm{e}^t+\mathrm{e}^{-t})^3}\mathrm{d}t,$$

则 $J=4\mathrm{Im}J^*$,

其中 $\mathrm{Im}J^*$ 的虚数部分去掉 i，对函数

$$f(z)=\frac{(\mathrm{e}^z-\mathrm{e}^{-z})\mathrm{e}^{2\omega it}}{(\mathrm{e}^z+\mathrm{e}^{-z})^3}$$

利用 Cauchy 定理，得

$$\oint_L fi(z)\mathrm{d}z=2\pi iR(A),$$

其中 $R(A)$ 为 $f(z)$ 在点 $A\left(0,\frac{\pi i}{2}\right)$ 处的残数.

$$2\pi iR(A)=\int_{-\alpha}^{\alpha}f(x)\mathrm{d}x+\int_{-\alpha}^{\alpha}f(x+i\pi)\mathrm{d}x+i\int_{0}^{\pi}f(\alpha+iy)\mathrm{d}y+i\int_{-k}^{0}f(-\alpha+iy)\mathrm{d}y,$$

当 $\alpha\to\infty$ 时,

$$\int_{0}^{\pi}f(\alpha+iy)\mathrm{d}y\to 0,\int_{-\pi}^{0}f(-\alpha+iy)\mathrm{d}y\to 0.$$

故 $$(1-\mathrm{e}^{-2\omega\pi})J^{*}=2\pi iR(A)=\frac{\pi}{4}[(4\omega^2-1)i-1]\mathrm{e}^{-\pi\omega},$$

从而可得 $$M(t_0)=-\frac{6}{5}k+\frac{3}{2}\pi\mu(4\omega^2-1)\mathrm{csch}\omega\pi\cdot\sin\omega t_0.$$

(4)参数 k,μ,ω 满足条件

$$\frac{k}{|\mu|}<\frac{5}{4}\pi|4\omega^2-1|\mathrm{csch}(\pi\omega)$$

时 $M(t_0)$ 有简单零点,则其解具有混沌性态.

5　推导用双曲函数表示 $\varphi'^2=\varphi^2(a-2\varphi)$ 的精确解(6.68)

解题过程　$\varphi'^2=\varphi^2(a-2\varphi)$ 两边同时开平方可得 $\varphi'=\pm\varphi\sqrt{(a-2\varphi)}$,

不妨取正号(取负号时,同理可解),即只需要求解 $\varphi'=\varphi\sqrt{(a-2\varphi)}$. 变形该方程得到

$$\frac{\mathrm{d}\varphi}{\varphi\sqrt{a-2\varphi}}=\mathrm{d}\xi.$$

接着求解不定积分 $\int\frac{\mathrm{d}\varphi}{\varphi\sqrt{a-2\varphi}}$. 令 $\sin^2x=\frac{2}{a}\varphi$,即 $\varphi=\frac{a}{2}\sin^2x$,则

$$\mathrm{d}\varphi=a\sin x\cos x\mathrm{d}x.$$

$$\varphi\sqrt{a-2\varphi}=\sqrt{a}\cdot\frac{a}{2}\cdot\sin^2x\cos x,$$

从而 $$\int\frac{\mathrm{d}\varphi}{\varphi\sqrt{a-2\varphi}}=\int\frac{a\sin x\cos x}{\sqrt{a}\cdot\frac{a}{2}\cdot\sin^2x\cos x}\mathrm{d}x=\frac{2}{\sqrt{a}}\int\frac{\mathrm{d}x}{\sin x}.$$

注意到, $$\int\frac{\mathrm{d}x}{\sin x}=\int\frac{-\sin x\mathrm{d}x}{-\sin^2x}=\int\frac{\mathrm{d}\cos x}{\cos^2x-1}$$

$$=\int\frac{1}{2}\left(\frac{1}{\cos x-1}-\frac{1}{\cos x+1}\right)\mathrm{d}\cos x$$

$$=\frac{1}{2}\ln\left|\frac{1-\cos x}{1+\cos x}\right|+c_1,$$

故 $$\int\frac{\mathrm{d}\varphi}{\varphi\sqrt{a-2\varphi}}=\frac{1}{\sqrt{a}}\ln\left|\frac{1-\cos x}{1+\cos x}\right|+c_2.$$

因此,由①式两边同时积分可得

$$\frac{1}{\sqrt{a}}\ln\left|\frac{1-\cos x}{1+\cos x}\right|+c_2=\xi-c_3,$$

即 $$\frac{1-\cos x}{1+\cos x}=\mathrm{e}^{\sqrt{a}(\xi-\xi_0)},$$

这里 $\xi_0=c_3-c_2$ 是积分常数,解出 $\cos x$,则有

$$\cos x=\frac{1-e^{\sqrt{a}(\xi-\xi_0)}}{1+e^{\sqrt{a}(\xi-\xi_0)}}.$$

两边平方,得到

$$\cos^2 x=\frac{(1-e^{\sqrt{a}(\xi-\xi_0)})^2}{(1+e^{\sqrt{a}(\xi-\xi_0)})^2}.$$

注意到 $\cos^2 x=1-\sin^2 x=1-\frac{2}{a}\varphi$ 则有

$$1-\frac{2}{a}\varphi=\frac{(1-e^{\sqrt{a}(\xi-\xi_0)})^2}{(1+e^{\sqrt{a}(\xi-\xi_0)})^2},$$

解之得 $$\varphi=\frac{a}{2}\cdot\frac{4}{e^{\sqrt{a}(\xi-\xi_0)}+2+e^{-\sqrt{a}(\xi-\xi_0)}}=\frac{a}{2}\cdot\operatorname{sech}^2\left(\frac{\sqrt{a}}{2}(\xi-\xi_0)\right)$$

将 $\xi=x-at$ 代入上式,则得到公式(6.68).

6 在空间(x,t,u)中画出 KdV 的单、双孤立子解(6.68),(6.71)图.

解题过程 单独立子解(6.68)的图如图 6-10 所示;

双孤立子解(6.71)的图如图 6-11 所示.

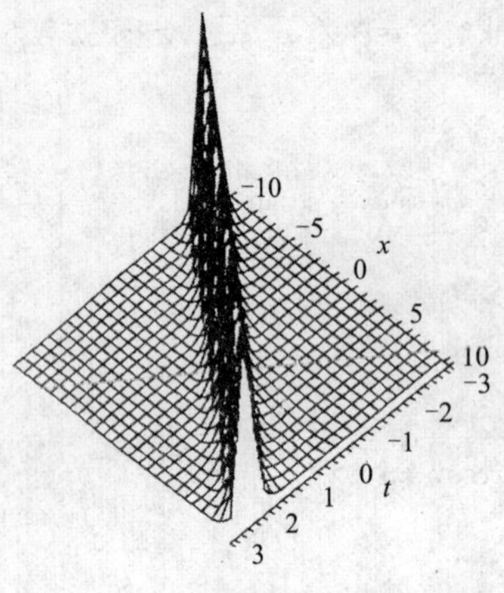

图 6-10

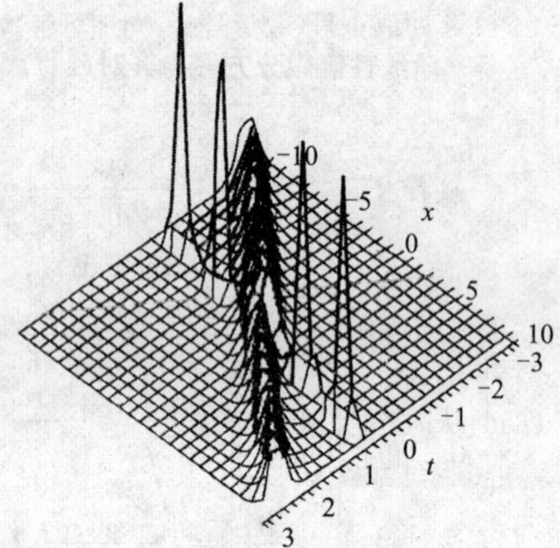

图 6-11

第七章

一阶线性偏微分方程

学习指南

1. 深刻理解**一阶线性偏微分方程的概念**以及线性、拟线性、通解、对称形等概念；

2. 理解**一阶线性偏微分方程与其对应的常微分方程组的关系**，掌握首次积分及其相互独立性的概念；

3. 熟练掌握**求常微分方程组的首次积分的方法**与利用首次积分求解常微分方程组的方法，熟练掌握**一阶线性偏微分方程的解法**；

4. 理解线性偏微分方程柯西问题的概念；

5. 了解一阶线性偏微分方程的解的几何解释.

知识回顾

1. 一阶偏微分方程

一阶偏微分方程是由自变量 $x_1,x_2,\cdots,x_n(n\geqslant2)$，未知函数 u 及其一阶偏导数$\frac{\partial u}{\partial x_1},\frac{\partial u}{\partial x_2},\cdots,\frac{\partial u}{\partial x_n}$组成的关系式

$$F\left(x_1,x_2,\cdots,x_n;u,\frac{\partial u}{\partial x_1},\frac{\partial u}{\partial x_2},\cdots,\frac{\partial u}{\partial x_n}\right)=0 \quad ①$$

2. 一阶线性偏微分方程、一阶齐次线性偏微分方程、一阶拟线性偏微分方程

方程 $\sum\limits_{i=1}^{n}X_i(x_1,x_2,\cdots,x_n)\frac{\partial u}{\partial x_1}=X(x_1,x_2,\cdots,x_n)$ 和方程 $\sum\limits_{i=1}^{n}X_i(x_1,x_2,\cdots,x_n)\frac{\partial u}{\partial x_1}=0$ 分别被称

为一阶线性偏微分方程及一阶齐次线性偏微分方程;而 $\sum_{i=1}^{n} Y_i(x_1,x_2,\cdots,x_n;z)\dfrac{\partial z}{\partial x_j}=Z(x_1,x_2,\cdots,x_n;z)$ 则称为一阶拟线性偏微分方程,其中函数 X_i,X,Y_j,Z_j 为相应变元的已知函数.

3. 一阶偏微分方程①的解、通解、积分曲面

函数 $u=\varphi(x_1,x_2,\cdots,x_n)$ 称为偏微分方程①的解,如果它在 $(x_1,x_2,\cdots,x_n)$ 空间的某个域 D 内连续和存在一阶偏导数,当把它们代入 F 的相应变元时,能使方程①对于这些自变量成为恒等式.如果解是方程的一切解的一般表达式,则称此解为通解,解 $u=\varphi(x_1,x_2,\cdots,x_n)$ 可以想像为在空间 $(x_1,x_2,\cdots,x_n)$ 中的一张 n 维曲面,通常称为偏微分方程①的积分曲面.

4. 特征方程

常微分方程组 $\dfrac{\mathrm{d}x_1}{X_1}=\dfrac{\mathrm{d}x_2}{X_2}=\cdots=\dfrac{\mathrm{d}x_n}{X_n}$ 称为偏微分方程 $\sum_{i=1}^{n} X_i(x_1,x_2,\cdots,x_n)\dfrac{\partial u}{\partial x_1}=0$ 的特征方程.

5. 首次积分

常微分方程初值问题

$$\frac{\mathrm{d}y_i}{\mathrm{d}x}=f_i(x;y_1,\cdots,y_n),y_i(x_0)=y_i^0,i=1,2,\cdots,n \qquad ②$$

其中 f_i 在域 G 内满足解的存在唯一性条件.如存在 G 内连续、可微且不恒为常数的函数 $\psi(x,y_1,y_2,\cdots,y_n)$,当 y_i 用方程组②的解 $y_i=y_i(x)(i=1,2,\cdots,n)$ 代替时,ψ 变为常数,则关系式 $\psi(x,y_1,y_2,\cdots,y_n)=c$($c$ 为允许范围内的任意常数)称为方程组②的首次积分,有时亦称 $\psi(x,y_i,\cdots,y_n)$ 为首次积分.

方程②的 n 个首次积分 $\psi_i(x,y_1,\cdots,y_n)=c_i(i=1,\cdots,n)$ 称为彼此独立的,如果雅克比行列式

$$\frac{D(\psi_1,\psi_2,\cdots,\psi_n)}{D(y_1,y_2,\cdots,y_n)}=\begin{vmatrix}\dfrac{\partial\psi_1}{\partial y_1} & \cdots & \dfrac{\partial\psi_1}{\partial y_n}\\ \vdots & & \vdots\\ \dfrac{\partial\psi_n}{\partial y_1} & \cdots & \dfrac{\partial\psi_n}{\partial y_n}\end{vmatrix}$$

在 G 内恒不为零,对称形式的常微分方程组的 $n-1$ 个首次积分 $\varphi_i(x_1,x_2,\cdots,x_n)=c_i(i=1,2,\cdots,n-1)$ 称为彼此独立的,如果矩阵 $\begin{bmatrix}\dfrac{\partial\varphi_1}{\partial x_1} & \cdots & \dfrac{\partial\varphi_1}{\partial x_n}\\ \vdots & & \vdots\\ \dfrac{\partial\varphi_{n-1}}{\partial x_1} & \cdots & \dfrac{\partial\varphi_{n-1}}{\partial x_n}\end{bmatrix}$ 的秩为 $n-1$.

6. 首次积分充要条件定理

$\psi(x,y_1,\cdots,y_n)=c$ 是方程组②的首次积分的充要条件为在域 G 内成立恒等式

$$\frac{\partial\psi}{\partial x}+f_1\frac{\partial\psi}{\partial y_1}+f_2\frac{\partial\psi}{\partial y_2}+\cdots+f_n\frac{\partial\psi}{\partial y_n}\equiv 0.$$

7. 通积分

设常微分方程组

$$\frac{dy_i}{dx}=f_i(x,y_1,\cdots,y_n),i=1,2,\cdots,n \quad ③$$

其中 f_i 在域 G 内满足解的存在唯一性条件. 如果 $\psi_i(x,y_1,\cdots,y_n)=c_i(i=1,2,\cdots,n)$ 是方程组③的 n 个彼此独立的首次积分,则方程组③的任一解均可通过适当选取一组常数 c_i 而得到.

方程组③的 n 个彼此独立的首次积分全体称为方程组的通积分.

8. 求首次积分的方法

将方程组③写成对称形式的方程组 $\frac{dx}{g_0}=\frac{dy_1}{g_1}=\cdots=\frac{dy_n}{g_n}$,其中 $g_j=g_0f_j(j=1,2,\cdots,n)$.

选取 $n+1$ 个不同时为零的函数 $\mu_0,\mu_1,\cdots,\mu_n$ 使得

$\mu_0g_0+\mu_1g_1+\cdots+\mu_ng_n=0,\mu_0dx+\mu_1dy_1+\cdots+\mu_ndy_n=d\varphi$,

其中 φ 为某函数,

则 $\varphi=c$ 就是方程组③的首次积分.

9. 一阶齐次线性偏微分方程 $\sum_{i=1}^{n}X_i(x_1,x_2,\cdots,x_n)\frac{\partial u}{\partial x_i}=0$ ④的通解结构定理

设 $\psi_i(x_1,x_2,\cdots,x_n)=c_i(i=1,2,\cdots,n-1)$ 是方程 $\frac{dx_1}{X_1}=\frac{dx_2}{X_2}=\cdots=\frac{dx_n}{X_n}=$ 的 $n-1$ 个彼此独立的首次积分,则方程④的通解可表示为 $u=\Phi(\psi_1,\psi_2,\cdots,\psi_{n-1})$,其中 Φ 是其变元的任意连续可微函数.

10. 一阶拟线性偏微分方程 $\sum_{j=1}^{n}Y_i(x_1,\cdots,x_n;z)\frac{\partial z}{\partial x_j}=Z(x_1,\cdots,x_n;z)$ ⑤的通解结构定理

设 $\psi_i(x_1,x_2,\cdots,x_n;z)=c_i(i=1,2,\cdots,n)$ 是常微分方程组 $\frac{dx_1}{Y_1}=\frac{dx_2}{Y_2}=\cdots=\frac{dx_n}{Y_n}=\frac{dz}{Z}$ ⑥

的 n 个彼此独立的首次积分,那么,若 $\Phi=(\psi_1,\psi_2,\cdots,\psi_n)=0$ ⑦

这里 $\Phi(u_1,\cdots,u_n)$ 为 $u_1,u_2,\cdots,u_n$ 的任意连续可微函数,并能从⑦确定函数 $z=z(x_1,x_2,\cdots,x_n)$,则⑦即为拟线性方程⑤的通解.

11. 线性偏微分方程柯西问题存在唯一性定理

设 $X_i(x_1,\cdots,x_n)(i=1,\cdots,n)$ 在域 D 内连续可微,且 $X_n\neq0$,则柯西问题 $\sum_{i=1}^{n}X_i(x_1,\cdots,x_n)\frac{\partial u}{\partial x_i}=0$,

$u\Big|_{x_n}=x_n^0=f(x_1,\cdots,x_{n-1})$ 存在唯一解. 其中 x_n^0 是任意给定的数,$f(x_1,\cdots,x_{n-1})$ 是已知的连续可微函数.

12. 拟线性偏微分方程柯西问题存在唯一性定理

设 $Y_i(x_1,\cdots,x_n;u)(i=1,\cdots,n)$ 和 $Z(x_1,\cdots,x_n;u)$ 在某域内连续可微,且 $Y_n\neq0$,则柯西问题

$$\sum_{i=1}^{n} Y_i(x_1,\cdots,x_n;u)\frac{\partial u}{\partial x_i}=Z(x_1,\cdots,x_n;u),u\bigg|_{x_n}=x_n^0=g(x_1,\cdots,x_{n-1})$$ 存在唯一解，其中 x_n^0 为任意给定的数，$g(x_1,\cdots,x_{n-1})$ 是已知的连续可微函数.

13. 柯西问题的求解

先利用对称形式常微分方程求相互独立的首次积分，再应用通解结构和通积分式，求满足初值条件的柯西问题的解.

典型例题与解题技巧

■ 基本题型Ⅰ：利用首次积分求解常微分方程

例 1 求方程组 $\begin{cases}\dfrac{dx}{dt}=-y+x(x^2+y^2-1)\\ \dfrac{dy}{dt}=x+y(x^2+y^2-1)\end{cases}$ 的通解.

解题过程 由原方程组可得

$$x\frac{dx}{dt}+y\frac{dy}{dt}=(x^2+y^2)(x^2+y^2-1)$$

即
$$d(x^2+y^2)=2(x^2+y^2)(x^2+y^2-1)dt$$

令 $x^2+y^2=z$，则上式可变为

$$\frac{dz}{z(z-1)}=2dt$$

两边积分得 $\dfrac{z-1}{z}=C_1e^{2t}$.

则易求得原方程组的一个首次积分

$$\Phi(x,y,t)=\frac{x^2+y^2-1}{x^2+y^2}e^{-2t}=C_1$$

再由原方程组得

$$x\frac{dy}{dt}-y\frac{dx}{dt}=x^2+y^2$$

即有
$$\frac{d}{dt}\left(\arctan\frac{y}{x}\right)=1$$

由此得到原方程组的另一个首次积分

$$\Psi(x,y,t)=\arctan\frac{y}{x}-t=C_2$$

又雅克比矩阵为

$$\frac{\partial(\Phi,\Psi)}{\partial(x,y)}=\begin{bmatrix}\frac{\partial\Phi}{\partial x} & \frac{\partial\Phi}{\partial y}\\ \frac{\partial\Psi}{\partial x} & \frac{\partial\Psi}{\partial y}\end{bmatrix}=\begin{bmatrix}\frac{2x}{(x^2+y^2)^2}\mathrm{e}^{-2t} & \frac{2y}{(x^2+y^2)^2}\mathrm{e}^{-2t}\\ -\frac{y}{x^2+y^2} & \frac{y}{x^2+y^2}\end{bmatrix}$$

而 $\det\frac{\partial(\Phi,\Psi)}{\partial(x,y)}=\frac{2}{(x^2+y^2)^2}\mathrm{e}^{-2t}\neq0$,所以这两个首次积分是相互独立的,它们构成方程组的通积分.

若要得到显式通解,考虑到首次积分的具体形式,我们采用极坐标变换

$$x=r\cos\theta,y=r\sin\theta$$

得

$$\begin{cases}\left(1-\frac{1}{r^2}\right)\mathrm{e}^{-2t}=C_1\\ \theta-t=C_2\end{cases}$$

解得

$$\begin{cases}r=\frac{1}{\sqrt{1-C_1\mathrm{e}^{2t}}}\\ \theta=C_2+t\end{cases}$$

因此微分方程的通解为

$$x(t)=\frac{\cos(C_2+t)}{\sqrt{1-C_1\mathrm{e}^{2t}}},y(t)=\frac{\sin(C_2+t)}{\sqrt{1-C_1\mathrm{e}^{2t}}}$$

另外,易知方程组有零解 $x=0,y=0$.

例 2 利用首次积分法求下列方程组的通解.

$$\begin{cases}\frac{\mathrm{d}x}{\mathrm{d}t}=y,\\ \frac{\mathrm{d}y}{\mathrm{d}t}=-x.\end{cases}$$

解题过程 将第一个方程同乘 x,第二个方程两端同乘 y,然后相加,得到

$$x\frac{\mathrm{d}x}{\mathrm{d}t}+y\frac{\mathrm{d}y}{\mathrm{d}t}=0,$$

两边积分,得到该方程组的一个首次积分

$$x^2+y^2=C_1,$$

其中 C_1 为任意常数.

将第一个方程两端乘 y,第二个方程两端乘 x,然后相减得到

$$y\frac{\mathrm{d}x}{\mathrm{d}t}-x\frac{\mathrm{d}y}{\mathrm{d}t}=x^2+y^2,$$

即

$$\frac{y\frac{\mathrm{d}x}{\mathrm{d}t}-x\frac{\mathrm{d}y}{\mathrm{d}t}}{x^2+y^2}=1 \quad 或 \quad \frac{\mathrm{d}}{\mathrm{d}t}(\arctan\frac{x}{y})=1,$$

就得到另一个首次积分为

$$\arctan\frac{x}{y}-t=C_2,$$

其中 C_2 为任意常数.

因为当 $x^2+y^2\neq 0$ 时，

$$\begin{vmatrix} 2x & 2y \\ \dfrac{y}{x^2+y^2} & \dfrac{-x}{x^2+y^2} \end{vmatrix}\neq 0,$$

故两个首次积分在 $x^2+y^2\neq 0$ 时是相互独立的，于是得到方程组的通积分

$$\begin{cases} x^2+y^2=C_1, \\ \arctan\dfrac{x}{y}-t=C_2, \end{cases}$$

其中 C_1,C_2 为任意常数.

■ 基本题型Ⅱ：求解偏微分方程

例 3 求解一阶线性齐次偏微分方程特征方程组为 $x\dfrac{\partial u}{\partial x}+y\dfrac{\partial u}{\partial y}+z\dfrac{\partial u}{\partial z}=0$.

解题过程 特征方程组为

$$\frac{dx}{x}=\frac{dy}{y}=\frac{dz}{z},$$

由第一个等式可得方程组的一个首次积分为

$$\frac{x}{y}=C_1,$$

由第二个等式可得另一个首次积分为

$$\frac{y}{z}=C_2,$$

于是 $u=\dfrac{x}{y}$，$u=\dfrac{y}{z}$ 均是原方程的解，且这两个首次积分相互独立，因而

$$u=\Phi\left(\frac{x}{y},\frac{y}{z}\right)$$

为原方程的通解，其中 Φ 为任意二元连续可微函数.

例 4 $\cos y\dfrac{\partial z}{\partial x}+\cos x\dfrac{\partial z}{\partial y}=\cos x\cos y$.

解题过程 求解一阶线性齐次偏微分方程特征方程组为

$$\frac{dx}{\cos y}=\frac{dy}{\cos x}=\frac{dz}{\cos x\cos y}.$$

由 $\dfrac{dx}{\cos y}=\dfrac{dz}{\cos x\cos y}$ 可得特征方程组的一个首次积分

$$\psi_1=z-\sin x=C_1.$$

由 $\dfrac{dx}{\cos y}=\dfrac{dy}{\cos x}$ 可得另一个首次积分

$$\psi_2=\sin x-\sin y=C_2.$$

易见这两个首次积分相互独立,故原方程的隐式通解为

$$\Phi(z-\sin x,\sin x-\sin y)=0,$$

其中 Φ 为任意二元连续可微函数.

■ 基本题型Ⅲ:求解柯西问题

思路点拨 求柯西问题的解即是求一阶偏微分方程通过某一给定曲线的积分曲面.求解过程是:先利用对称形式常微分方程求相互独立的首次积分,再应用通解结构和通积分式,求取满足初值条件的柯西问题的解.

例 5 求解方程 $xz\frac{\partial z}{\partial x}+yz\frac{\partial z}{\partial y}=xy$,并求通过曲面 $z=x^3,y=z^2$ 的积分曲面.

解题过程 这是拟线性偏微分方程,其特征方程组为

$$\frac{\mathrm{d}x}{xz}=\frac{\mathrm{d}y}{yz}=\frac{\mathrm{d}z}{xy}$$

由此得 $\frac{\mathrm{d}x}{x}=\frac{\mathrm{d}y}{y}$,解得一个首次积分为 $\frac{y}{x}=C_1$.

代入 $\frac{\mathrm{d}x}{xz}=\frac{\mathrm{d}z}{xy}$ 中得 $\frac{\mathrm{d}x}{z}=\frac{\mathrm{d}z}{C_2x}$,解得另一个首次积分为 $z^2-xy=C_2$.

易知 $\frac{y}{x}=C_1,z^2-xy=C_2$ 是两个独立的首次积分,所以原方程的通解是

$$\Phi\left(\frac{y}{x},z^2-xy\right)=0$$

其中 Φ 为任意元连续可微函数.

将 $z=x^2,y=z^2$ 代入两个独立的首次积分 $\frac{y}{x}=C_1,z^2-xy=C_2$ 中,得

$$C_2=C_1^{\frac{4}{3}}-C_1^{\frac{5}{3}}$$

从而所求的曲面方程为

$$z^2-xy=\left(\frac{y}{x}\right)^{\frac{4}{3}}-\left(\frac{y}{x}\right)^{\frac{5}{3}}$$

■ 基本题型Ⅳ:建立满足给定条件的曲面方程

思路点拨 首先建立曲面方程,再求出满足题给条件的特解

例 6 求以圆 $x^2+y^2=ax+by,z=3$ 为准线,(0,0,0)为顶点的锥面方程.

解题过程 设以 $f(x,y,z)=0$ 表示任一以原点为顶点的锥面方程,那么锥面上任一点(x,y,z)的法

线应与过此点的向径垂直，因为向径全部位于锥面上.

这样，$f(x,y,z)$ 应满足方程

$$x\frac{\partial f}{\partial x}+y\frac{\partial f}{\partial y}+z\frac{\partial f}{\partial z}=0$$

它的特征方程组为

$$\frac{dx}{x}=\frac{dy}{y}=\frac{dz}{z}$$

它的两个独立的首次积分为 $\frac{x}{z}=C_1$，$\frac{y}{z}=C_2$，

故以原点为顶点的锥面的一般方程为

$$f(x,y,z)=\Phi\left(\frac{x}{z},\frac{y}{z}\right)=0$$

这里 Φ 为任意二元连续可微函数.

现要寻找过圆 $x^2+y^2=ax+by$，$z=3$ 的锥面，先把 $z=3$ 代入首次积分中，得到

$$x=3C_1,y=3C_2$$

再以此代入 $x^2+y^2=ax+by$，即得 C_1，C_2 所满足的关系式为

$$3C_1^2-aC_1+3C_2^2-bC_2=0$$

最后，将首次积分代入此关系式中，得到所求的锥面方程为

$$\frac{3x^2}{z^2}-\frac{ax}{z}+\frac{3y^2}{z^2}-\frac{by}{z}=0 \text{ 或 } 3x^2+3y^2-axz-byz=0$$

课后习题全解

习题 7

1 求下列方程组的通积分及满足指定条件的解：

(1) $\frac{dx}{dt}=x+y$，$\frac{dy}{dt}=x+y+t$；

(2) $\frac{dx}{dt}=y+1$，$\frac{dy}{dt}=x+1$，当 $t=0$ 时，$x=-2$，$y=0$；

(3) $\frac{dx}{dt}=x-2y$，$\frac{dy}{dt}=x-y$，当 $t=0$ 时，$x=y=1$；

(4) $\frac{dx}{z-y}=\frac{dy}{x-z}=\frac{dz}{y-x}$.

解题过程 (1)将两个方程相加，得

$$\frac{d(x+y)}{dt}=2(x+y)+t,$$

令 $u=x+y$,则上面方程可以化成

$$\frac{\mathrm{d}u}{\mathrm{d}t}=2u+t.$$

这是一阶线性微分方程,解得

$$u=\mathrm{e}^{2t}\left(C_1+\int t\cdot\mathrm{e}^{-2t}\,\mathrm{d}t\right)$$

$$=C_1\mathrm{e}^{2t}-\frac{1}{4}(2t+1),$$

即得原方程的一个首次积分为

$$\left[\frac{1}{4}(2t+1)+x+y\right]\mathrm{e}^{-2t}=C_1.$$

两个方程相减得到

$$\frac{\mathrm{d}(y-x)}{\mathrm{d}t}=t,$$

解之得 $y-x=\frac{1}{2}t^2+C_2$,于是得到另一个首次积分为

$$\frac{1}{2}t^2+x-y=C_2.$$

因此,原方程组的通积分为

$$\begin{cases}\left[\frac{1}{4}(2t+1)+x+y\right]\mathrm{e}^{-2t}=C_1,\\ \frac{1}{2}t^2+x-y=C_2.\end{cases}$$

(2)将两个方程相加,得

$$\frac{\mathrm{d}(x+y)}{\mathrm{d}t}=(x+y)+2,$$

解得 $x+y=\mathrm{e}^t\left(\int 2\cdot\mathrm{e}^{-t}\,\mathrm{d}t+C_1\right)=C_1\mathrm{e}^t-2.$

将两个方程相减,得

$$\frac{\mathrm{d}(x-y)}{\mathrm{d}t}=-(x-y),$$

解得 $x-y=C_2\mathrm{e}^{-t}$. 于是,原方程的通积分为

$$\begin{cases}(x+y+2)\mathrm{e}^{-t}=C_1,\\ (x-y)\mathrm{e}^{t}=C_2.\end{cases}$$

而满足条件 $t=0,x=-2,y=0$ 的特解为

$$\begin{cases}x=-(1+\mathrm{e}^{-t}),\\ y=\mathrm{e}^{-t}-1.\end{cases}$$

(3)将两个方程相除,得

$$\frac{\mathrm{d}y}{\mathrm{d}x}=\frac{x-y}{x-2y},$$

令 $u=\dfrac{y}{x}$，则得

$$u+x\cdot\frac{\mathrm{d}u}{\mathrm{d}x}=\frac{1-u}{1-2u},$$

解得 $\quad x^2(2u^2-2u+1)=C_1$，即

$$2y^2-2xy+x^2=C_1\text{ 或}(x-y)^2+y^2=C_1.$$

另外，由原方程组得到

$$\frac{\mathrm{d}x}{x-2y}=\frac{\mathrm{d}y}{x-y}=\frac{\mathrm{d}t}{1},$$

第一项乘以$(-y)$加上第二项乘以 x，则得到

$$\frac{-y\mathrm{d}x+x\mathrm{d}y}{-y(x-2y)+x(x-y)}=\frac{\mathrm{d}t}{1},$$

变形上式可得

$$\frac{-\frac{1}{y}\mathrm{d}x-\frac{x}{y^2}\mathrm{d}y}{1+\left(\frac{x-y}{y}\right)^2}=\frac{\mathrm{d}t}{1},$$

两边积分得到 $\operatorname{arccot}\dfrac{x-y}{y}-t=C_2$. 所以原方程组的通积分为

$$\begin{cases}(x-y)^2+y^2=C_1,\\ \operatorname{arccot}\dfrac{x-y}{y}-t=C_2.\end{cases}$$

把条件 $t=0,x=y=1$ 代入上面的通解表达式可得 $C_1=1,C_2=\dfrac{\pi}{2}$，因此，特解满足

$$\begin{cases}(x-y)^2+y^2=1,\\ \operatorname{arccot}\dfrac{x-y}{y}-t=\dfrac{\pi}{2}.\end{cases}$$

解得 $\begin{cases}x=\cos t-\sin t,\\ y=\cos t.\end{cases}$

(4)将三项相加，得

$$\frac{\mathrm{d}(x+y+z)}{(z-y)+(x-z)+(y-z)}=\frac{\mathrm{d}(x+y+z)}{0},$$

故 $x+y+z=C_1$ 是原方程组的一个首次积分.

将第 1 项乘 x，第 2 项乘 y，第 3 项乘 z 可得

$$\frac{x\mathrm{d}x+y\mathrm{d}y+z\mathrm{d}z}{x(z-y)+y(x-z)+z(y-x)}=\frac{\frac{1}{2}\mathrm{d}(x^2+y^2+z^2)}{0},$$

故可得原方程组的另一个首次积分

$$x^2+y^2+z^2=C_2.$$

所以，原方程的通解积分为

$$\begin{cases} x+y+z=C_1, \\ x^2+y^2+z^2=C_2. \end{cases}$$

2 求下列方程的通解及满足给定条件的解：

(1) $yu_x-xu_y+(x^2-y^2)u_z=0$； (2) $(z^2-2yz-y^2)u_x+(xy+xz)u_y+(xy-xz)u_z=0$；

(3) $(x^2z_x-xyz_y)+y^2=0$； (4) $(y^3x-2x^4)z_x+(2y^4-x^3y)z_y=9z(x^3-y^3)$；

(5) $x\dfrac{\partial u}{\partial x}+y\dfrac{\partial u}{\partial y}+z\dfrac{\partial u}{\partial z}=nu$（$n$ 为自然数）；

(6) $(u+y+z)\dfrac{\partial u}{\partial x}+(u+x+z)\dfrac{\partial u}{\partial y}+(u+x+y)\dfrac{\partial u}{\partial z}=x+y+z$；

(7) $\dfrac{y-z}{yz}\dfrac{\partial z}{\partial x}+\dfrac{z-x}{zx}\dfrac{\partial z}{\partial y}=\dfrac{x-y}{xy}$； (8) $(y+z)\dfrac{\partial z}{\partial x}+(z+x)\dfrac{\partial z}{\partial y}=x+y$，$x=1$，$z=y$；

(9) $x\dfrac{\partial z}{\partial x}-y\dfrac{\partial z}{\partial y}=z$，$y=1$，$z=3x$； (10) $yz\dfrac{\partial z}{\partial x}+\dfrac{\partial z}{\partial y}=0$，$x=0$，$z=y^3$.

解题过程 (1)特征方程为

$$\frac{\mathrm{d}x}{y}=\frac{\mathrm{d}y}{-x}=\frac{\mathrm{d}z}{x^2-y^2},$$

由 $\dfrac{x\mathrm{d}x+y\mathrm{d}y}{xy-xy}=\dfrac{\frac{1}{2}\mathrm{d}(x^2+y^2)}{0}$，得到一个首次积分为

$$x^2+y^2=C_1,$$

由 $\dfrac{y\mathrm{d}x+x\mathrm{d}y+\mathrm{d}z}{y^2-x^2+(x^2-y^2)}=\dfrac{\mathrm{d}(xy+z)}{0}$，得到另外一个首次积分为

$$xy+z=C_2.$$

易证上面两个首次积分是独立的，故原方程的通解可表示为

$$u=\Phi(x^2+y^2,xy+z),$$

其中 $\Phi(u_1,u_2)$ 为任意连续可微函数.

(2)特征方程为

$$\frac{\mathrm{d}x}{z^2-2yz-y^2}=\frac{\mathrm{d}y}{xy+xz}=\frac{\mathrm{d}z}{xy-xz},$$

由后两项可得

$$\frac{\mathrm{d}y}{\mathrm{d}z}=\frac{y+z}{y-z},$$

令 $v=\dfrac{y}{z}$，则有

$$z\frac{\mathrm{d}v}{\mathrm{d}z}+v=\frac{v+1}{v-1},$$

解得 $-v^2z^2+2vz^2+z^2=C_1$ 或 $y^2-2yz-z^2=C_1$，得到方程的一个首次积分为 $y^2-2yz-z^2=C_1$.

另外，易得 $\dfrac{x\mathrm{d}x+y\mathrm{d}y+z\mathrm{d}z}{x(z^2-2yz-y^2)+y(xy+xz)+z(xy-xz)}=\dfrac{\frac{1}{2}\mathrm{d}(x^2+y^2+z^2)}{0}$，

得方程的另一个首次积分

$$x^2+y^2+z^2=C_2.$$

因此，原方程的通解可以表示为

$$u=\Phi(y^2-2yz-z^2,x^2+y^2+z^2),$$

其中 $\Phi(u_1,u_2)$ 是 u_1,u_2 的任意连续可微函数.

(3)特征方程为

$$\frac{\mathrm{d}x}{x^2}=\frac{\mathrm{d}y}{-xy}=\frac{\mathrm{d}z}{-y^2},$$

由前两项可得 $\dfrac{\mathrm{d}x}{x}=-\dfrac{\mathrm{d}y}{y}$，解之得 $xy=C_1$.

把 $y=\dfrac{C_1}{x}$ 代入 $\dfrac{\mathrm{d}x}{x^2}=\dfrac{\mathrm{d}z}{-y^2}$ 可得

$$\frac{\mathrm{d}x}{x^2}=\frac{x^2\mathrm{d}z}{-C_1^2},$$

$$\frac{\mathrm{d}x}{-x^4}=\frac{\mathrm{d}z}{C_1^2},$$

积分得 $3x^3z-C_1^2=C_2^1$，把 $C_1=xy$ 代入上式，则得到

$$\frac{y^2}{x}-3z=C_2.$$

显然两个首次积分是独立的，故方程的通解为

$$\Phi\left(xy,\frac{y^2}{x-3z}\right)=0.$$

(4)特征方程为

$$\frac{\mathrm{d}x}{y^3x-2x^4}=\frac{\mathrm{d}y}{2y^4-x^3y}=\frac{\mathrm{d}z}{9z(x^3-y^3)}.$$

由前两项可得

$$\frac{\mathrm{d}x}{y^3x-2x^4}=\frac{\mathrm{d}y}{2y^4-x^3y}.$$

令 $u=\dfrac{y}{z}$，即 $y=ux$，则上面方程变形为

$$u+x\cdot\frac{\mathrm{d}u}{\mathrm{d}x}=\frac{2u^4-u}{u^3-2},$$

解得 $u^{-2}(u+1)(u^2-u+1)=C_1x$ 或 $\dfrac{x^3+y^3}{x^2+y^2}=C_1$.

特征方程可以化为

$$\frac{3\cdot\frac{1}{x}\mathrm{d}x}{3(y^3-2x^3)}=\frac{3\cdot\frac{1}{y}\mathrm{d}y}{3(2y^3-x^3)}=\frac{\frac{1}{z}\mathrm{d}z}{9(x^3-y^3)},$$

上述方程的分子分母分别相加得到

$$\frac{\frac{3}{x}dx+\frac{3}{y}dy+\frac{1}{z}dz}{3(y^3-zx^3)+3(2y^3-x^3)+9(x^3-y^3)}=\frac{d(\ln(x^3y^3z))}{0},$$

因此，$x^3y^3z=C_2$ 是一个首次积分.

易证求得的两个首次积分是独立的，于是原方程的通解可以表示为

$$\Phi\left(\frac{x^3+y^3}{x^2y^2},x^3y^3z\right)=0,$$

这里 $\Phi(u_1,u_2)$ 是 u_1,u_2 的任意连续可微函数.

(5)特征方程为

$$\frac{dx}{x}=\frac{dy}{y}=\frac{dz}{z}=\frac{du}{nu},$$

由前两项得首次积分 $\frac{y}{x}=C_1$，由第一、三项得首次积分 $\frac{z}{x}=C_2$，

由第一、四项得首次积分 $\frac{u}{x^n}=C_3$. 所以，原方程的通解为

$$\Phi\left(\frac{y}{x},\frac{z}{x},\frac{u}{x^n}\right)=0,$$

其中 $\Phi(u_1,u_2,u_3)$ 是 u_1,u_2,u_3 的任意连续可微函数.

(6)特征方程为

$$\frac{dx}{u+y+z}=\frac{dy}{u+x+z}=\frac{dz}{u+x+y}=\frac{du}{x+y+z},$$

且有

$$\frac{d(x-u)}{u-x}=\frac{d(y-u)}{u-y}=\frac{d(z-u)}{u-z}=\frac{d(x+y+z+u)}{3(x+y+z+u)},$$

令 $S=x+y+z+u$，则得到 3 个首次积分

$$(x-u)\cdot S^{\frac{1}{3}}=C_1,$$

$$(y-u)\cdot S^{\frac{1}{3}}=C_2,$$

$$(z-u)\cdot S^{\frac{1}{3}}=C_3.$$

因此，原方程的通解可以表示为

$$\Phi((x-u)S^{\frac{1}{3}},(y-u)S^{\frac{1}{3}},(z-u)S^{\frac{1}{3}})=0,$$

其中 $\Phi(u_1,u_2,u_3)$ 是 u_1,u_2,u_3 的任意连续可微函数.

(7)特征方程为

$$\frac{yzdx}{y-z}=\frac{zxdy}{z-x}=\frac{xydz}{x-y},$$

上面方程的三项相加可得

$$\frac{yzdx+zxdy+xydz}{(y-z)+(z-x)+(x-y)}=\frac{d(xyz)}{0},$$

故 $xyz=C_1$ 是方程的一个首次积分.

另外,特征方程可以化为

$$\frac{\mathrm{d}x}{\frac{1}{z}-\frac{1}{y}}=\frac{\mathrm{d}y}{\frac{1}{x}-\frac{1}{z}}=\frac{\mathrm{d}z}{\frac{1}{y}-\frac{1}{x}},$$

上面方程的三项相加可得

$$\frac{\mathrm{d}x+\mathrm{d}y+\mathrm{d}z}{\left(\frac{1}{z}-\frac{1}{y}\right)+\left(\frac{1}{x}-\frac{1}{z}\right)+\left(\frac{1}{y}-\frac{1}{x}\right)}=\frac{\mathrm{d}(x+y+z)}{0},$$

故 $x+y+z=C_2$ 是方程的另一个首次积分,并且易证这两个首次积分是独立的,所以原方程的通解为

$$\Phi(xyz,x+y+z)=0,$$

其中 $\Phi(u_1,u_2)$ 是 u_1,u_2 的任意连续可微函数.

(8)特征方程为

$$\frac{\mathrm{d}x}{y+z}=\frac{\mathrm{d}y}{z+x}=\frac{\mathrm{d}z}{x+y},$$

利用分数比例的性质,有

$$\frac{\mathrm{d}(x-y)}{y-x}=\frac{\mathrm{d}(y-z)}{z-y}=\frac{\mathrm{d}(x+y+z)}{2(x+y+z)},$$

由前两项得首次积分

$$\frac{x-y}{y-z}=C_1,$$

由第一、三项得首次积分

$$(x-y)^2(x+y+z)=C_2.$$

易证这两个首次积分是独立的,所以原方程的通解为

$$\Phi\left(\frac{x-y}{y-z},(x-y)^2(x+y+z)\right)=0,$$

其中 $\Phi(u_1,u_2)$ 是 u_1,u_2 的任意连续可微函数. 把条件 $x=1,y=z$ 代入可得特解为 $z=y$.

(9)特征方程为

$$\frac{\mathrm{d}x}{x}=\frac{\mathrm{d}y}{-y}=\frac{\mathrm{d}z}{z},$$

由前两项得首次积分 $xy=C_1$,由后两项得首次积分 $yz=C_2$,并且易证这两个首次积分是独立的,所以原方程的通解为

$$\Phi(xy,yz)=0,$$

其中 $\Phi(u_1,u_2)$ 是 u_1,u_2 的任意连续可微函数.

把条件 $y=1$, $z=3x$ 代入可得 $C_2=3C_1$,即得特解为

$$yz=3xy,\text{即 } z=3x.$$

(10)特征方程为

$$\frac{\mathrm{d}x}{yz}=\frac{\mathrm{d}y}{1}=\frac{\mathrm{d}z}{0},$$

显然 $z=C_1$ 是一个首次积分. 把 $z=C_1$ 代入方程则有

$$\frac{dx}{C_1 y}=\frac{dy}{1},$$

解之得 $C_2+x=\frac{1}{2}C_1 y^2=\frac{1}{2}zy^2$，得到另一个首次积分为

$$\frac{1}{2}zy^2-x=C_2,$$

并且易证这两个首次积分是独立的，于是原方程的通解为

$$\Phi\left(z,\frac{1}{2}zy^2-x\right)=0,$$

其中 $\Phi(u_1,u_2)$ 是 u_1,u_2 的任意连续可微函数.

把条件 $x=0,z=y^3$ 代入可得

$$C_1=y^3,C_2=\frac{1}{2}y^5,$$

消去 C_1,C_2 则有 $z^5=(zy^2-2x)^3$.

3 求与下列曲面族正交的曲面(a 为任意常数)：

(1) $z=axy$;　　(2) $xyz=a$;　　(3) $z^2=axy$.

解题过程 (1)记题给曲面为 $F(x,y,z)=axy-z=0$，则

$$F'_x=ay,F'_y=ax,F'_z=-1.$$

令 $u=u(x,y,z)$ 是与 α 正交的曲面，则有

$$F'_x u'_x+F'_y u'_y+F'_z u'_z=0,$$

即　$ayu'_x+axu'_y-u'_z=0.$

此方程的特征方程为

$$\frac{dx}{ay}=\frac{dy}{ax}=\frac{dz}{-1},$$

由 $\frac{dx}{ay}=\frac{dy}{-1}$ 可得首次积分

$$x^2-y^2=C_1,$$

由 $\frac{dx}{ay}=\frac{dz}{-1}$ 可得

$$\frac{xdx}{axy}+\frac{zdz}{-z}=\frac{\frac{1}{2}d(x^2+z^2)}{axy-z}.$$

注意 $axy-z=0$，故可得首次积分 $x^2+z^2=C_2$，所以，与题给曲面正交的曲面为

$$\Phi(x^2-y^2,x^2+z^2)=0,$$

其中 $\Phi(u_1,u_2)$ 是 u_1,u_2 的任意连续可微函数.

(2)记题给已知曲面为 $F(x,y,z)=xyz-a=0$，则

$$\frac{\partial F}{\partial x}=yz,\frac{\partial F}{\partial y}=xz,\frac{\partial F}{\partial z}=xy.$$

令 $u=u(x,y,z)$ 是与 α 正交的曲面，则有

$$yz\frac{\partial u}{\partial x}+xz\frac{\partial u}{\partial y}+xy\frac{\partial u}{\partial z}=0.$$

此方程的特征方程为

$$\frac{\mathrm{d}x}{yz}=\frac{\mathrm{d}y}{xz}=\frac{\mathrm{d}z}{xy}.$$

由$\frac{\mathrm{d}x}{yz}=\frac{\mathrm{d}y}{xz}$可得首次积分

$$x^2-y^2=C_1,$$

由$\frac{\mathrm{d}x}{yz}=\frac{\mathrm{d}z}{xy}$可得首次积分

$$x^2-z^2=C_2.$$

易证这两个首次积分是独立的,于是得到所求曲面为

$$u(x^2-y^2,x^2-z^2)=0,$$

其中$u(u_1,u_2)$是u_1,u_2的任意连续可微函数.

(3)记题给已知曲面为$F(x,y,z)=axy-z^2=0$,则

$$\frac{\partial F}{\partial x}=ay,\frac{\partial F}{\partial y}=ax,\frac{\partial F}{\partial z}=-2z.$$

令$u=u(x,y,z)=0$是与α正交的曲面,则有

$$ay\frac{\partial F}{\partial x}+ax\frac{\partial u}{\partial y}-2z\frac{\partial u}{\partial z}=0,$$

此方程的特征方程为

$$\frac{\mathrm{d}x}{ay}=\frac{\mathrm{d}y}{ax}=\frac{\mathrm{d}z}{-2x},$$

由$\frac{\mathrm{d}x}{ay}=\frac{\mathrm{d}y}{ax}$可得首次积分

$$x^2-y^2=C_1,$$

由$\frac{\mathrm{d}x}{ay}=\frac{\mathrm{d}z}{-2z}$可得

$$\frac{2x\mathrm{d}x}{2axy}+\frac{z\mathrm{d}z}{-2z^2}=\frac{\mathrm{d}\left(\frac{1}{2}z^2+x^2\right)}{2(axy-z^2)}.$$

注意$axy-z^2=0$,故可得首次积分$\frac{1}{2}z^2+x^2=C_2$,易证这两个首次积分是独立的,于是得到所求曲面为

$$u\left(x^2-y^2,\frac{1}{2}z^2+x^2\right)=0,$$

其中$u(u_1,u_2)$是u_1,u_2的任意连续可微函数.

4 试证方程(教材第二章(2.42)式)

$$M(x,y)\mathrm{d}x+N(x,y)\mathrm{d}y=0$$

有仅与x有关的积分因子的充要条件是

$$\frac{\frac{\partial M}{\partial y}-\frac{\partial N}{\partial x}}{N}$$

仅是 x 的函数.

证　明 函数 $\mu(x,y)$ 为 $M(x,y)\mathrm{d}x+N(x,y)\mathrm{d}y=0$ 的积分因子的充要条件是 $\frac{\partial(\mu M)}{\partial y}=\frac{\partial(\mu N)}{\partial x}$，

即等价于

$$N\frac{\partial\mu}{\partial x}-M\frac{\partial\mu}{\partial y}=\left(\frac{\partial M}{\partial y}-\frac{\partial N}{\partial x}\right)\mu.$$

若存在仅与 x 有关的积分因子 $\mu=\mu(x)$，则 $\frac{\partial\mu}{\partial y}=0$，上式变为

$$N\frac{\partial\mu}{\partial x}=\left(\frac{\partial M}{\partial y}-\frac{\partial N}{\partial x}\right)\mu.$$

或

$$\frac{\partial\mu}{\mu}=\frac{\frac{\partial M}{\partial y}-\frac{\partial N}{\partial x}}{N}\mathrm{d}x,$$

则可知 $M\mathrm{d}x+N\mathrm{d}y=0$ 仅与 x 有关的积分因子的充要条件是

$$\frac{\frac{\partial M}{\partial y}-\frac{\partial N}{\partial x}}{N}$$

仅是 x 的函数.

5 证明以坐标原点为顶点的锥面方程可写为

$$\Phi\left(\frac{y}{x},\frac{z}{x}\right)=0 \quad 或 \quad z=x\varphi\left(\frac{y}{x}\right),$$

其中 Φ,φ 为其变元的可微函数.

证　明 设以坐标原点为顶点的锥面方程为 $f(x,y,z)=0$.

由于锥面上任意一点 $P(x,y,z)$ 上的法向量 $\{f_x,f_y,f_z\}$ 垂直于向径 $\overrightarrow{OP}$，即有

$$xf_x+yf_y+zf_z=0.$$

这是一阶线性偏微分方程. 其特征方程为

$$\frac{\mathrm{d}x}{x}=\frac{\mathrm{d}y}{y}=\frac{\mathrm{d}z}{z}.$$

有两个首次积分 $\frac{y}{x}=C_1$，$\frac{z}{x}=C_2$.

又因 $D=\begin{bmatrix}-\frac{y}{x^2} & \frac{1}{x} & 0\\ -\frac{z}{x^2} & 0 & \frac{1}{x}\end{bmatrix}$ 的秩等于 2，

则所求曲面方程 $f(x,y,z)=0$ 为 $\Phi\left(\frac{y}{x},\frac{z}{x}\right)=0$ 或 $z=x\varphi\left(\frac{y}{x}\right)$，

其中 Φ,φ 为其变元的连续可微函数.